Conceptos Básicos de Patología Forense

Conceptos Básicos de Patología Forense

Jose Manuel Tortosa Lopez
Santiago Crespo Alonso

Copyright © 2011 por Jose Manuel Tortosa Lopez.

Número de Control de la Biblioteca del Congreso: 2011921235
ISBN: Tapa Blanda 978-1-6176-4479-5
Libro Electrónico 978-1-6176-4480-1

Todos los derechos reservados. Ninguna parte de este libro puede ser reproducida o transmitida de cualquier forma o por cualquier medio, electrónico o mecánico, incluyendo fotocopia, grabación, o por cualquier sistema de almacenamiento y recuperación, sin permiso escrito del propietario del copyright.

Este Libro fue impreso en los Estados Unidos de América.

Para ordenar copias adicionales de este libro, contactar:
Palibrio
1-877-407-5847
www.Palibrio.com
ordenes@palibrio.com

ÍNDICE

Autores 13
Prólogo 15
Agradecimientos 17

Capitulo 1: La Patologia Forense 19
    La patología. 19
    Patología general y patología especial. 20
    Patología clínica y patología forense. 20
    ¿Que es la patología forense? 21
    Características de la patología forense 22
    La Tanatologia. 23
    ¿Que Áreas Abarca La Tanatología? 23

Capitulo 2: ¿Que Es Una Autopsia? 25
    La investigación de causa de muerte. 25
    Tipos de autopsia 25
    Autopsia clínica 26
    Finalidades, Regulación Legal e indicaciones de la autopsia clínica 26
    La autopsia clínica como motor del conocimiento médico 28
    Autopsia forense o medico legal 29
    Finalidades e indicaciones autopsia forense. 29
    Regulación de la autopsia medico-legal en España. 30
    Diferencias metodologicas entre autopsia clínica y medico-legal. 32

Capitulo 3: Antes De Llegar A La Sala De Autopsias 34
    Las fases de la autopsia 34
    El estudio preliminar en la autopsia medico—legal 35
    El estudio del lugar de los hechos 35
    Las fases del estudio del lugar de los hechos 37
    Pruebas e indicios biológicos 39
    La Cadena De La Prueba. 41
    Tecnica policial y ciencia médica 42

Capitulo 4: El Cronotanatodiagnóstico ¿Cuando Paso? 43
Métodos Para Datar La Hora De La Muerte 45
La temperatura y la hora de la muerte 46
Métodos mediante el estudio de las lividices. 48
Datos aportados por otros fenómenos cadavéricos 49

Capitulo 5: Identificación ¿Quién es el cadáver? 52
La identificación en el contexto de la patología forense 52
El concepto básico de la identificación 53
Formas de identificación 53
Antroplogia Forense 54
Sexo 55
Edad 56
Altura o estatura 57
Ancestros, ascendencia, grupo étnico 58
Lateralidad 59
Odontología Forense 59
Identificación dactiloscópica 61
Los grupos sanguíneos 62
El ADN 63
Eficacia De La Identificación. 68

Capitulo 6: ¿Como Es Una Autopsia? 69
En La Sala De Autopsias. Procedimientos 70
Procedimiento Diagnóstico De La Autopsia. 73
El Resultado De La Autopsia. 76
Las Pruebas Complementarias O Fase Postinstrumental. 77
Examen Microscópico O Microscopia 78
Anal Isis Toxicológico 79
El Final De La Autopsia: 80

Capitulo 7: La Muerte. Conceptos Básicos. 82
El Fenómeno De La Muerte. 82
Concepto Jurídico Y Médico De La Muerte. 82
El Proceso De La Muerte 83
La Paradoja De La Muerte Aparente. 84
Proceso De Muerte Y Causa De Muerte. 85
Causa Fundamental Intermedia E Inmediata. 86
Muerte Rápida Y Muerte Lenta 88
Diagnostico De La Muerte 89
Muerte Natural Y Muerte Violenta 93

Capitulo 8: Las Lesiones. Concepto Y Causas. ... 102
- Que Es Una Lesión ... 102
- Conceptos Sobre La Lesión ... 103
- Causas de lesiones. ... 104
- Causas Y Concausas. ... 105
- la hipoxia como modelo. ... 105
- Lesiones mecánicas. ... 106
- Lesiones por agentes físicos ... 107
- Lesión por agentes químicos. ... 107
- Lesiones por agentes biológicos. ... 108
- La lesión inmunológica. ... 108
- Lesiones metabolicas ... 108
- Lesiones por alteracion de la fisologia. ... 109

Capitulo 9: Las Lesiones Y Sus Consecuencias. ... 110
- Respuesta Hemodinámica A La Lesión ... 110
- Hiperhemia Y Edema. ... 111
- La Hemorragia ... 112
- La Respuesta Ante La Lesión: La Inflamación ... 117
- Reparación de lesiones Reparación de la hemorragia: la coagulación ... 128
- Reparación del tejido y cicatrización. ... 129
- La respuesta corporal a la agresión. Síndrome inflamatorio sistemico ... 131

Capitulo 10: Lesiones Vitales Y Postmortales: Diagnóstico Diferencial ... 134
- Las Lesiones Perimortales ... 135
- Estudio de vitalidad de lesiones. ... 136
- Pruebas De Laboratorio ... 140

Capitulo 11: La Semiologia Del Cadáver. ... 146
- La semiologia cadaverica ... 146
- Los fenómenos cadavericos. ... 147
- Tipos de fenómenos cadavericos. ... 147
- El enfriamiento. ... 148
- Las livideces ... 149
- La rigidez. ... 153
- La deshidratación ... 155
- La autolisis y la putrefacción Autolisis: destrucción de las células por si mismas. ... 156
- La putrefacción: destrucción por bacterias. ... 158

Capitulo 12: Contusiones Y Heridas Contusas. 164
    Definición de la violencia contusa.. 164
    Etiologia y patogenia de la contusión 164
    Fisiopatología del la lesión contusa Mecanismos directos de lesión 165
    Variables que intervienen la contusión.. 165
    Clasificación de las lesiones contusas.. 169
    Descripción de las lesiones contusas.
    Las contusiones en la superficie corporal. 171
    Ubicación del hematoma. 176
    Contusiones superficiales en la autopsia... 180

Capitulo 13: Lesiones Por Contusión En Profundidad. 183
    El aplastamiento muscular y de otros tejidos 183
    Contusiones de tejidos blandos por traccion... 185
    Contusiones Internas 186
    Contusiones y derrames en cavidades. 186
    Contusiones Viscerales 189

Capitulo 14: Cuadros Polilesivos En Patologia Forense. 198
    Politraumatismos y policontusiones 198
    La autopsia del politraumatizado. 199
    Visión general del politraumatizado. 200
    Traumatismos en el anciano.. 203
    Caida y precipitación 206
    La caida 207
    La precipitación. 209
    La agresión. 210
    Patrón de lucha 210
    Patrón de ensañamiento.. 211
    Patrón de tortura.. 211
    Patrón de agresión homicida... 212
    Patrón autolesivo.. 212
    Patrón de agresión sexual.. 212

Capitulo 15: Heridas Por Arma Blanca. Principios
Generales Y Heridas Penetrantes.. 214
    Concepto herida y de arma blanca... 214
    Fisiopatología de la herida por arma blanca... 215
    Formas constitutivas de la herida por arma blanca................................. 216
    Herida de arma blanca y reacción inflamatoria. 218
    Tipos de heridas por arma blanca 218
    Clasificación de las heridas por arma blanca.. 218

Capitulo 16: Heridas Por Arma Blanca De Tipo Cortante. 228
 Las heridas cortantes morfología 228
 Heridas cortantes típicas y atípicas. 230
 Las heridas por armas contundentes con filo. 232
 Las heridas craneales 232
 Causas típicas de muerte por arma blanca 234
 Determinaciones forenses en la autopsia de la herida por arma blanca 234

Capitulo 17: Heridas Por Arma De Fuego. 237
 Armas De Fuego Y Proyectiles 237
 Capacidad De Lesionar de un proyectil:
 poder de parada y penetración. 238
 Fisiopatología de la herida por arma de fuego 239
 La Herida Por Proyectil De Arma De Fuego 240

Capitulo 18: Heridas Y Muerte Por Explosiones 250
 Sustancias explosivas y explosiones. 250
 Elementos lesivos de la explosión 251
 Lesiones por la onda expansiva 253
 Lesiones por deflagacion 256
 Lesiones por agentes asociados a la explosión. 258
 La lesión por vibración 260

Capitulo 19: Insuficiencia Respiratoria Y Bloqueos Ventilatorios 263
 Fisiopatología de la insuficiencia respiratoria aguda 264
 El concepto de asfixia mecánica 265
 Causas de insuficiencia respiratoria o asfixia. 267
 Obstrucción de las vías respiratorias. 267
 Restricción de la respiración. 271
 Hipoventilación neurológica. 272
 Fracaso respiratorio por alteración de perfusión 273

Capitulo 20: La Compresión Cervical Y Síndromes
 De Compresión Cervical 275
 Concepto de compresión fatal del cuello 276
 La compresión longitudinal o ahorcadura. 277
 Etiología médico-legal de la ahorcadura. 278
 Fisiopatología de la ahorcadura 278
 Hallazgos en la autopsia 279
 ¿De Que Muere El Ahorcado? 283
 La compresión concéntrica o estrangulación. 283
 Tipos De Estrangulacion 284

    Etiología de la estrangulación. 286
    La estrangulación desde la sala de autopsias. 287

Capitulo 21: La Sumersión 290
    El concepto de sumersión. 290
    El cadaver sumergido 291
    Patogenia de la muerte en el agua 292
    Otras complicaciones en la sumersión. 296
    Problemas en la autopsia del ahogado 297

Capitulo 22: Lesiones Por Calor 300
    Lesió local por calor: la quemadura 301
    Gravedad de las quemaduras 302
    Causas De Muerte Por Quemaduras 303
    Características de diferentes tipos de quemaduras 305
    Fenomenos Causados Por El Fuego En El Cadaver 306
    Lesiones generales por calor: la hipertermia o golpe de calor. 307

Capitulo 23: Lesiones Provocadas Por El Frio 313
    Lesiones locales por hipotermia 313
    Lesiones generales por hipotermia 318
    Patogenia de la hipotermia 320
    Afectación del organismo por la hipotermia. 322
    Casuística de la hipotérmia. La hipotermia en la autopsia: 325

Capitulo 24: Las Lesiones Provocadas Por La Electricidad 328
    La lesión por corriente electrica 328
    Estructura de la lesión electica. Entrada, trayecto y salida. 329
    Lesiones cardíacas por la electricidad 333
    Lesiones pulmonares y alteración de la respiración. 335
    Lesiones en otras vísceras y estructuras 335
    Lesion cerebral en la electrocución 336
    Quemaduras y electrocución. 337
    La muerte por electrocución. 337

Capitulo 25: Patología Por Tóxicos 338
    Patologia Toxica 338
    Bases de la toxicologia forense 339
    Toxicocinética 339

Absorción de toxicos 340
Distribución y Metabolismo de un toxico 343
Eliminación de tóxicos 344
Toxicodinamia. La lesión por toxicos 347

Capitulo 26: Patogenia Y Anatomia Patológica De Las Intoxicaciones 349
Anatomia Patologica De Las Intoxicaciones 351
Etiologia de las intoxicaciones 356

Autores

Dr. José Manuel Tortosa López. Profesor Asociado de Medicina Legal y Forense. Universidad Autónoma de Barcelona. Jefe de Sección de Histopatología. Servicio de Patología Forense. Instituto de Medicina Legal de Catalunya.

Dr. Santiago Crespo Alonso. Profesor Asociado de Medicina Legal y Forense. Universidad Autónoma de Barcelona. Responsable de Antropología Forense. Servicio de Patología Forense. Instituto de Medicina Legal de Catalunya.

Prólogo

Es para mí un gran honor y un verdadero placer prologar esta obra, **Conceptos básicos de patología forense**, realizada por los autores Dr. José Manuel Tortosa López y el Dr. Santiago Crespo Alonso, ambos Médicos Forenses titulares del Instituto de Medicina Legal de Cataluña y Profesores Asociados de la Facultad de Medicina de la Universidad Autónoma de Barcelona. El texto está rigurosamente actualizado y es fiel reflejo de los numerosos avances en patología forense, disciplina de la medicina legal y forense. Esta obra suple la carencia de textos básicos y didácticos dirigidos a estudiantes de Criminología, abogados, fuerzas y cuerpos de la seguridad del estado y técnicos en patología forense.

La exposición de conceptos de forma clara y pedagógica permite al lector una excelente comprensión sobre los diversos temas tratados en el texto. El auge que ha experimentado la medicina legal y forense en nuestro país en el último decenio con la instauración progresiva de los Institutos de Medicina Legal (IML) en diversas comunidades autónomas y la diversificación de la práctica del médico forense, en diversas áreas y en concreto los Servicio de Patología forense (SPF), hacen que dicha materia se vea impulsada con un gran especialización por parte de las distintas especialidades forenses. Las funciones del SPF vienen determinadas por la legislación vigente de la materia, determinando las funciones relativas a la investigación médico legal en todos los casos de muerte violenta o sospechosas de criminalidad que hayan ocurrido en la demarcación territorial del Instituto de Medicina Legal. Además dichos servicios se componen de dos secciones como la de anatomía forense y la de histopatología. Los autores, el Dr. José Manuel Tortosa, Jefe de Sección de histopatología y el Dr. Santiago Crespo en su condición de antropólogo forense conocen perfectamente la materia en virtud de su ejercicio diario como patólogos forenses, condiciones determinantes para poder exponer con gran claridad los conceptos básicos de la patología forense.

Si revisamos el índice del libro observamos que se ha tratado de forma amplia toda la materia de la patología forense, desde los conceptos básicos, a la autopsia, el cronotanatodiagnóstico, las lesiones, las heridas por arma blanca y por arma de fuego, las asfixias en sus diversas tipologías, la patología por tóxicos y su anatomía patológica, entre otras.

Auguro un gran éxito de esta obra, dada la visión rigurosamente didáctica sobre la patología forense con que se han concebido y abordado los diversos capítulos, lo cual los hace fácilmente accesibles a los lectores.

Estoy seguro que esta exhaustiva obra contribuye de forma brillante adquirir los conocimientos básicos sobre la patología forense y será de gran utilidad a los estudiantes de criminología, jueces en prácticas, policía científica, abogados, y futuros técnicos en patología forense.

Mi más sinceras felicitaciones a los autores de esta magnífica obra.

Josep Arimany Manso
Doctor en Medicina y Médico Forense
Ex-Director del Instituto de Medicina Legal de Cataluña (2002-2006)

Barcelona, 9 de diciembre de 2010

Agradecimientos

Este libro se ha redactado para poner a disposición de estudiantes no médicos un texto asequible pero razonablemente completo de patologia forense. Nace de las clases de la asignatura en la licenciatura de Criminologia de la Universidad Autónoma de Barcelona pero tiene su génesis en diferentes cursos impartidos a policias judiciales y policía científica, técnicos en patología y abogados.

El objetivo no es otro que la docencia, incluyendo también a aquellas personas que por interés profesional o personal puedan estar motivados a consultarlo o leerlo.

Pero lo justo es agradecer directamente a aquellos grupos de personas que han tenido de forma decisiva una influencia directa en este texto. Hemos decidido no poner nombres porque, de forma involuntaria podríamos omitir a algunos.

En primer lugar nuestro agradecimiento a los diferentes grupos de policía judicial y científica con los que hemos trabajado a lo largo de los años. Específicamente debemos estar agradecidos al grupo de Policía Científica de la comisaria de Policia Nacional de Sabadell, al grupo de policia judial de la Guardia Civil de Ciudad Badia y a los diferentes grupos de la Policía de Catalunya, Mossos d'Esquadra, con los que hemos compartido y compartimos nuestro trabajo.

Los policías son una constante fuente de conocimientos y de formación para los forenses. Si no hubieran estado estos profesionales planteándonos preguntas poco hubieramos aprendido. Y debe decirse que los excelentes profesionales con los que hemos trabajado y trabajamos no solamente nos han obligado a pensar, sino que nos han enseñado muchas cosas que son fruto de su experiencia y no se encuentran en la bibliografía académica.

En segundo lugar a los compañeros y maestros médicos hospitalarios, tanto a los anatomopatólogos clínicos como a los compañeros de Urgencias, Cuidados Intensivos, Cirujanos y Traumatólogos. Es un deber agradecerles los conocimientos que nos han transmitido directa o indirectamente. Sin los conocimientos y la experiencia del médico que asiste al herido, la patología forense carecería de cimientos.

Y finalmente a los técnicos de patología forense y especialmente a los técnicos especialistas del Servicio de Patologia Forense del Instituto de Medicina Legal de Catalunya. Un colectivo de profesionales jóvenes sobre el que se sustenta el grueso del trabajo diário y cuya función casi nunca es reconocida.

Gracias a todos y cada uno de ellos.

Capitulo 1

LA PATOLOGIA FORENSE

La patología.

Cuando hablamos de patología o patológico, se utiliza como concepto opuesto a normal. En principio una patología es una anomalía anatómica o funcional del organismo.

No obstante el uso del término tiene una connotación negativa. Por tanto debemos tener en cuenta que se utiliza el término patología con más propiedad en aquellas anomalías que son perjudiciales para el organismo.

Hay anomalías que no son perjudiciales y a estas generalmente se las trata con el término de variantes de la normalidad, variantes anatómicas, variantes funcionales etc.

Así pues, el concepto de patología sería el equivalente a hablar de enfermedad, de lesión, y por lo tanto la patología es el estudio de las enfermedades y lesiones.

En ocasiones se define la patología como una rama de la medicina. Y efectivamente es un area de los conocimientos médicos. Pero mas que una rama, la patología ocupa una posición central. La patología como estudiode la enfermedad, es el sustrato sobre el que se van a construir la mayoria de especialidades médicas.

Patología general y patología especial.

En la mayoría de textos de patología vamos a encontrar una diferenciación entre patología general y patología especial o una partición similar.

Cuando se habla de patología general estamos tratando de fenómenos básicos y comunes a muchas situaciones.

Por ejemplo en patología general podemos hablar del concepto de infección y de las características de las infecciones. Pero posteriormente tendremos que empezar a aplicar este concepto de infección a diferentes situaciones y es muy diferente una meningitis que una neumonía.

Por eso, en patología general se suelen incluir lo que son conceptos básicos y generales, conceptos que en la patología especial se aplicará ya a sistemas u órganos concretos.

Patología clínica y patología forense.

De una manera académica, se suele establecer una diferenciación entre la patología forense y la patología clínica.

Esta diferenciación es en parte correcta pero es más artificial que real y la diferencia la marca más el hecho de que se trata de dos grupos de profesionales diferentes que del hecho de que haya una realidad diferente.

En España, la patología forense la practican los médicos forenses, que es un cuerpo dependiente de la Administración de Justicia que tiene como misión, entre otras, la de investigar las muertes violentas o en las que exista alguna sospecha de criminalidad.

La patología clínica es aquella que practican los médicos Anatomopatólogos en los hospitales y que de una manera un tanto simplista podríamos decir que estudian las enfermedades naturales.

Sería mas correcto definir que la patología es única, las enfermedades humanas y la muerte no tienen tan delimitado en la realidad esta diferenciación entre patología natural y violenta.

No sería incorrecto definir, porque al menos así se entiende en muchos otros países, que la patología forense es una rama de la patología, como lo puede ser la patología oncológica o la patología ginecológica.

¿Que es la patología forense?

La patología forense es una rama o subconjunto dentro de las ciencias médicas.

Como tal subconjunto no puede desvincularse en una doctrina independiente, sino que su suma de contenidos o conocimientos son comunes a toda la medicina. No obstante, posee unas características que le son propias, que la individualizan o definen.

La patología forense se individualiza por:

- Su campo de aplicación.
- Su casuística
- Sus condicionantes metodológicos
- Su lenguaje

La aplicación de la patología forense, clásicamente se ha definido como la aplicación de los conocimientos médicos a la solución de problemas planteados por el Derecho.

Se entiende entonces que, aquellos contenidos de la Medicina que no son susceptibles de resolver cuestiones planteadas por el Derecho no pertenecen propiamente a la Patología forense.

Esto supone que hay contenidos característicos o nucleares de la patología forense por ser problemas directamente planteados por el derecho, en segundo lugar existen contenidos periféricos, los cuales son sólo ocasionalmente objeto de estudio en medicina forense y contenidos formalmente ajenos, los cuales tienen una posibilidad muy remota de ser utilizados para resolver un problema del Derecho.

Ejemplos

Como ejemplo de un contenido nuclear podemos citar la herida por arma de fuego, la cual en la inmensa mayoría de sistemas legales va a tener una repercusión jurídica. Esta herida es también estudiada por la cirugía, ya que se debe ocupar del tratamiento de los afectados.

En cambio la determinación de la hora de la muerte es un contenido nuclear y muy propio de la patología forense, ya que es extremadamente marginal y formalmente ajeno a otros subconjuntos de conocimientos médicos.

Un contenido periférico puede ser el estudio de la neumonía. La neumonía es objeto nuclear de la medicina clínica, pero con cierta frecuencia se plantean problemas jurídicos que requieren de un estudio de la misma por un médico forense, desde una causa de muerte hasta el agravamiento de un cuadro de lesiones. En este caso, no puede decirse que el concepto y conocimientos sobre la neumonía sean ajenos a la medicina forense, aunque no esté explícitamente contemplado en un sistema legal.

Características de la patología forense

El conjunto de problemas que plantea el Derecho, implica que el objeto de estudio de la patología forense va a limitarse a un grupo de situaciones, es decir una casuística.

Por tanto la patología forense se define por el tipo de problemas a los que tiene que dar respuesta. Dado que la realidad no se agrupa en compartimentos estancos, esta casuística o conjunto de casos tipo no son los únicos susceptibles de tratarse en patología forense, sino que forman el núcleo más numeroso de casos, que son los que la caracterizan.

De esta manera podemos definir que el campo de actuación de la patología forense abarca:

1. La patología de la violencia en todas sus formas, ya sea mecanico-traumática o tóxica.
2. La patología humana que produce muertes súbitas o inesperadas.
3. Subsidiariamente de cualquier muerte que suscite un procedimiento judicial.

La delimitación de un conjunto de casos o problemas definidos, implica el desarrollo de una metodología de trabajo y de una doctrina de actuación, así como un cuerpo de conocimientos específicos para resolverlos.

En definitiva, existe una epistemología propia, que es, de entre los rasgos diferenciales, el elemento más individualizador de la patología forense.

Existe un cuarto factor definidor de la patología forense, que es el desarrollo de un lenguaje propio. De todos los mencionados es el elemento más endeble porque :

- Dada la imposibilidad de delimitar los conocimientos de la patología forense de los del resto de la medicina, el uso de términos distintos para

definir un mismo concepto no tiene utilidad y es perjudicial, ya que supone un factor de confusión.
- Los únicos términos que podrían ser propios de la patología forense son aquellos que provienen del Derecho, disciplina a la cual está vinculada. Pero la utilización de dichos términos debe ajustarse de una forma muy estricta dado que es muy difícil que un término procedente del Derecho, o es utilizado exclusivamente como marco de referencia, o bien es muy improbable que sea utilizado con exactitud, lo cual genera ambigüedades que deben evitarse a toda costa en el contexto de una disciplina científica.

LA TANATOLOGIA.

Íntimamente relacionada con la patología forense, se sitúa la tanatología, que consiste en el estudio de la muerte. La Patología Forense es de hecho una parte de la Tanatología, al menos en lo que se refiere al estudio de lesiones sobre el cadáver.

Conviene definirla porque en muchos textos de medicina legal españoles e hispanoamericanos aparece como una disciplina independiente.

Así definimos la Tanatología como: conocimiento genérico. Estudio de la muerte y las circunstancias que la rodean desde culturales a biológicas y legales.

Y la Tanatología forense : rama de la medicina aplicación de los conocimientos tanatológicos a la resolución de problemas planteados en el derecho

¿QUE ÁREAS ABARCA LA TANATOLOGÍA?

Podemos definir seis grandes áreas en la Tanatología.

— Legislación tanatologica: estudio de la regulación legal relativa a la muerte.
— Fenomenologia del cadáver: estudio de la fenomenologia del cadáver. equiparable a la fisiología en el vivo.
— Técnicas de autopsia y manipulación—Estudio de procedimientos técnicos para el estudio del cadáver.
— Anatomia patologica forense: estudio de la morfología de lesiones en el cadáver que pueden suponer datos sobre las cuasas y circunstancias de la muerte. Dif de la anatomía patológica clínica fundamentalmente en los objetivos (Administración de Justicia) y en la causística primando áreas

como la patologia de la violencia y siendo menos frecuentes patologias como las neoplásicas.
— Fisiopatologia forense: reconstrucción del mecanismo de muerte que resulta de los conocimientos médicos obtenidos del vivo y del estudio de agonizantes y su puesta en relación con los hallazgos morfológicos que se estudian en la anatomia patológica forense.
— Tanatopraxia : conjunto de procedimientos técnicos pero que no tienen por finalidad el estudio del cadáver sino que tiene por finalidad su conservación, fines sanitarios etc.

En la práctica, salvo la tanatopràxia e indirectamente la legislación tanatológica, los otros cuatro apartados pueden ser incluidos como elementos fundamentales de la patología forense. Se trata más de un problema terminológico que de que se trate de campos de conocimientos diferentes.

Capitulo 2

¿QUE ES UNA AUTOPSIA?

La investigación de causa de muerte.

En general se tiende a identificar la autopsia como los procedimientos que se realizan sobre el cadáver en las salas de autopsias o de disección. Pero esto es solo una parte de la autopsia.

Una autopsia es un proceso de investigación. Por eso muchos autores utilizan el término Investigación de causa de muerte.

Este proceso consta de varios pasos, pudiendo existir variaciones, pero en esencia es el conjunto de operaciones de carácter manipulativo, que podemos llamar quirúrgico, que se realizan sobre un cadáver con fines de estudio. Y lo que se estudia es la causa de la muerte así como las condiciones que han llevado a la muerte.

Tipos de autopsia

La finalidad del estudio es la que define los distintos tipos de autopsia. Así tendremos una autopsia que se realiza con fines exclusivamente científicos, que es la llamada autopsia clínica o anatomopatológica y una autopsia que se realiza por motivaciones de orden social o legal, que es la autopsia judicial, forense o medico-legal.

Junto a estos dos grandes tipos de autopsia, se ubica otro procedimiento que tiene como objetivo el estudio de las estructuras anatómicas del ser humano, con finalidad docente en general. A este procedimiento muchos autores no lo denominan propiamente como autopsia y recibe comúnmente el nombre de disección.

Autopsia clínica

La autopsia anatomopatológica investiga la causa y mecanismo de la muerte, poniendo en relación la anatomía patológica del cuerpo con la historia clínica previamente conocida.

Finalidades, Regulación Legal e indicaciones de la autopsia clínica

Las motivaciones de la autopsia clínica son fundamentalmente : la investigación médica y el control de calidad de la asistencia hospitalaria. Cuando se habla de investigación y control de calidad es importante enteder que aunque exista una imágen pública de que los conocimientos médicos son casi absolutos esto no es cierto. Nuestro conocimiento de muchos procesos médicos es muy incompleto y muchas enfermedades tienen comportamientos poco comunes.

Por esto no debe interpretarse la expresión control de calidad como sinónimo de búsqueda del error médico, como frecuentemente se alude.

La autopsia clínica:

- Identifica la causa de la muerte.
- Confirma exactamente la enfermedad o la naturaleza de la enfermedad. Decimos confirma porque en teoría ya se conoce la enfermedad. Pero en ocasiones la forma en que se ha presentado la enfermedad es muy atípica.
- Estudia la gravedad y extensión de la enfermedad, cosa que no siempre es evidente en la evolución del enfermo.
- Estudia otras enfermedades enfermedades secundarias o asociadas que haya tenido el mismo paciente.
- Comprueba los resultados de los tratamientos médicos.

Regulación legal.

La autopsia clínica es una práctica médica común, en prácticamente todos los paises occidentales está legalmente regulada por legislación sanitaria. Se encuentra legislada en España por Ley 29 de 1980 y RD[1] 2330 de 1982 de 18 de Junio.

---

[1] RD son las siglas con las que se abrevia Real Decreto.

En el estado español, en los textos legales se regulan las condiciones que deben reunir los hospitales para estas prácticas, las características del consentimiento o falta de oposición a la autopsia. La necesidad de autorización para toda práctica que desfigure el cadáver, y la no intervención de la autoridad judicial.

La autopsia clínica es solicitada por el médico, el cual hace un certificado de defunción provisional, el cual será terminado por la intervención del anatomopatólogo que emitirá un informe que será material científico, remitiendo copia a la familia y al médico solicitante.

Regulación legal de la autopsia clínica en España:

Ley 29/1980, de 21 de junio, de autopsias clínicas. BOE[2] 154 de 27 de junio de 1980.

Real Decreto 2230/1982, de 18 de junio, sobre autopsias clínicas. BOE de 11 de septiembre de 1982, págs. 24599-600.

La regulación en el estado español para la práctica de la autopsia clínica contempla en el Real Decreto 2230/1982 los siguientes supuestos

a) Que un estudio clínico completo no haya bastado para caracterizar suficientemente la enfermedad.
b) Que un estudio clínico haya bastado para caracterizar la enfermedad suficientemente, pero exista un interés científico definido en conocer aspectos de la morfología o de la extensión del proceso.
c) Que un estudio clínico incompleto haga suponer la existencia de lesiones no demostradas que pudieran tener un interés social, familiar o científico.

Según el Colegio Americano de Patólogos, y como punto de partida, los siguientes criterios podrían ser útiles para la realización de la autopsia clínica:

— Muertes en las que la autopsia pueda ayudar a explicar las complicaciones médicas existentes.
— Todas las muertes en las que la causa de muerte o el diagnóstico principal (padecimiento fundamental) no sea conocido con razonable seguridad.

---

[2] BOE es la abreviatura de Boletín oficial del Estado.

- Casos en los que la autopsia pueda aportar a la familia o al público en general datos importantes.
- Muertes no esperadas o inexplicables tras procedimientos diagnósticos o terapéuticos, médicos o quirúrgicos.
- Muertes de pacientes que han participado en protocolos de investigación hospitalarios o pruebas clínicas de tratamiento.
- Muertes aparentemente naturales no esperadas o inexplicables, no sujetas a la jurisdicción forense.
- Muertes por infecciones de alto riesgo y enfermedades contagiosas.
- Todas las muertes obstétricas (durante el embarazo y parto, o posteriores al parto pero derivadas del mismo).
- Todas las muertes perinatales y pediátricas.
- Muertes por enfermedad ambiental u ocupacional.
- Muertes de donantes de órganos en los que se sospeche alguna enfermedad que pueda repercutir en el receptor.
- Muertes ocurridas en las primeras 24 horas del ingreso en el hospital y/o en aquellas que pudieran estar influidas por su estancia hospitalaria.

La autopsia clínica como motor del conocimiento médico

En muchas ocasiones es dificil entender la utilidad última de la autopsia clínica y su relación con el avance de las ciencias médicas.

Si bién es cierto que las pruebas de laboratorio y las puebas de imágen como las ecografias, resonancias magneticas etc, dan una gran cantidda de información. Siempre va a existir una limitación y es que son imágens indirectas. Las formas de autopsia que son utilizadas mediante técnicas de imágen tienen utilidad en algunos casos, pero no pueden desplazar a la autopsia como herramienta de diagnóstico.

Para entenderlo, puede ser útil imaginar el papel de la autopsia en una enfermedad nueva.

Supongamos que aparece una nueva enfermedad. Un conjunto de personas van a experimentar unos síntomas y mostrar unos signos. Estos pacientes van a ser atendidos en los hospitales.

En primer lugar ocurrirá un fenómeno de identificación, Es decir que estos diferentes pacientes se relacionarás, su enfermedad es algo en común y en el campo médico se definirá la existencia de esa nueva enfermedad.

Durante la asistencia sanitaria, se producirá un acúmulo de datos relacionados con la enfermedad. Se dispondrá de analíticas, radiografías, evolución deconstantes como la temperatura, la presión arterial etc.

Y finalmente, cuando el paciente fallece, la autopsia permite un estudio de todo el organismos del paciente. este estudio permitirá visulizar las modificaciones en los órganos, tejidos y células que son propias de esa enfermedad y las modificaciones de los procesos directa o indirectamente relacionados con esa enfermedad.

Autopsia forense o medico legal

La autopsia medico—legal o autopsia forense no tiene un interés sanitario, sino que tiene una finalidad social.

Se trata de una autopsia que cubre las necesidades de investigación, en principio judicial, aunque con el tiempo se han añadido toda una serie de motivaciones para la práctica de la autopsia que no son estrictamente problemas legales, sino que han aparecido motivaciones de tipo administrativo.

En cualquier caso, en la autopsia forense no prima el interés sanitario. No obstante, debemos tener mucho cuidado con este concepto. Que el interés sea legal y no sanitario no quere decir que la autópsia no deba ser exaustiva y médicamente correcta incluso en las muertes calificadas como naturales.

La autopsia de un infarto de miocardio que pasa por la via judicial para determinar si se la califica de accidente laboral, tiene un interés legal pero la exactitud diagnóstica debe ser igual.

Conviene aclarar este concepto proque hasta hace escasos años, y en algunos lugares persiste esta idea, se piensa que en la autopsia judicial basta con excluir que hay una muerte violenta y que si no es violenta no es relevante.

Finalidades e indicaciones autopsia forense.

En líneas generales, los objetivos de la autopsia forense se mueven en torno a una o varias de las siguientes finalidades:

— Establecer la identidad del cadáver.
— Determinar la hora de la muerte, o el periodo temporal en el cual puede haberse producido.

- Determinar la naturaleza de la muerte, así se trata de una muerte natural o violenta, y en su caso las características de violencia homicida, suicida o accidental de la muerte.
- Determinar la causa de la muerte, tanto la causa fundamental como la intermedia y la esencial.
- Describir toda patología secundaria que presente el cadáver, así se trate de lesiones producidas por violencia como de patologías naturales aunque no se encuentren directamente vinculadas a la muerte, y en su caso puede indicar el grado de participación.
- Establece gran parte de las circunstancias de la muerte, poniendo en relación los hallazgos de la autopsia con los elementos encontrados en el lugar de los hechos y con los datos sumariales que aportan otras fuentes, como es el caso de la policía, testigos, etc.
- Aportar pruebas de tipo criminalístico a la investigación policial y judicial.

Regulación de la autopsia medico-legal en España.

La autopsia judicial en el Estado Español viene legalmente regulada por los artículos 343 349 353 459 y 785 de la ley de Enjuiciamiento Criminal, donde define que:

- La ordena el juez instructor. Toda autopsia forense se practica por orden de un juez, tribunal o fiscalía. En algunos países la orden de practicar una autopsia forense procede de la administración, lo más común es que la ordene la policía.
- Se practica en los casos de muerte violenta o sospechosa de criminalidad.
- Debe establecer el origen y las circunstancias de la muerte.
- Hasta hace pocos años la realiza el médico forense en el depósito judicial de cadáveres. Actualmente estas autospias se practican en los servicios de patología forense de los Institutos de Medicina Legal

Según la directiva 3/99 de Autopsia medico-legal redactado por el Consejo Europeo de Medicina Legal los motivos por los cuales son realizadas autopsias medico-legales se pueden dividir en tres grandes géneros:

a— Cuando existe sospecha de la intervención en la muerte de terceras personas, ya sea de forma deliberada o por negligencia.
b— Cuando el objetivo primario es la identificación como los desastres masivos, la identificación de restos humanos etc.

c— Para la exclusión de la participación de terceras personas y/o la determinación de la causa de la muerte, como en los casos de muerte súbita o inesperada, suicidio evidente, accidentes de tráfico y laborales, otras muertes accidentales, ahogamientos etc.

De una forma mucho más concreta, la normativa norteamericana recoge la casuística específica de situaciones en las que es preceptiva la autopsia medico-legal.

Recogidas en la normativa emitida por el Colegio Norteamericano de Patólogos definen los siguientes casos como tributarios de autopsia medico-legal:

- Las muertes violentas por: homicidio, suicido, accidentes que incluyen la muerte por lesiones, ya sean estas la causa principal de muerte o solamente contribuyan a la muerte, y tanto si esta influencia se produce de forma inmediata o remota.
- La muerte acontecida durante un hecho delictivo.
- Cuando ningún médico pueda certificar el acta de defunción, ya sea porque no existe ninguna atención médica, porque no haya estado sujeto a cuidado médico en los 20 días anteriores o bien no se haya cumplido 24 horas desde que se inició la asistencia médica.
- Cuando el médico que atiende al paciente no encuentra explicación a la causa de la muerte
- Cuando exista sospecha de intoxicación o envenenamiento
- Las muertes de causa profesional. (tanto accidentes como enfermedades profesionales o enfermedades que tengan relación con el trabajo)
- Las muertes en la sala de operaciones o durante la preparación anestésica
- Las muertes post anestesia en las cuales no exista una recuperación completa de la misma
- Todo paciente que haya estado en coma durante todo el proceso de evaluación médica
- Muerte de personas no identificadas
- Muerte súbita infantil
- Muerte de personas en situación de custodia, detención o privación de libertad.

Pese a que la lista de casos tributarios de autopsia judicial parezca diferente, en la práctica hay mucha similitud en la casuística.

En España la mayor parte de autopsias se ordenan a partir de las siguientes situaciones:

- Muertes por violencia manifiesta. Tanto accidentes, suicidios u homicidios. Toda muerte violenta va a dar lugar a un proceso judicial. Este proceso no es necesariamente penal. Pero en cualquier procedimiento de indemnizaciones, seguros, declaración de accidente laboral etc, es necesario el informe de autopsia.
- Muertes por sospecha de violencia. Aquellas en las que hay denuncia explícita o implícita de intoxicaciones, maltrato etc. Por eso entran en esta categoría las muertes en custodia, muertes en instituciones etc.
- Muertes obviamente naturales que suscitan una causa judicial. Lo mas típico es la petición de autopsia al considerarse que ha habido un error médico, o una mala prescripción.
- Muertes en principio naturales pero que se desconoce la causa de la muerte. Son aquellas muertes que se producen de forma repentina o muy rápida en personas que no tienen antecedentes médicos o bién sus antecedentes no pueden explicar la muerte. Ante esta situación el médico de cabecera se puede abstener de firmar el certificado de defunción, con lo que automáticamente el juzgado emitirá una orden de autopsia por muerte de causa desconocida.

Este último grupo de muertes son naturales en un porcentaje bastante alto. Y estas autopsias tienen una gran utilidad potencial para la sanidad pública porque son un observatorio extenso de las enfermedades y el estado salud de una comunidad o país.

En muchos países, las autopsias forenses son una parte muy importante de los datos de salud pública.

Diferencias metodologicas entre autopsia clínica y medico-legal

Se ha podido apreciar que la autopsia clínica y la autopsia medico-legal se diferencian básicamente en las circunstancias en la que se producen, en sus finalidades y en su regulación legal.

En lo que se refiere a los procedimientos manipulativos que se realizan sobre el cadáver, no existe una gran diferencia física entre ambas autopsias.

Desde el punto de vista metodológico, sí que existe una gran diferencia entre ambas autopsias. Esta se basa en el paradigma científico que rige en una y otra, hecho que, a nuestro juicio, nunca ha sido suficientemente remarcado aunque entendemos que condiciona toda la metodología de la autopsia.

En la autopsia clínica se parte de datos conocidos, la historia clínica del paciente, con los datos de su evolución, las analíticas, radiologías y demás pruebas que le han sido practicadas y la correlación de los hallazgos anatómicos se establece con los mismos. Por tanto, en la autopsia clínica se sigue un orden de correlación cronológico.

Por esto, la autopsia clínica es una especie de comprobante, de hecho una de sus principales funciones es el control de calidad asistencial.

En el caso de la autopsia judicial, por su propia naturaleza, se parte de un desconocimiento parcial o total respecto del cadáver a estudiar, por ejemplo en algunos casos ni tan solo se encuentra identificado, por lo tanto el proceso de reconstrucción o correlación va a ser inverso. No se conoce nada de lo anterior, se parte del cuerpo para reconstruir los procesos que lo llevaron a la muerte.

A partir de los hallazgos se deberá establecer la correlación más probable con hechos de los que no tenemos otra constancia.

Por ello decimos que existe una inversión metodológica entre la autopsia clínica y la autopsia medico-legal.

En la primera se parte de un conocimiento de los problemas funcionales del paciente y los diagnósticos anatómicos de la autopsia van a dar luz sobre los mismos.

En la segunda se desconocen completamente las circunstancias anteriores y los hallazgos anatómicos no van a correlacionarse, sino que serán la base para la reconstrucción de lo que haya podido pasar.

La reconstrucción aislada, a partir de cero, sería un imposible si se carece de los conocimientos adquiridos de la autopsia clínica, por ello en gran parte la autopsia medico-legal es dependiente de los avances de la patología clínica en todo lo que se refiere a interpretación fisiopatológica de las lesiones y solamente tiene una independencia real en lo referido al mecanismo mediante el que se han producido las lesiones.

Capitulo 3

ANTES DE LLEGAR A LA SALA DE AUTOPSIAS

Si entendemos que la autopsia es un conjunto de actuaciones que permiten dar unas respuestas, debemos entender que la autopsia en si misma es un proceso que va dando datos ya desde el mismo momento en que el cadaver es descubierto.

Se entiende que a autopsia tiene un punto central que es el estudio del cadaver en una sala especialemente diseñada para ello. Pero la investigación no comienza aquí ni termina en la sala de autopsias. Por eso se definen unas fases de la autopsia.

Las fases de la autopsia

Las fases de la autopsia judial son tres a las que llamamos preinstrumental, intrumental y postinstrumental, que se marcan en referencia a la fase central, la manipulativa o instrumental y que es la que se realiza en la sala de autopsias.

1. Una primera fase es la de preliminares, en la cual se incluyen todas aquellas actuaciones que se realizan previamente a la manipulación del cadáver.
2. En segundo lugar estaría la fase propiamente instrumental que es en la que se manipula el cadáver y que se realiza en la sala de autopsias.
3. En tercer lugar estaría la fase postinstrumental que comprende el conjunto de acciones que se realizan con posterioridad al estudio directo del cuerpo en base a los datos aportados por este durante la instrumentación.

El estudio preliminar en la autopsia medico—legal

El estudio preliminar es fundamentalmente el que se realiza en el lugar donde ha aparecido el cuerpo. Por eso se llama estudio del lugar de los hechos.

En España, se adopta con mucha frecuencia el término que utiliza el derecho penal que es el de levantamiento del cadaver. Otra forma de llamarlo proviene de la expresión anglosajona popularizada por la literatura que es la de investigación del lugar del crimen.

El levantamiento del cadáver es la operación más característica de las que se realizan previamente a la fase instrumental.

Respecto de la extensión del levantamiento del cadáver hay dos posturas técnicas:

— Una de ellas propugna que en el levantamiento del cadáver se debe reducir toda manipulación del cuerpo a estrictamente el diagnóstico de muerte cierta y la recogida de datos que permitan el cronotanatodiagnóstico (diagnóstico del momento de la muerte).
— Una segunda posición implica que se realiza una examen externo en el lugar de los hechos que puede incluir incluso el examen de las ropas.

La extensión o la opción elegida para las operaciones del levantamiento del cadáver van a condicionar la extensión de las operaciones a realizar en el exámen externo del cadáver durante la fase instrumental

Además del levantamiento del cadáver, de forma previa a las operaciones instrumentales, pueden realizarse otras investigaciones, como puede ser la búsqueda de datos medios sobre el fallecido, la encuesta sobre antecedentes profesionales etc.

En algunas autopsias judiciales, como es el caso de las que se practican para aclarar la posible existencia de negligencias médicas, es muy importante poder recabar la evolución clínica del paciente. En otras, como en muchas muertes violentas, el historial médico previo puede no tener un gran relevancia.

El estudio del lugar de los hechos

El examen del lugar de los hechos es la primera fase de la autopsia judicial. Concretamente en esta fase se realiza el estudio del cadáver en la situación original de la que se parte para la investigación.

Los objetivos del trabajo en el lugar de los hechos son los siguientes:

1. Diagnóstico de la muerte
2. Identificación del cadáver.
3. Diagnóstico de la hora de la muerte (llamado cronotanatodiagnóstico)[3]
4. Diagnóstico de orientación de la causa de muerte.
5. Diagnóstico de las circunstancias de la muerte, objetivo que asume, al menos parcialmente, la reconstrucción de los hechos.
6. Diagnóstico de participación de otras personas en la muerte.

Los objetivos primero al cuarto se realizan mediante el estudio del cuerpo. Los objetivos quinto y sexto se realizan mediante el estudio del medio en el cual encontramos el cadáver.

El primer grupo de objetivos debe practicarse en el lugar de los hechos, pese a que necesariamente algunas de las conclusiones a las que se llegue son de carácter provisional a la espera de lo que indiquen los resultados de la fase instrumental.

En este primer grupo de objetivos, el diagnóstico de muerte y el cronotanatodiagnóstico son objetivos primordiales, puesto que la naturaleza de los mismos hace necesaria su inmediatez. [4]

El diagnóstico de identificación y la causa de la muerte se orientarán de forma provisional para realizarse de forma concreta en la fase instrumental.

Por ejemplo la identidad de la persona puede ser conocida y es común hacer una hipótesis razonable segun las circunstáncias tipo a " todo apunta a que se trata de una sobredodis de drogas" o " todo apunta a una muerte natural, posiblemnete un infarto de miocardio"

Por lo que se refiere a los diagnósticos del segundo grupo, objetivos cinco y seis, se deben realizar de forma obligada a partir de la investigación del lugar de los hechos.

---

[3] Cronotanatodiagnóstico deriva de la descomposición del término CRONO (tiempo) TANATOS (muerte) y DIAGNOSIS.

[4] Cuanto mas tiempo pasa tras la muerte, mas impreciso se hace el diagnóstico de la hora. Si a esto sumamos que al llegar a un servicio de patologia forense, el cuerpo será refrigerado en nevera, podemos entender que los datos respecto a la hora de la muerte o se toman en el lugar donde se encuentra el cuerpo o pierden mucha validez.

No obstante algunos elementos de juicio de carácter criminalístico pueden obtenerse en la fase instrumental de la investigación.[5]

Las fases del estudio del lugar de los hechos

Básicamente definimos dos fases: Fase no invasiva, fase invasiva.

En la fase no invasiva se van a realizar todas las actividades que tiendan a la conservación del lugar de los hechos de la mejor manera posible y su preservación como punto de referencia de toda la futura investigación.

Fase no invasiva: Aislamiento y Fijación.
Aislamiento del escenario.

Es el proceso que realiza la policía impidiendo el acceso de público al lugar de los hechos, impidiendo de esta forma su contaminación o manipulación.

En el concepto de aislamiento entran todas aquellas actividades que se consideren oportunas por parte de la policía las cuales tienen por finalidad el preservar las evidencias posibles.

Se incluyen en el concepto de aislamiento, la relación de personas y eventos que han tenido contacto con el lugar de los hechos desde el momento en que se ha producido el descubrimiento del crimen.

Este listado es fundamental como guía para contrastar posibles contaminaciones accidentales del lugar de los hechos.

Fase de Fijación.

Es el proceso mediante el cual se recoge en descripciones o en imágenes, el estado original del lugar de los hechos, estado que repetimos que debe servir de base de referencia para toda la investigación posterior.

---

[5] Es decir que algunas pruebas como el contenido de las uñas, pequeños objetos en la ropa, manchas o contendios de esperma en cavidades orgánicas, se obtendrán en la sala de autopsia.

El proceso de fijación recoge la descripción en actas, la fotografía y la planimetría. Otras posibles formas de fijación son el filmado, los dibujos en croquis o en boceto etc.

Fase invasiva: la disección del lugar de los hechos.

La fase invasiva consiste ya en la actividad de rastreo y manipulación para su recogida y examen de los elementos contenidos en el lugar de los hechos. La fase invasiva consta de las siguientes actividades:

> 1—*Estudio del cadáver.* Con la finalidad de realizar el diagnóstico cierto de muerte y el cronotanatodiagnóstico.
> 2—*Estudio de las ropas.* Lo cual tiene las finalidades de identificación del cadáver, reconstrucción de los hechos y recogida de evidencias en las mismas.
> 3—*Examen de las inmediaciones del cadáver.* El objetivo de esta actividad consiste en la recogida de datos y de indicios para la reconstrucción de circunstancias de la muerte e identificación de participantes en la muerte.

Para el examen de las inmediaciones del cadáver se realizará una delimitación de zonas. En este caso determinaremos la estructura general del escenario.

Tipos de zonas

> 1. Las zonas de posible recogida de huellas y de indicios no biológicos, donde propiamente trabajará la policía.
> 2. Las zonas de posibles elementos biológicos y
> 3. La zona del cadáver e inmediaciones

Esta delimitación es de carácter teórico. En la práctica estas zonas pueden superponerse parcial o incluso totalmente, dando lugar, por ejemplo a que toda la escena sea potencialmente zona de indicios biológicos o no biológicos.

No obstante, és útl esta delimitación preliminar con el fin de poder compatibilizar el trabajo de los diferentes equipos y profesionales que van a intervenir en el proceso de la investigación.

La investigación medico—forense se va a centrar en el cadaver y sus proyecciones hacia el escenario.

Metodologia para rastrear indicios

El rastreo de indicios puede hacerse de forma intuitiva, es decir, pasando una revisión superficial del lugar de los hechos y buscando en general los lugares donde sea evidente la existencia de indicios.

No obstante no es aconsejable este procedimiento, sino un rastreo completo de todas las superficies que deban delimitarse.

Este rastreo se puede practicar en espacios cerrados mediante una sistemática de líneas paralelas.

En espacios abiertos, la sistemática de rastreo más eficaz consiste en las espirales, que en el caso de la inspección medico-legal tienen como punto natural de partida la ubicación del cadáver.

Pruebas e indicios biológicos

Las pruebas e indicios son el campo de la criminalística[6]. Y se trata de una de las facetas mas popularizadas del trabajo de campo grácias a la literatura y el cine.

Las muestras a recoger en Medicina Forense son de los siguientes cinco tipos:

- Objetos macroscópicos,
- objetos menores de 5 mm,
- líquidos,
- impregnaciones y
- costras.

Los objetos macroscópicos a recoger serán fundamentalmente aquellos que puedan guardar un relación más estrecha con la causa de la muerte.

Se recogen sistemáticamente las armas, los fármacos y todos aquellos objetos que por su posición, por estar manchados etc, tengan una presumible relación con los hechos.

---

[6] No se debe confundir criminalística, que es el estudio de los indicios con criminología, que es el estudio social del delito. La criminalística es un ciencia experimental y la criminología es una disciplina a caballo entre el derecho, la psicología y la sociología.

Estos objetos macroscópicos son recogidos de forma individual y se marcan sus posiciones en el plano del lugar de los hechos. Los objetos, como es el caso de las armas etc, son recogidos y custodiados por la policía, y se realiza un reportaje fotográfico para tenerlos presentes durante la autopsia.

En algunos casos, los objetos son llevados por la policia a la autopsia. Por ejemplo si hay que examinar un cuchillo o un objeto contundente en ralación con las lesiones.

Por lo que se refiere a **los *objetos de menos de 5 mm*** pueden ser de cualquier naturaleza, pelos, costras, pequeñas muestras de barro y fibras.

Para recoger estos indicios debemos dividir el lugar de los hechos en zonas, dichas zonas tendrán unas dimensiones no superiores a cuadrados de 50 cm de lado.

Practicaremos un barrido o una aspiración de cada zona y todas las partículas se recogerán en un sobre de papel satinado. Estos se numerarán y se marcará su posición en el plano.

Los restos de naturaleza líquida se pueden recoger de varias formas. Si son muy abundantes podemos aspirarlos con un pequeño gotero y recogiéndolos en un tubo de ensayo. En el caso de que sean poco abundantes o su recogida sea muy dificultosa, los recogeremos impregnando en ellos unas torundas de algodón, las cuales se remitirán para su análisis.

Cuando los líquidos **sean *impregnaciones*** sobre superficies porosas tales como telas, la metodología más correcta consiste en recortar las superficies manchadas remitiéndolas para su examen junto con el vehículo que impregnan.

En el caso de tratarse de ***costras secas*** sobre superficies lisas, lo que haremos será proceder al raspado de las costras, recogiendo el material extraído en sobres de plástico o de papel satinado.

Metodologia descriptiva de la prueba.

La metodología descriptiva en Medicina Forense consta de: descripción del entorno físico, descripción de los elementos inmuebles, descripción de los objetos muebles, descripción y delimitación de las zonas de posibles huellas y de las zonas de interés biológico

Los indicios de interés biológico son los pelos, los fluidos y los tejidos. Su busca incluye la búsqueda sistemática y el revelado de indicios biológicos mediante luces indirectas o sustancias químicas.

Una mancha de un fluido biológico, como el semen o la orina, puede ser relativamente inaparente en el escenario de un crimen, pero iluminada con una determinada longitud de onda puede ser muy evidente.
En ocasiones algunas manchas son reveladas por reacciones químicas. Manchas ya secas o muy pequeñas o manchas en superficies muy sucias deben ser reveladas mediante algún reactivo que ponga de manifiesto la existencia de una mancha, por ejemplo de sangre.

Finalmente debe tenerse en cuenta que en la mayoría de los casos, lo que se hace en la escena de los hechos es detectar posibles pruebas, estas posibles pruebas deben ser correctamente etiquetadas y remitidas al laboratorio para su análisis, donde se le dará todo su significado.

LA CADENA DE LA PRUEBA.

Un concepto muy imprtante en cualquier clase de investigación penal es la cadena de la prueba. Esto significa que debe existir una garantía de que un indicio o una prueba, encontrado en el lugar de los hechos, no ha sido modificado en todo el proceso de detección, envio al laboratorio, análisis y descripción de resultados.

Una prueba es registrada en el lugar de los hechos. Allí debe ser anotada en el acta, cartografiada en el plano y fotografiada. Su recogida y paso al laboratorio así como todo su proceso analítico debe ser susceptible de ser reconstruido en todo momento. A este efecto debe documentarse cuidadosamente cada paso, constando el momento en que se produce, lugar de almacenamiento, hora exacta y persona que la entrega y la retira.

En este sentido debe entenderse que el cuerpo de la víctima es una prueba, y que desde su estudio en el lugar de los hechos, su recogida, su remisión al centro de patología, el ingreso en el mismo y su posterior entrega a los familiares deben seguir de forma cuidadosa las propiedades de la cadena de custodia.

La autopsia será el estudio que se hace con la prueba, así como los estudios derivados de microscopía, analítica de tóxicos etc.

Tecnica policial y ciencia médica

En España, como en algunos otros paises hay una cierta confusión entre el trabajo policial y el trabajo médico en el lugar de los hechos.

El hecho es que hay una cierta superposición entre las funciones o el trabajo de ambos profesionales. Pero la delimitación es en realidad más clara de lo que parece.

El médico forense es un médico, sus funciones no son las de hacer de policía ni de juez instructor, por lo tanto su verdadero trabajo está en el cuerpo y superpondra su trabajo con el de la policía en la medida que elementos externos como armas manchas etc le ayuden a interpretar los hallazgos en el cadáver.

La policía es la que lleva el peso de la investigación. En el caso de España junto con el juez instructor.

En condiciones normales, cuando hay una idea clara de colaboración entre forenses y policía no suele haber problemas ni personales ni de investigación. En la mayor parte de los casos en que se presentan conflictos está subyacente que el médico quiere hacer de policía o el policía de médico.

Objetivo fundamental de la patología forense: las piezas del puzzle.

En cualquier caso no debería perderse de vista que la función de la medicina Forense no es resolver un caso. La medicina forense analiza un cuerpo en una escena. La escena puede ubicarse en un espacio y en un tiempo.

A partir del análisis del cuerpo se podrán obtener un conjunto de datos objetivos respecto de los hechos que han sucedido a esa persona y en ese entorno.

Estos datos se enumeran y dan lugar a un perfil. Un conjunto de "verdades" que sirven de marco o guión a la investigación que realizan otros.

Una imagen útil es pensar que la patología forense lo que hace es dar forma y asegurar una serie de piezas de un puzzle. Esas piezas en ocasiones pueden permitir ver la escena entera y en ocasiones solamente van a ser un guión.

Capitulo 4

EL CRONOTANATODIAGNÓSTICO ¿CUANDO PASO?

La hora a la que se ha producido la muerte de una persona es uno de los temas de estudio más clásicos de la patología forense. Se trata sin duda de un dato primordial en la investigación judicial y policial.

Pero este estudio está lleno de dificultades y posiblemente se trata del problema más difícil de resolver en muchos de los casos. Hay diversos factores que explican esta dificultad, pero de entre ellos pueden destacarse dos:

La finalidad del cronotanatodiagnóstico es establecer la hora a la que ha fallecido una persona, partiendo del estudio del cadáver.

Pero este objeto de estudio presenta una dificultad conceptual.

Sabemos que biológicamente la muerte es un proceso y no un instante concreto, y los datos que obtendremos de un cadáver serán los del proceso agónico y postmortal de forma continua.

Esto nos lleva a revisar nuevamente nuestro objeto de estudio, porque lo que se entiende que se está investigando es el momento en el que se produjo el paro cardíaco irreversible y determinar retrospectivamente ese momento es poco menos que imposible.

Para intentar dentro de lo posible hacer una hipótesis coherente sobre el momento en que se ha producido la muerte debe entrarse en datos objetivos que se obtengan de fenómenos que tengan una relación directa con el cese de la función circulatoria. El razonamiento directo será que si lo que se pretende es diagnosticar cuanto tiempo hace que se ha parado el corazón, habrá que estudir fenómenos que se originen de forma directa en el paro cardíaco y que tengan una regularidad temporal estudiable, es decir que sigan algún tipo de curva.

Cuando el tiempo transcurrido desde la muerte es largo, pasados varios dias o semanas ya intervienen otros factores. Ya se pueden tomar como referéncia fenómenos vinculados a la destrucción o descomposición del cuerpo aunque asumiendo naturalmente un margen de error mucho mayor.

Cuando se procede al estudio de los fenómenos o variables con los que se diagnostica la hora de la muerte, un elemento bastante llamativo es la gran cantidad de factores que intervienen en cada una de estos variables.

En la mayoría de datos vamos a tener unos condicionantes como la estatura, el peso, la grasa corporal, la superficie corporal, la musculatura, el estado nutritivo etc.

También las variables ambientales del lugar de los hechos tienen una influencia notable, valores de temperatura y humedad ambiental, viento, estado del entorno etc., van a modificar la interpretación de los datos obtenidos del cadáver. También las ropas pueden inducir modificaciones.

El tipo de muerte es otro factor importante, la causa de la muerte va a condicionar lel comportamiento de muchos de los fenómenos cadavéricos, sino de todos.

Y finalmente la variabilidad entre individuos. La variedad constitucional y fisiológica entre personas que impide en gran medida determinar cual es el punto cero en el cual ubicar la normalidad de un cadáver, el estado de las variables en el momento de la muerte no lo podemos conocer por lo que se debe partir de hipótesis aproximativas.

Por ejemplo, en la determinación de la temperatura se parte de la base de que un cuerpo humano está a 37 grados. Pero esto no es así. Tanto por fisologia del propio sujeto como por patologías previas, muchos de los cuerpos no estaban a 37 grados en el momento de la muerte. Para mayor precisión, puede incluirse el hecho de que las alteraciones producidas por la lucha, la huida, la adrenalina etc, van a modificar la temperatura corporal de forma perceptible.

Un factor muy relevante en el problema del cronotanatodiagnóstico es la falta de estudios experimentales suficientemente grandes y fiables como para establecer conclusiones válidas. Hay una imposibilidad social en plantear un trabajo de investigación de variación de factores en un cadáver de forma sistemática durante días a partir del momento mismo de la muerte y que este estudio pueda incluir un número de casos significativo con las variabilidades de tipos de cuerpos, circunstáncias ambientales y causas de muerte.

Un gran estudio de estas características no es posible, lo que tenemos son multitud de datos incompletos procedentes de estudio limitados con pocos caos y sesgos importantes.

A la vista de lo expuesto, el cronotanatodiagnóstico sería mas correcto definirlo como el intervalo de tiempo mas o menos dilatado en el cual existen mayor número de probabilidades de que se haya producido la muerte.

MÉTODOS PARA DATAR LA HORA DE LA MUERTE

Las formas de cálculo de la hora de la muerte son múltiples. Se va a proceder a la explicación de las más comunes, prestando especial atención a sus fundamentos y a los sesgos inherentes.

¿Qué tipos de variables debe tener un método para diagnosticar la hora de la muerte?

La variable que se mida debe ser un fenómeno que aparezca de nuevo o que se modifique de forma dramática a partir del momento en que se produzca el paro cardiorrespiratorio.

Además esa variable debe poderse medir a ser posible en números, es decir que tenga alguna clase de magnitud escalar.

En tercer lugar y eso es muy relevante, ese número que determinamos (por ejemplo la temperatura corporal), debe variar de forma razonablemente uniforme en el tiempo.

Un fenómeno que no tenga evolución en el tiempo no tiene utilidad para diagnosticar la hora de la muerte, pero no basta que varie en el tiempo, debe ser un fenómeno que experimente un cambio gradual y uniforme en el tiempo.

Finalmente, la variable que medimos, en el caso de estar sujeta a influencias ambientales (que son todas), debe poder ser susceptible de corrección en función de esas influencias y por tanto esas influencias deben poderse medir cuantitativamente.

Desafortunadamente no existe ninguna variable que pueda ofrecernos esas condiciones. No hay ninguna magnitud que se pueda medir de un cadáver que ofrezca esa relación con el tiempo y esa capacidad de corrección.

Por estos motivos, el diagnóstico de hora de la muerte es, por definición, inexacto. Nunca se puede datar de forma concreta la hora de la muerte en base al estudio del cadáver. Eso es algo que pertenece a la literatura o al imaginario social pero no a la patología forense.

La temperatura y la hora de la muerte

La relación entre temperatura corporal y hora de la muerte se basa en el siguiente principio: El calor corporal está producido por la actividad metabólica, pero lo relevante a efectos de diagnostico de hora de la muerte es que es distribuido por la circulación de la sangre de forma similar a como actúa un radiador en una casa. Se entiende entonces que al cesar la actividad cardíaca y dejar de circular la sangre, no hay mecanismo de distribución del calor y por tanto el cuerpo se enfría.

Los métodos para establecer la hora de la muerte según la temperatura corporal son probablemente los mas utilizados y probablemente los mas útiles.

La temperatura corporal tiene unas ventajas innegables: es un valor cuantificable, lo cual es muy importante porque para obtener una cifra de tiempo su calculo se tiene que basar en datos cuantitativos.

Tiene además la ventaja de que la pérdida de calor sigue unos ritmos que aunque no permitan una reconstrucción exacta, tienen unas pautas bastante regulares.

Muchas de las variables que influyen en el estudio de temperaturas son conocidas y algunas cuantificables, como temperatura exterior, humedad, superpie corporal etc.

La medida de las temperaturas tiene una serie de factores en contra: no se puede conocer el punto cero, es decir la temperatura visceral en el momento de la muerte y muchos de los factores modificadores no tienen posibilidad de cuantificarse

Evolución promedio del enfriamiento del cadáver.

Para hacernos una idea básica de los datos que aporta el enfriamiento del cuerpo partiremos de la medición de la temperatura en unas condiciones concretas, la temperatura mas útil de un cadáver es la temperatura del hígado, y para medirla se debe hacer una incisión en el abdomen del cadáver e introducir el termómetro en el hígado o colocarlo bajo el mismo.

El hígado es una glándula muy grande, de aproximadamente el 2,5 % de la masa corporal. Está contenido en una cápsula fibrosa y se encuentra protegido en la parte superior derecha del abdomen, por lo que es capaz de mantener una temperatura homogénea con un descenso gradual.

Una alternativa a la temperatura hepática es la temperatura rectal. Tiene la desventaja de que esta menos aislado y es dudoso que su curva sea regular.

La caída de la temperatura en un cadáver sigue una curva en forma de s itálica. Inicialmente hay un descenso de escasa entidad, que generalmente se cifra en medio grado centígrado cada hora. Posteriormente el cadáver entra en una recta mas o menos homogénea de una pérdida de un grado por hora. esta recta de caida de temperatura llega hasta acercarse a la temperatura ambiente.

Cuando faltan pocos grados para la temperatura ambiente, la pérdida de temperatura se va a enlentecer nuevamente a medio grado por hora, después un cuarto de grado por hora y paulatinamente hasta llegar a la equivalencia térmica entre cuerpo y ambiente.

La recta de pérdida homogénea dura entre seis y diez horas.

En base a este concepto general se utilizan diferentes fórmulas para determinar la hora de la muerte. La más básica de las cuales consiste en calcular una pérdida de 0,8 grados por hora.

Además de las fórmulas de tipo matemático, son muy utilizados unos gráficos que sustituyen una ecuación matemática por el trazado de líneas que se cortan en un punto de una parrilla. Estos gráficos les llaman normogramas y el mas popular es posiblemente el de **Henssge** que correlaciona, de forma mucho más fiable, temperatura rectal, temperatura ambiente, peso y permite aplicar factores de corrección.

De todas formas conviene no olvidar que un normograma no deja de ser una gráfica de una función que no tiene un comportamiento real tan preciso como su expresión matemática. Una curva de temperatura de un cadáver no es una pérdida de temperatura de un cuerpo homogéneo ni con una superficie uniforme.

Métodos mediante el estudio de las lividices.

Las lividices[7] pueden ser una forma teóricamente buena de determinar el lapso de tiempo desde el paro cardíaco. Su valor está precisamente en que son un proceso que se inicia con el paro cardíaco. La sangre deja de moverse justamente en el momento en que para la función de bomba del corazón y se inicia el proceso de formación de las lividices.

No obstante, de cara a realizar una determinación retrospectiva de la hora de una muerte, las lividices como fenómeno plantean unos problemas muy serios.

Los principales problemas que planeta el estudio de las lividices son:

— No se trata de una observación cuantificable.
— Depende de múltiples factores como la anemia, volumen de sangre del cuerpo y espesor de los tejidos en los que se producen.

El problema de la cuantificación.

Las lividices no se pueden cuantificar. Son imágenes de color en las que no se puede medir de forma practica una superficie de lividez ni tampoco una escala de intensidad del color.

Debe entenderse entonces que la apreciación de lividices mas o menos amplias y de intensidad mas o menos oscura no se pueden corresponder con un valor numérico.

Evolución promedio de las lividices.

En la primera hora tras la muerte, aparecen pequeñas manchas en las zonas con mayor acumulo de sangre. Es frecuente que aparezcan en la parte posterior del cuello debido a que el cuero cabelludo está muy irrigado y tiene un escaso espesor, de forma que las zonas de sangre estática fácilmente se evidencian al exterior.

---

[7] En el capitulo de semiologia del cadáver está el apartado relativo a las lividices.

Entre 1-5 horas produce la aparición evidente de las lividences en las partes declives.

A las 12 horas no existe fenómeno de transposición ni respuesta a la vitropresión, es decir, quedan fijadas.

Datos aportados por otros fenómenos cadavéricos.

Otros fenómenos cadavéricos pueden dar datos útiles para aportar al cronotatanodiagnóstico. De ellos conviene destacar la deshidratación y la rigidez del cadáver.

Estos fenómenos no pueden cuantificarse y tampoco tienen funciones de valores que puedan inscribirse en una gráfica. SE dice que aportan datos porque algunos fenómenos puntuales se corresponden normalmente a una franja horaria postmortem y sirven como correlato o referencia para los cálculos.

Datos aportados por la deshidratación.

La turbidez de la córnea (telilla albuminoidea) dependerá de que el cadáver haya permanecido con los ojos abiertos o cerrados.

Con los ojos abiertos la transparencia se pierde en 45 min, hay turbidez a las 2h y opacidad a las 4h. Con los ojos cerrados la turbidez aparece a las 24h.

La tensión ocular cae rápidamente después de la muerte, de ahí que la pupila pueda deformarse. Se utiliza un tonómetro y a partir de las 2-3 horas ya no es posible medir la tensión ocular.

La transparencia de la coroide o mancha esclerótica o mancha negra, puede aparecer 10-12h si el cadáver permaneció con los ojos abiertos.

Respuesta a la atropina (dilatación de la pupila) y a la pilocarpina (contracción de la pupila), menos de 4 horas en los dos casos.

Datos aportados por la Rigidez cadavérica.

La rigidez se inicia entre 2-4 horas después de la muerte (en la articulación temporo-mandibular), se completa entre las 6-8 (otros autores 8-12, es máxima sobre las 24 horas y comienza a desaparecer o la resolución a las 36-48 horas.

Si se vence la rigidez (antes de las 7-8 horas) en lo que llamaríamos período de estado, vuelve a restaurarse con una intensidad que es inversamente proporcional al lapso postmortal. La restauración es negativa a partir de las 20h.

Contracción de los músculos piloerectores (cutis anserina o piel de gallina) activos, cuando aparecen durante unas horas (12-24h).

Analítica y diagnostico de hora de la muerte.

Durante los últimos años han aparecido multitud de trabajos en los que se busca la relación entre el paso del tiempo postmortem y determinaciones analíticas.

El razonamiento es el mismo que en las magnitudes físicas. Se busca un parámetro que sea fácilmente determinable, y cuyo valor varíe en función directa con el tiempo transcurrido tras la muerte con la mayor independencia posible o con la posibilidad de controlar los factores que intervienen.

La analítica postmortal en estos momentos es poco efectiva. El cuerpo humano tiene una biología más o menos estable en vida, pero tras la muerte los niveles de las sustancias en los fluidos corporales no tienen ningún sistema de regulación, como sucede en el vivo y por lo tanto sus fluctuaciones son imprevisibles.

En este contexto, durante unos años se ha estado trabajando en los niveles de potasio en el humor vítreo. El potasio procedente de la destrucción celular en la cadáver teóricamente experimentaría un incremento gradual. El relativo aislamiento del humor vítreo en el interior del ojo se aproxima a un sistema cerrado.

Hasta el momento, los estudio con humor vítreo dan algunos resultados, pero no tanto como hizo esperar el inicio de esta técnica. Los resultados son dispares y aunque es correcto que hay un incremento gradual en el tiempo no hay una relación clara entre valor de potasio y tiempo.
Una primera dificultad está en que no hay un valor uniformemente aceptado como valor normal de base, el que estaría en la hora 0 o en el momento de la muerte. Y esto es ya una dificultad importante. pero además no está claro el ritmo de incremento del potasio en el humor vítreo a lo largo del tiempo.

Hay un elemento que nos explica el porqué no se puede tener una idea precisa de la evolución del incremento de potasio en el humor vítreo, y es que en un cadáver solamente se puede realizar esta analítica una vez. El humor vítreo es una muestra de pequeño tamaño y que se pierde con una primera analítica. Por ello, los datos relativos a la curva, se extraen de diferentes cadáveres y esto nos lleva a pensar si las variaciones son totalmente debidas al paso del tiempo o a la variabilidad entre sujetos.

Conclusión

El diagnóstico de la hora de la muerte, a día de hoy, no es posible en el sentido que le ha dado la literatura y los medios de comunicación. No se puede establecer un momento concreto para la hora de un fallecimiento.

Lo que pueden hacerse son aproximaciones dentro de un margen de error. estas aproximaciones lo que indican es un intervalo de tiempo en el que hay una gran probabilidad que se haya producido el fallecimiento.

Este intervalo crece a medida que nos distanciamos del momento de la muerte. En el primer dia es de horas y crece a medida que pasa el tiempo en días semanas o meses.

La verdadera utilidad de este diagnóstico no siempre es por si mismo, sino cuando aporta datos que son contrastables con otras evidencias del caso concreto.

Capitulo 5

IDENTIFICACIÓN
¿Quién es el cadáver?

La identificación en el contexto de la patología forense

Uno de los problemas más característicos de la patología forense es establecer la identificación de un cadáver.

Esto se produce en varios contextos.

El más común es el ingreso en un servicio de patología forense de un cuerpo sin identificar. Esto es frecuente dado que en ocasiones ingresan cuerpos procedentes de accidentes de tráfico, ahogados o simplemente personas que fallecen en la vía pública sin documentación ni indicaciones especiales que nos digan quien es.

El segundo contexto es cuando hay víctimas múltiples y fundamentalmente cuando se trata de catástrofes en las que se producen un número indeterminado de muertes. Los cuerpos se retiran del lugar del siniestro y se remiten a los centros de patología forense.

En el caso de las víctimas múltiples puede darse el caso que el estudio se centre en la identificación. Cuando se trata de accidentes aéreos, o de ferrocarril la administración ya asume por defecto que la causa de la muerte ha sido el accidente y la orden que transmite es que de forma prioritaria lo que se haga es identificar los cuerpos.

El concepto básico de la identificación

La identificación consiste en el proceso de detectar y constatar aquellos elementos, datos o características que tiene una persona y que la diferencian de las demás personas. De alguna forma podemos decir que el estudio de la identificación es el estudio de las diferencias interpersonales.

El concepto de identificación es amplio. A una persona la puede identificar un objeto personal como un anillo o una documentación en su poder. Pero estos elementos de identificación son relativos porque son transferibles a otras personas. Por ello, interesa mucho identificar por elementos corporales, cosas que sean parte del organismo.

Desde el punto de vista de las ciencias forenses Las técnicas de identificación recogen todas las características posibles que tienen un fundamento medico—biológico y que diferencian entre personas o entre grupos de personas.

Formas de identificación

Este concepto abre un amplio arco de formas de identificación pues son muchos los elementos biológicos que pueden individualizar a una persona.

De una forma grosera podemos dividir las opciones de identificación biológica de las personas entre formas no metódicas y formas metódicas.

Las formas no metódicas son aquellas características biológicas que son propias de una persona, pero no están sistemáticamente en los organismos. Por ejemplo una prótesis de cadera puede ser muy identificadora, pero es un elemento que no tiene el común de la población. No se puede establecer un estudio sistemático.

Las formas no metódicas pueden ser muchas, por ejemplo las derivadas de enfermedades, deformidades, intervenciones quirúrgicas etc. Identifican y en ocasiones con mucha eficacia, pero son algo que sirve para ese sujeto, no para la población general.

Las formas metódicas son todas aquellas características que tienen todas las personas pero que tienen variaciones entre individuos. Se trata de un campo muy amplio que engloba multitud de factores: desde la forma de los huesos, las características de los dientes, las huellas dactilares o la composición genética.

Antroplogia Forense

La antropología forense suele definirse como subdisciplina de la antropología física cuyo cometido es dar respuesta a las preguntas planteadas por la administración de justicia y solucionar problemas médico-legales relacionados con los restos óseo. Dentro de estas cuestiones es clásica el tema de la identificación, sin embargo hemos de reseñar que no solo se limita al estudio del esqueleto, sino también cuando afecta a cuerpos en procesos de conservación, por ejemplo momias, estados avanzados de putrefacción o en sucesos con victimas múltiples o grandes catástrofes. Así mismo no solo aportará datos que permitan la identificación, sino que también sobre el tipo de muerte, causa y mecanismo de muerte, etiología médico-legal, etc. Vemos por lo anterior que la antropología forense forma una parte muy importante de las ciencias forenses.

Si nos ceñimos a la identificación, podemos señalar que se puede establecer de dos formas, por un lado una identificación reconstructiva y otra comparativa o individualizadora.

Desde el punto de vista de la antropología decimos que una identificación es reconstructiva (perfil biológico) cuando partimos de unos restos óseos, por ejemplo, y desconocemos o no tenemos datos de la existencia de un presunto desaparecido, por lo que hemos de proceder a la "reconstrucción" de aquellos datos que permitan individualizar dichos restos. Estaríamos hablando de aportar datos que nos permitan conocer el sexo, la edad, la talla, la adscripción grupal o ancestros, lateralidad, entre otros. Después con estas variables se podría acceder a una base de datos, por ejemplo de la policía, y ver a que grupo de personas cuyas desapariciones se han denunciado se corresponden.

Por su parte se establece una identidad comparativa o individualizadora, cuando podemos "comparar" o cotejar los datos obtenidos en los restos objeto de estudio con otros procedentes de la persona que se sospecha que pertenecen. Es decir que tendríamos a un individuo desaparecido y hemos de establecer si dichos restos pertenecen al mismo. En este punto es donde entran todas las técnicas de imagen con la superposición cráneo fotográfico o radiográfico, búsqueda de elementos individualizares como material de osteosíntesis entre otros o la comparación de registros odontológicos, entre otros.

No pretendemos ser exhaustivos, ni profundizar en el estudio de cada uno de los apartados puesto que nos apartaríamos del objetivo de este libro, sin embargo vamos a dar una visión lo más escueta posible, de como se realiza una identificación reconstructiva, aportando datos sobre el sexo, altura, adscripción grupal o ascendencia étnica y edad.

Sexo

Como regla general lo que permite la diferenciación de sexo es el grado de desarrollo muscular que a su vez implica una mayor inserción tendinosa en el hueso, manifestándose en éste en un aumento en el desarrollo de la superficie ósea, es decir en un mayor desarrollo cortical. De esta forma se parte de la presunción que los hombres presentan, por regla general, un mayor desarrollo muscular por lo necesita unas uniones al hueso más pronunciadas, lo que conlleva que el hueso reaccione con un desarrollo óseo más robustos, más pesados y más grandes. Mientras que las mujeres al tener, por lo general, menos masa muscular, las inserciones al hueso no son tan fuertes y por lo tanto el hueso es menos pesado, más grácil y más pequeño.

La determinación del sexo es más exacta cuando se tiene el esqueleto entero y en el caso de que este incompleto el porcentaje de errores aumenta. Así mismo es más segura en adultos que en sujetos más jóvenes, puesto que éstos últimos se encuentran en proceso de diferenciación sexual. También influyen variables ecológicos como la nutrición, la cual afecta al grado de desarrollo de los huesos.

Normalmente se utilizan dos métodos, uno morfológico y otro morfo-métrico. El morfológico consiste en describir las características visuales de la morfología y aspecto del hueso, mientras que el morfo-métrico implica la medición desde una serie de puntos óseos y la obtención de medidas y su posterior utilización en funciones discriminantes.

Existe un tercer método que implica el análisis de de los cromosomas sexuales en el ADN.

La pelvis es la región anatómica en la que mejor se reflejan las diferencias sexuales, debido a la necesidad de albergar un nuevo ser y prepararse para el parto. De esta forma la pelvis femenina es más ancha y las medidas de los diámetros predomina la horizontalidad, frente a la verticalidad de los hombres. Zonas donde buscar diferencias sexuales, desde un punto de vista morfológico, seria la existencia de arco ventral (solo aparece en mujeres), la escotadura ciática, el arco subpúbico, surco preauricular, agujero obturador, entre otros.

La morfología del cráneo también presenta diferencias, siendo en general más robusto en el hombre que en la mujer. Puntos donde podemos apreciar diferencias seria, la glabela, arcos supraorbitarios, mastoides, el frontal, las crestas nucales

La mandíbula también presenta diferencias consistentes en un mentón mas cuadrangular y ancho en los hombres, de los varones suele ser más cuadrangular, con un ángulo mandibular más cerrado que las mujeres.

Edad

Debido a que la edad se encuentra influenciada por factores como por ejemplo, influencias genéticas, enfermedades, actividad física, alimentación, ambiente, entre otros, lo que realmente estamos determinando es la edad biológica, la cual no tiene porque ser la edad cronológica. O dicho de otra manera la estimación de la edad biológica siempre lleva aparejado un margen de error debido a la variabilidad biológica.

La determinación de la edad es mucho más exacta, al contrario que la determinación del sexo, en individuos que todavía no han alcanzando la madurez que en adultos, debido a que en las etapas iniciales, los cambios óseos están en constante cambio y por tanto se permite una mayor sistematización.

Tenemos varios métodos para determinar la edad en individuos jóvenes;

— Estado de fusión de las epífisis de los huesos largos. Hemos de recordar que el crecimiento óseo se realiza de forma gradual a medida que se unen las separaciones de determinadas zonas del hueso y que cada hueso lo hace en intervalos de edades diferentes. Este mismo estudio se realiza sobre sujetos individuos, cuando se quiere conocer si han cumplido la mayoría de edad a efectos penales. En estos casos uno de los métodos que tenemos es radiografiar una serie de huesos y ver el grado de fusión de los huesos.
— Grado de erupción de piezas dentarias. Existen dos tipos de dentición, una temporal o dientes de leche que se componen de 20 piezas, la cual es sustituida por la permanente la cual consta de 32. La secuencia de formación y erupción, salvo pequeñas variaciones, es la misma.

En el caso de los adultos tenemos los siguientes métodos:

— Sinostosis de las suturas craneales. Las suturas craneales son las líneas de unión o articulares entre los huesos craneales. Estas con el

paso del tiempo se van cerrando y desapareciendo, por lo que se han correlacionado con la edad.
— Cambios morfológicos de la sínfisis púbica. Es uno de los métodos ampliamente utilizados debido a la poca afectación debido a procesos degenerativos y de movilidad. Se basa en las modificaciones que se produce con el paso del tiempo en ésta región anatómica de la pelvis. Se han estudiado tanto la estructura en su conjunto, como su división en regiones en ver los cambios en dichas zonas.
— Cambios en el extremo esternal de las costillas. Se ha observado que los cambios morfológicos que afectan al extremo esterno-costal (la porción que entra en contacto a través del cartílago con el esternón en la cara anterior) de las costillas tienen una alta relación con la edad de los individuos. La ventaja que ofrece con respecto a otros métodos es que al ser una articulación que tiene escasa movilidad, su morfología no suele estar alterada por otros factores como artropatías o las típicas tensiones del parto que afectan a la sínfisis púbica. Entre los cambios que se estudian tenemos la forma de la zona articular, identaciones, adelgazamiento óseo, características del reborde, proyecciones, consistencia ósea, entre otras.
— Otros métodos que se han utilizado son: grado de osificación del cartílago tiroides, cambios en el extremo esternal de la clavícula, modificaciones radiográficas del húmero y del fémur, metamorfosis de las vértebras, de la faceta auricular en la pelvis, etc.

Como podemos apreciar el hecho de que haya más de un método para establecer la edad de una persona quiere decir que no hay ninguno por si solo que sea exacto o efectivo en esta finalidad y ha de ser la utilización y valoración en conjunto de la mayoría de dichos métodos los que nos permitirá aproximarnos de una manera más precisa al intervalo de edad.

Altura o estatura

La altura es otro de los elementos clásicos a la hora de realizar una identificación reconstructiva. Hemos de volver a tener en cuenta que existe mucha variación en función del grupo social, alimentación, genética, grupo racial, incluso existen diferencias en función del sexo, por lo que los resultados siempre se han de dar con márgenes de error y estudiar éste parámetro después de haber establecido el sexo y la edad de los restos objeto de estudio.

Se procede a su estudio en función de si disponemos de todo el esqueleto o solamente de unos pocos huesos, entre ellos los denominados largos, como son el húmero o el fémur.

En el caso de disponer de todo el esqueleto, se mide la altura del cráneo, columna vertebral, pelvis, fémur, tibia, astrágalo y calcáneo. Con esas mediciones, falta tener en cuenta partes blandas, discos intervertebrales, por lo que se aplican coeficientes de correlación.

Por su parte cuando solo se dispone de unos huesos o uno solo, se procede a la medición del mismo y aplicación de fórmulas de regresión. Pero al igual que con el caso del esqueleto entero, siempre se obtiene una estatura estimada, con unos valores máximos y mínimos que están en relación con el error estándar de cada una de las fórmulas, lo que supone una limitación en los casos de identificación forense.

Ancestros, ascendencia, grupo étnico

La identificación del grupo poblacional al que pertenece un sujeto es seguramente uno de los aspectos más complicados de abordar en Antropología Forense. Esto se debe a que, en la actualidad, se rechaza el término "raza" que se ha intentado sustituir por otros como "linaje", "filiación cultural", "etnicidad", ascendencia, entre otros.

Los principales estudios que existen acerca de posibles factores óseos que puedan orientarnos acerca del origen de un individuo son aquellos que hacen referencia a lo que se han clasificado como razas humanas y que en realidad son grandes grupos poblacionales con diferencias muy marcadas entre los individuos que se incluyen dentro de ellos. En este sentido se han establecido tres grandes troncos raciales que son el caucasoide, mongoloide y negroide.

Por definición, la Antropología estudia al hombre en sus aspectos biológicos y culturales y uno de los fundamentos de la biología es la variabilidad. Por eso, es incorrecto elaborar grupos con supuestos rasgos exclusivos donde adscribir a los sujetos, puesto que esos rasgos específicos no existen en realidad.

Podemos señalar por lo tanto que no existe ningún rasgo o variable que nos señale hacia un grupo "puro" en el sentido de identidad, sino que todos somos el resultado de mezclas de diferentes procedencias y por lo tanto de ascendencias.

Dicho lo anterior, también hemos de pensar que ubicar a unos restos en un grupo orienta mucho la investigación sobre la identidad. Por eso se intenta aportar datos que permita establecer un patrón sobre la ascendencia.

Como ya hemos señalado con anterioridad en otros apartados podemos utilizar dos métodos; uno descriptivo de la morfología (morfológico) y otro procedente de la medición de los restos óseo (morfométrico).

Uno de los huesos más ampliamente estudiados ha sido el cráneo. Se han descrito diferencias morfológicas, con relación a la morfología de las fosas nasales (longitud, anchura), presencia de espina nasal, prognatismo (protursión de los maxilares) y su grado, separación interocular, proyección del hueso cigomático, morfología del cráneo, presencia de huesos suturales, características del paladar, forma de los dientes, morfología de las cúspides dentales, etc.

Esos mismas zonas pueden ser sometidas a medición y los resultados ser utilizados en programas de tratamiento estadístico, donde nos indicaran el porcentaje de adscripción a un grupo, pero teniendo en cuenta que se trata de una aproximación y nunca una afirmación de certeza matemática.

Lateralidad

Es la tendencia a la utilización de una manera preferente una mano o extremidad en actividades manipulativas. De esta forma a las personas las podemos dividir como diestros, que son la mayoría o zurdos.

El principio que guía su determinación es que como consecuencia de los movimientos repetitivos a lo largo de la vida genera unas serie de modificaciones no solo a nivel muscular sino también a nivel óseo en una extremidad. La región más ampliamente ha sido las extremidades superiores y los criterios analizados han sido, las inserciones musculares, robusticidad y longitud de la clavícula, morfología de la fosa y cavidad glenoidea, longitud de los huesos de la extremidad superior (húmero, cúbito y radio), tuberosidad deltoidea, etc.

Odontología Forense

Los dientes son muy resistentes a los efectos destructivos del tiempo y agentes físicos como el fuego requiriéndose grandes temperatura para su total desaparición, por lo que ocupan un lugar muy importante en los estudios antropológicos de todo tipo. En algunos casos, incluso pueden ser, los únicos elementos identificadores cuando han quedado destruidas las huellas dactilares y la mayoría de los demás elementos esqueléticos.

La gran variedad y variabilidad en la morfología dental así como la presencia de trabajos dentales, tanto estéticos como curativos (extracción, endodoncias, fundas, prótesis), nos permite afirmar que los dientes presentan una elevada carga individualizante, siendo un elemento de identidad positiva. De esta forma se podría definir la Odontología forense, como aquella disciplina de las ciencias forenses que aplica conocimientos odontológicos en la resolución de problemas médico-legales tanto en el vivo como en el cadáver. Siendo estos problemas principalmente, pero no exclusivamente, del tipo de establecimiento de identidad.

Pero no solo podemos aportar datos que permitan conocer a quien pertenecen, sino que estudiando la existencia de marcas, alteraciones y coloraciones, nos puede conducir a tener saber de determinados hábitos culturales, profesionales (como los tapiceros que tienen la costumbre de colocarse puntas en la boca) o personales (desgaste producido por fumadores de pipa)

Otro hecho importante y a tener en cuenta es que existen dos tipos de denticiones, una temporal o dientes de leche y otra permanente. La cronología de aparición de un tipo y su reemplazo por el otro ha permitido establecer toda una serie de tablas que ayudan, con un margen de error muy pequeño (meses), el establecimiento de la edad, sobre todo en individuos jóvenes. De esta forma sobre los 6-7 años de edad comienza el recambio hasta pasados los 18 años que terminan, en la mayoría de los casos, de salir los terceros molares o muelas del juicio.

Al igual que ocurría con los restos óseos, con los dientes podemos una obtener una identidad reconstructiva o comparativa.

En el caso de la comparación, lo que obtenemos del estudio de la arcada dentaria es una ficha en la que recogemos toda una serie de hallazgos. Por ejemplo si existen pérdidas (si fue en vida o después de la muerte), patologías (caries, sarro), morfología dental (existen cerca de 100 caracteres descritos), trabajos dentales (endodoncias, prótesis, etc.). Una vez confeccionada esta ficha, sobre todo con los datos de los trabajos dentales, se compara con la ficha que hacen todos los odontólogos cuando exploran a sus pacientes y anotan en la misma los trabajos que realizan. Es a partir de este emparejamiento de datos, sobre todo aquellos que coinciden y descartando contradicciones, cuando se establece la identidad positiva.

Una aplicación de la odontología en el sujeto vivo es el estudio de mordidas, es decir la impronta que a dejado los dientes de un presunto agresor en un caso, por ejemplo de homicidio sexual. En este caso lo que interesa es recuperar la marca de los dientes en la piel de la víctima, obteniendo un molde de la misma y compararla con los moldes de mordedura obtenidos de la persona sospechosa.

Cuando no tenemos con quien comparar los dientes aportan datos que permiten reconstruir un perfil biológico. Una de las cuestiones que mas ampliamente estudiadas es la edad y que ya hemos comentado al inicio, sobre todo hasta los 18 años, es decir en personas jóvenes. En adultos se ha utilizado varios criterios pero que con el paso del tiempo se han visto que no han cumplido con las expectativas depositadas o sencillamente no servían. De esta forma se ha estudiado el grado de desgaste del esmalte (abrasión), depósito secundario de dentina, transparencia de la raíz, reabsorción de la raíz, entre otros.

También se han estudiado la existencia de diferencias sexuales en función de una serie de mediciones principalmente de los caninos. El estudio de la morfología (dientes en pala, tubérculo de Carabelli), así como mediciones han permitido aportar datos que pueden encuadrar unos restos en algunos de los tipos de en que se divide la ascendencia grupal o étnica.

Identificación dactiloscópica

La dactiloscopia supuso a principios de siglo XX una autentica revolución en la técnica de identificación además de para la investigación criminal.

La utilidad de la identificación dactilar no se ha perdido. Es una técnica sencilla y fiable. No precisa de gran aparataje y no es compleja de interpretar para una perona formada.

Actualmente se ha visto desplazada por la identificación por ADN, pero solo parcialmente. Cuando un cuerpo está completo, la identificación dactiloscópica es muy útil y suficiente.

El fundamento de la identificación dactiloscópica es muy adecuado para los requisitos de la identidad biológica. En el extermo de los dedos, en lo que llamamos la yema o pulpa del dedo, se produce el cierre de la piel. La piel "baja" linealmente por brazo y manos pero al llegar al final de su rrecorrido adopta unas formas de remolino en los que la dermis gira sobre si misma.

Un fenómeno similiar sucede en otras partes de la anatomía como en el cuero cabelludo, generalmente en la coronilla, donde se forman remolinos de epidermis.

El diseño general del dibujo que forman las crestas de piel es bastante similar en todos los sujetos, hay una líneas que forman la base, unas líneas marginales que dibujan como un marco y un núcleo central en forma de remolino que generalmente se conoce como "sistema nuclear". Este sistema nuclear generalemnet deja uno o mas pequeños triángulos en su márgenes que forman los llamados deltas.

El diseño general es común, pero el digujo concreto que forman las líneas, al producirse en el embrion de forma aleatoria, es propio de cada individuo y no varía a lo largo de su vida.

La posibilidad teórica de que coincidan dos huellas dactilares es baja, si se compara mas de un dedo mas baja aún, y la probabilidad en la práctica de que haya una huella duplicada es muy escasa.

Cuando se identifica un cadaver por huellas dactilares, lo que se hace es tomar las huellas del cadaver y compararlas con las huellas archivadas al hacer su documentación, de la persona que creemos que es le cadaver.

Si las huellas coinciden, la probabilidad de una falsa coincidéncia es mínima.

Que una persona de aproximadamente la misma edad, del mismo sexo, con las características generales corporales idénticas, haya desaparecido por las mismas fechas en que aparece un cadaver y que tengan las mismas huellas no es posible. En estas condidciones la unica solución realista es que se trata de la misma persona.

Los grupos sanguíneos

Los llamados grupos sanguíneos consisten en la presencia o ausencia de determinadas proteinas en la membrana de las células sanguíneas. En el mas popular, el ABO, la base de la clasificación es si una persona tiene presente la proteina A (de hecho glucoproteina A) em sus células sanguíneas, o la B, o ambas (AB) o ninguna (O).

En el mismos sentido se expresael Rh. Las células sanguíenas expresan o no esta proteina (Rh) y serán Rh positivos o negativos.

Los grupos ABO y Rh son los mas conocidos, por ser proteinas identificdoras que tienen mucha relevancia en las transfusiones de sangre. Pero no son los únicos. En criminalística, antes de la eclosión del ADN, se llegaron a utilizar baterias de docenas de proteinas de membrana.

El poder identificador de los grupos sanguíneos es relativo. Si la capacidad para identificar es aislar lo que el sujeto tiene de único en relación a los demás, el grupo ABO tiene como utilidad incluir el sujeto en uno de los cuatro grandes grupos (A, B, AB y O).

En este sentido, la mayor utilidadde esta identificación no es la individualización, sino la posibilidad de exclusión. Es decir que si tenemos una mancha de sangre O, no pertenece a un sujeto A, ni a un sueto B, ni a un AB.

Si al grupo ABO le añadimos una determinación Rh, tendremos 8 grupos puesto que cada una de las cuatro categorias ABO se divide en dos grupos, Rh+ y Rh-.

Si aplicamos nuevas analísticas con nuevas proteinas, lo que conseguiremos será aumentar exponencialmente el número de grupos y acotar mucho mas la posibilidad de encuadrar al sujeto en un grupo.

No obstante hemos de tener en cuenta que la identificación por medio de las proteinas sanguíneas solamente es positiva cuando se teien un grupo de posibles sujetos a identificar muy restringido. Por ejemplo para diferenciar entre sospechosos.

En el caso contrario, en que se tenga que identificar entre la población general, los grupos sanguíneos son muy limitados porque ninguna variación de perfiles de proteinas es única e individual. Siempre ubicara al sujeto en un grupo de población de millones de personas.

EL ADN

ADN son las siglas de acido desoxiribonucleico. Se trata de secuencias de bases de nitrógeno encadenadas frmando una doble hélice. El ADN (DNA en inglés), es la molécula que contiene la información esencial sobre un organismo y está en los núcleos de cada una de las células del mismo.

Todas y cada una de las células de un organismo tienen en su núcleo una copia entera del ADN que contiene el diseño completo de ese organismo. Da igual que la célula se haya especializado, por ejemplo en una célula muscular, una neurona o una célula de la piel. La información contenida en el ADn será la misma e idéntica a la que ya contenía la primera célula de este organismo al unirse el óvulo y el espermatozoide que lo generaron.

Dada esta propiedad del ADN, es decir el hecho de ser la compilación de información genética sobre cada organismo concreto, fué un objetivo sumamente codiciado para la identificación.

El razonamiento era: si la molécula de ADN contiene la información individulizada sobre el sujeto concreto y particular, entonces es una molécula a medida, es específicamente el código identificador de ese sujeto.

El razonamiento es correcto, ero en la práctica la utilidad del ADN no se reveló por la vía de "leer" la información del ADN.

El ADN se necuentra en el núcleo de las células, las cadenas de ADN forman filamentos muy largos que forman ovilllos y masas a los que llamamos cromosomas.

Existe un segundo contenido de ADN, que es el ADN mitocondrial. En las mitocondrias[8] de las células hay una molécula circular de ADN que se parece mucho al ADN de las bacterias, tiene unos 37 genenes y en cada mitocondria hay varias copias de ADN. Este ADN de las mitocondrias es el mismo que el de la madre, ya que las mitocondrias proceden del óvulo.

Identificación por ADN.

El ADN es una molécula masiva. Los filamentos que contienen la información genética del individuo son muy grandes. En esa masa de material se ha podido determinar que existen tramos de molécula que son lo que se llama codificantes.

Un fragmento de cadena codificante es un fragmento que contiene un gen. Un gen es una información específica sobre el sujeto.

Pero la mayor parte del ADN curiosamente no codifica nada en concreto. Una gran masa de ADN son secuencias de nucleótidos (de letras de códgo), sin mensaje alguno. Es ADN no codificante.

Ahora llegamos a un concepto crítico en identificación.

Aunque el ADN contenga la información genética de un sujeto concreto. Y esa información está contenida en el ADN codificante. Pero el ADN codificante es el que menos varía entre sujetos de una especie. El motivo es que, si bién los genes

---

[8] Las mitocondrias son los órganos repsiratorios de las células, es allí donde se consume el oxígeno que llega a las células para "quemar" la glucosa y obtener energía dejando como deshecho CO_2 y agua.

son propios de cada sujeto, sus diferéncias bioquímicas son infinitesimales porque el ADN aunque particular de cada persona tiene que contener esencialmente la misma información para toda la especie.

Ahora bién, esos genes, esas cademas de información de ADN codificante, están inmersos en una masa de material genético que no forma genes. Hasta hace pocos años se pensó que era practicamente material inerte acumulado durante la evolución, actualmente se empiezan a conocer sus funciones, pero esa masa de ADn es no codificante.

El ADN no codificante varía muchísimo entre sujetos, hasta el punto de que es en el ADN no codificante donde está el ADN "particular" de cada persona.

Este hecho tiene su lógica. Una variación en el ADN codificante está cambiando un gen. Y cambiar un gen supone una modificación muy importante en un organismo que podría ser impompatible con la vida.

En cambio, el ADN no codificante no tiene ese problema, puede modificarse de forma muy sustancial y aparentemente no hay consecuencias para el organismo.

El elemento diferenciador entre personas con las actuales técnicas de identificación, no es el ADN que contiene información genética sino el no codificante.

Así, el enunciado de la identificación por ADN no es que como cada sujeto tiene sus genes específicos, lo identificamos por su genética. El tema es que el ADN no codificante es una molécula muy grande y fácil de obtener y que varía tanto entre sujetos que llega aformar practicamente una molécula única para cada individuo.

Ventajas del ADN

El ADN tiene una serie de ventajas por las que se ha hecho especialmente útil en patología forense.

El ADN es un ácido, no una proteina. Esto implica que en situaciones de descomposición de la materia orgánica puede fragmentarse pero tiande a cristalizar y es infinitamente mas resistente a la descomposición que las proteinas.

El ADN puede extraerse practicamente de cualquier resto biológico o material orgánico que tenga células. Puede obtenerse de sangre o de cualquier tejido.

Puedeobtenerse de pelos mientras tengan raiz (que es donde están las células). Puede extraerse de la médula del hueso.

En los casos de carbonizaciones o cadáveres muy destruidos por medios físicos, el ADN se puede extraer de la pulpa de los dientes. El diente como cápsula dura y resistente es frecuentemente una buena feunte de ADN cuando otros tejidos están destruidos.

¿Como se lee el ADN?

El AdN aunque sea una molécula enorme, no deja de ser una molécula. Y frecuentemente la muestra de tejdio a estudiar es infinitesimal, es muy pequeña.

En primer lugar lo que se hace es extraer la masa de ADN del material biológico en el laboratorio. Dado que las características químicas del ADN son diferentes de las del resto de materia orgánica (proteinas, grasas, azúcares), lo que se hace es destruir los diferentes grupos de materia orgánica hasta que queda separado el ADN.

Entonces hay una cantidades muy pequeñas. No sería posible hacer análisis con esto. Aquí es donde interviene una técnica muy importante en identificación que es la reacción en cadena de la polimerasa.

La polimerasa es un enzima, esencialmente un inductor de reacción química que lo que hace es vehiculizar que el ADN haga copias de si mismo, igual que hace durante la división de una célula.

De una forma muy elemental, la reacción en cadena de la polimerasa (PCR) es la forma de multiplicar el ADN problema hasta el volumen que se considere necesario. Lo que se hace es cultivar el ADN problema con la enzima y con materiales "de construcción" es decir con "ladrillos" o nucleótidos de ADN. El resultado final será tanto volumen como queramos del ADN problema.

Si la reacción en cadena de la polimerasa es viable, es decir que la muestra es suficiente y está razonablemente conservada, de una muestra mínima de ADN contendia en uan gota de sangre o una macha de esperma, pueden obtenerse infinidad de copias.

Y con esta masa razonable de copias del adn problema ya se puede pasar a la lectura.

"leer" una ADN es complejo, pero la idea básica es sencilla. Lo que se hace es utilizarse una sonda. Una sonda es un pequeñísimo fragmento de cadena con un trazador radiactivo. Se mezcla la muestra con miles de copias de la sonda y esta se irá a adherir en puntos concretos de la cadena de ADN.

Estos puntos concretos donde se adhiere la sonda cambian en cada sujeto y por ello la diposición de los trazadores radioactivos va a variar entre un sujeto y otro. La lectura de la diposición de la sonda en el ADN nos va a dar una imágen que recuerda mucho a un codigo de barras.

Identificación por ADN

Hasta este momento, el proceso de manipulación del ADn es complejo pero es técnica de laboratorio.

Cuando se tienen los resultados de una lectura de ADN se deben comparar con el hipotético sospechoso o con una muestra biológica de la pernosa desaparecida.

Los biólogos forenses son los que hacen la interpertación de las lecturas. Estos técnicos lo que hacen es valorar las lecturas problema (por ejemplo muestra de un cadáver y material genético de la familia), y definen el grado de compatibilidad, es decir cuanto coinciden u qué osibilidad de error existe. En este análisis se deben tener en cuenta multitud de factores como la ferceuncia de algunas "marcas" en la genética de una población etc.

La identificación puede ser realizada mediante el ADN nuclear. es lo típico de la investigación criminal. Hay una mancha de sangre, o una muestra de esperma o unos restos de piel en las uñas de la víctima y se coteja su ADN nuclear con el ADN del sospechoso, para valorar si es el mismo.

Una segunda posibilidad de identificación es mediante el ADN mitocondrial. Es el mas utilizado en identificación de cadáveres. En este caso se extrae el ADN mitocondrial, que ya hemos dicho que es el mismo que el de la madre, y se compara con el ADN mitocondrial de los familiares mas directos posibles por via materna.

El ADN mitocondrial es extremadamente útil en identificación de cadáveres porque cuando tenemos un cuerpo sin identificar, es complicado acceder al material biológico de quien pensamos que puede ser porque se trata de uan persona desaparecida. En cambio es mucho mas factible contactar con familiares por via materna que nos pueden aportar el material de comparación.

EFICACIA DE LA IDENTIFICACIÓN.

Cuando en patologia forense se habla de identificar, consiste en el trabajo de establecer la identidad de un sujeto, frecuentemente un cadaver, mas allá de una duda racional.

Frecuentemente por parte del publico y de las administraciones se tiende a pensar que la identificación mas compleja y mas cara es la mas efectiva. Y ello no es cierto.

Una identificación dactiloscópica o una identificación odontológica son muy sencillas de realizar y pueden ser tan efectivas como una identificación por ADN.

Con frecuencia se hace referéncia al hecho de que la identificación por dactiloscopia u otras, está sujeta a la interpretación que hace el profesional y que el ADN es algo mas automático. En este sentido hay que plantearse que en la identificación por ADN lo que es automático es el proceso de multiplicación de la muestra y las determinaciones analíticas, pero el resultado también necesita de interpretación por el biólogo forense.
En resumen, la efectividad de una técnica u otra de identificación se debe valorar en el momento y las condiciones en que se aplican. Si el método que se utiliza para identificar sirve para establecer quien és el individuo, es decir para definir qué persona concreta es, el método es eficaz.

Capitulo 6

¿COMO ES UNA AUTOPSIA?

Una vez terminada la recogida de datos previa en el lugar de los hechos, el cadáver es remitido al servicio de patología forense, donde se encuentra la sala de autopsia y allí se practican las operaciones que denominamos como fase instrumental.

Para realizar esta fase el médico forense precisa de la ayuda de un auxiliar conocido como técnico especialista en patología forense, dado que varias de las operaciones que vamos a describir requerirán de una especial pericia para realizarse a dos manos.

Otro elemento que debemos dar por descontado es que para la fase instrumental es necesario un equipo de instrumental y protección personal adecuado.

La fase instrumental de la autopsia, y es la más compleja, se desarrolla en diferentes etapas, que vamos a describir.

ESTRUCTURA GENERAL DE UNA AUTOPSIA.

Si hacemos un relato del conjunto de procedimientos que se realizan en una autopsia de rutina, el procedimiento es el siguiente:

- En el caso necesario se realiza un estudio preliminar de las ropas del cadaver.
- Se practica un exámen externo. Es decir el estudio general del cuerpo. En este punto se verifican la existencia de lesiones evidentes de violencia

- y se toman datos respecto de las características físicas del cadaver y fenómenos médicos que se pueden apreciar.
- Se toman muestras de fluidos del cadaver para analíticas, tales como sangre, orina etc. También pueden decidirse otros análisis, como frotis para determinar esperma etc.
- Se deciden y ponen en marcha las técnicas de apertura de las cavidades del cadaver y se decide la técnica de extracción de las vísceras.
- Se estudian las estructuras viscerales en la sala de autopsias y se toman muestras de los diferentes tejidos para su estudio microscópico. En el estudio de vísceras también se toman otras muestras para analítica como la bilis.
- En este punto termina el estudio llamado macroscópico. El responsable ya debe tener una orientación general pero clara de la causa de la muerte con lo que se emite un diagnóstico provisional.
- El responsable de la autópsia hace el exámen microscópico de las muestras que ha tomado en la sala de autopsia.
- A la recepción de los resultados de analíticas ya se dispone de la totalidad de datos necsarios para concluir la autopsia de forma definitiva. Se emite el dictámen definitivo.

EN LA SALA DE AUTOPSIAS. PROCEDIMIENTOS

Estudio de las ropas

Hay una fase previa que consiste en el estudio de las ropas.

El estudio de las ropas tiene interés en algunos casos, fundamentalmente en casos criminales en que en las ropas puede haber:

- Vestigios criminalísticos (pelos, esperma, manchas de sangre) o
- Elementos de la lesión, como los residuos de un disparo que lógicamente vamos a encontrar en las ropas cuando el impacto se produzca sobre un área cubierta.
- En situaciones en que hay sujeción o lucha, los desgarros de las ropas pueden indicar los puntos de sujeción y arrastre.
- En algunos casos de heridas por arma blanca algunos tejidos guardan mejor imagen del instrumento utilizado que la misma piel.

En otras ocasiones el examen de las ropas puede ser más irrelevante.

Exámen externo del cadáver

Pasado el examen y retirada de las ropas se realiza una inspección externa del cuerpo tanto por la parte anterior como por la posterior. Aquí es importante valorar los siguientes grupos de signos:

- Datos antropológicos, para valorar el estado de nutrición, higiene, hidratación etc. del fallecido.
- Estado de conservación o descomposición del cadáver. Esto es importante puesto que en esta ocasión los datos de conservación nos van a dar la clave para interpretar los hallazgos de la autopsia y no confundir la descomposición de una víscera con una imagen de una lesión o de una enfermedad.
- Datos patológicos externos. Aquí se observan las lesiones evidentes en el examen externo, así como datos que ayuden a interpretar futuros hallazgos, por ejemplo la asimetría en la rigidez, una coloración ictérica del cadáver (coloración amarillenta), los edemas (zonas de acumulación de líquido por ejemplo en las piernas) etc.
- Finalmente se anotan los hallazgos de maniobras terapéuticas, es decir si hay punciones de inyecciones, electrodos de electrocardiograma, cicatrices quirúrgicas recientes, signos de reanimación (masaje cardíaco etc.), datos que posteriormente deberemos también interpretar.

En esta etapa, conocida por examen externo, es cuando también se puede incluir la identificación del cadáver, generalmente mediante su fotografiado simple y la toma de las huellas dactilares.

Si no fuera suficiente, se requerirán otras técnicas de identificación como las dentales, el ADN etc.

Examen interno: fase manipulativa sobre el cadáver.

Terminada la etapa de examen externo, se pasa a la realización de la siguiente etapa que es el examen interno.

El llamado examen interno está formado por los siguientes procedimientos:

1. Apertura del cadáver.

Consiste en la realización de un procedimiento quirúrgico de apertura de cráneo, cuello y boca, tórax, abdomen y pelvis.

En ocasiones este procedimiento debe ampliarse a la apertura de columna vertebral, apretura de una o varias extremidades etc,

Existen varias técnicas de apertura y la finalidad común es proporcionar un campo de observación y abordaje directo de cualquier estructura del cuerpo.

2. Evisceración.

Después de realizada la apertura de cavidades, lo que sigue son las técnicas de extracción de las vísceras y otras estructuras del cuerpo.

Hemos de tener en cuenta que un cuerpo humano es una estructura que funciona de forma integral. Tiene una funcionalidad única. Pero su estduio metodico implica que se van a estudiar los diferentes órganos y que esos órganos forman sistemas.

En las autopsias va a estudiarse:

1. El sistema de cubiertas cutáneas. es decir la piel y sus estructuras asociadas. Que curiosamente es muchas veces el que mas cuesta de entender como un sistema orgánico.
2. El sistema musculoesquelético. Musculos, articulaciones y huesos
3. El sistema cardiovascular. Que implicará estudio del corazón y del arbol de arterias y venas.
4. El sistema respiratorio, con el estudio de las vias respiratorias (desde nariz pasando por traquea, bronquios etc) hasta pulmones y elementos que estén implicados en la respiración como es el diafragma o la pared torácica.
5. El sistema nervioso, que incluye el estudio del encéfalo (cerebro con cerebelo y bulbo raquídeo). Si es necesario se estudia la médula espinal y algunos nervios periféricos.
6. El sistema o aparato digestivo. Incluye el tubo digestivo desde lengua, esófago estómago e intestinos. El hígado y el páncreas generalmente se van a estudiar en el apartado digetivo.
7. El sistema de eliminación renal. Inclueyendo riñones ureteres, vegiga urinaria etc.
8. El sistema genital.
9. El conjunto de glandulas del sistema endocrino, básicamente hipófisis, tiroides, en ocasiones se buscan paratirioides, las suprarrenales y cualquier estructura glandular o dependiente de sistemas glandulares que se pueda considerar relevante.

10. Las estructuras hematoógicas e inmunitarias: La médula ósea, el bazo, los ganglios linfáticos y el timo en los casos en los que está presente.

Existen diferentes formas regladas de evisceración, en bloque único, en bloques por sistemas, en bloques anatómicos etc. El objeto común es extraer los órganos internos y las estructuras para poder estudiarlos.

3. Estudio macroscópico de órganos.

Cada pieza anatómica extraída del cuerpo, sea órgano, tejido, muestra, herida etc., tiene unos procedimientos de estudio que permiten obtener datos en los que se fundamenta el diagnóstico.

Los datos empiezan simepre por unas características básicas: peso, dimensiones, tamaño, volumen etc. A estas se van sumando datos anatómicos que van discriminando entre normal y anormal.

Algo tan elemental como el peso puede ser fundamental. Por ejemplo un pulmón humano adulto puede pesar entre 350 y 450 gramos. Si tiene un peso de 600 gramos hay algo en su estructura que pesa. Puede ser solamente sangre y plasma en gran cantidad, pero también puede ser agua o una reacción inflamatoria muy extensa que llamamos neumonía, eso ya tiene un significado que interpretar. Pueden ser otras cosas, algunas visibles macroscópicamente, en otros casos hay que comprobarlo con el microscopio.

Cuando el estudio macroscópico de órganos no es suficientemente clarificador, se toman muestras de los órganos y tejidos para su examen microscópico, analítico etc., que se realizarán ya fuera de la sala de autopsia en los laboratorios y dentro de la que se ha denominado fase post instrumental.

Pero, como se ha dicho antes, ya hay un diagnóstico al menos básico, porque al microscopio se va a buscar una confirmación o dispersar un duda, es decir que se va a buscar algo. Si se toman muestras al azar para "ver que sale" es dudoso que aparezca un diagnóstico coherente.

PROCEDIMIENTO DIAGNÓSTICO DE LA AUTOPSIA.

Para poder entender el porqué de esta metodología, es importante comprender lo que es el diagnóstico en una autopsia.

El primer mito que se debe eliminar es que una vez se abren las cavidades, "se ve" la causa de la muerte.

Esto no es correcto. La mayoría de patologías, enfermedades e incluso lesiones, que producen la muerte no son tan evidentes sino que se definen por los elementos de peso, medida, aspecto etc. que anteriormente hemos descrito.

Son muy pocas las patologías que pueden apreciarse a un golpe de vista. Y generalmente las más visibles, como algunos infartos de miocardio o infartos cerebrales, se aprecian tras una correcta disección de la víscera.

Pero además aunque tengamos una herida evidente o una enfermedad evidente, todavía no hemos demostrado que esta haya sido la causa efectiva de la muerte.

El nucleo del diagnóstico de autopsia.

Hemos visto que al estudiar un cuerpo humano lo hacemos estudiando sus sistemas y órganos, Entonces vamos a obtener datos:

— Hay anomalías o hallazgos de que ha fallado un sistema: por ejemplo una herida de bala que destruye el cerebro provoca un fallo del sistema nervioso central.
— En los otros sitemas veremos las consecuencias de este fallo. En el caso descrito, hay un fallo respiratorio de origen cerebral que va a dar unas lesiones en los pulmones etc.
— En otros sistemas vemos datos de enfermedades o características del fallecido que ayuden a determinar aspectos del proces mortal. Seguimos el caso, un corazón de atleta con una gran resistencia cardiovascular explica una sobrevivencia algo mas larga.

En el momento de la autopsia en que hemos estudiado todas las estructuras del cadáver, lo que se tiene es un listado de anomalías encontradas en el cadáver. Este listado de anomalías puede dividirse en tres grupos:

- En primer lugar, aquellas anomalías, lesiones o patologías que sean potencialmente capaces de haber producido la muerte: por ejemplo una hemorragia cerebral, un infarto de miocardio, una herida de bala en el tórax etc. A estas las denominamos como patologías o lesiones mortales o potencialmente mortales
- En segundo lugar, tendremos todos los hallazgos anatómicos anómalos que en realidad no pueden haber causado la muerte porque no aparecen

de forma primaria, sino que son fruto del fallo de funciones orgánicas generado por los anteriores: por ejemplo el edema de pulmón, el edema cerebral, la congestión de riñones o hígado etc.
- En tercer lugar, los hallazgos patológicos que carecen de relevancia en la muerte y su proceso, como un quiste renal, un hígado graso, un pólipo en Colon, etc.

En este proceso de reconstrucción y clasificación de los hallazgos patológicos es cuando va a irse clarificando ya la causa de la muerte, y esta clarificación suele seguir el siguiente proceso:

Las anomalías del segundo grupo, son aquellas que hemos dicho que se producen en el proceso terminal, son anomalías provocadas por el fallo de una función vital.

Estas anomalías que podemos ver en hígado, pulmones, riñones, cerebro, intestino etc. son diferentes según el proceso de fracaso orgánico que las produzca.

En definitiva, que no vamos a ver los mismos cambios en pulmones, hígado, riñones etc., si el fracaso vital se ha iniciado por una lesión en el corazón que en el cerebro o en los pulmones. E incluso son diferentes si hay un fallo cardiaco en ventrículo derecho o izquierdo.

Si los signos secundarios nos indican un fallo de la víscera o sistema que tiene la que hemos calificado de lesión principal, ahora sí que podemos establecer la causa de muerte.

En el caso de que existan dos o más lesiones principales, cosa que es común en traumatismos o heridas múltiples, las anomalías secundarias nos van a ayudar a discriminar cual de ellas es la mortal y cuales son accesorias o potencialmente letales pero que no han terminado de forma efectiva con la vida de la persona.

Puede parecer paradójico, pero es real, que si los signos del segundo grupo están apuntando a un fallo de un sistema diferente en el que hemos localizado la lesión fundamental, tenemos que revisar el proceso diagnóstico pues, o lo hemos interpretado incorrectamente, o bien se nos ha pasado por alto la auténtica lesión mortal, o nos faltan datos, y es cuando debemos recurrir a los llamados exámenes complementarios, que veremos en la fase postintrumental.

Pongamos un ejemplo, si tenemos un infarto cerebral o bien incluso una contusión de parénquima cerebral, pero los hallazgos pulmonares, hepáticos, renales etc, están apuntando a una muerte por fracaso cardíaco tenemos tres posibilidades:

1. Que la lesión cerebral esté afectando a núcleos neurológicos que se puedan relacionar con el control de funciones cardiovasculares y por ello se justifique esta cadena de fracasos: la lesión cerebral ha dado lugar a un fallo en la función cardíaca y esta es la que ha dejado signos en el resto de las vísceras
2. Que en realidad exista una patología en el corazón primaria, que ha provocado la muerte y que durante la agonía se haya desprendido un trombo dando lugar al infarto cerebral, cosa que dejaría a este en un segundo plano en la cadena de causas de la muerte.
3. Que hemos malinterpretado los hallazgos secundarios y necesitamos un segundo examen y más apurado que nos permita discriminar si los hallazgos de fallo cardíaco son de larga evolución (porque el fallecido padecía una enfermedad crónica cardíaca) y están enmascarando los efectos de la lesión cerebral.

La conclusión a que debemos llegar en este momento es que el diagnóstico de la autopsia no debe entenderse como la búsqueda de un hallazgo que justifique una conclusión, sino que el la panorámica del conjunto de hallazgos la que da fiabilidad al diagnóstico de una autopsia.

EL RESULTADO DE LA AUTOPSIA.

Al finalizar la fase instrumental, pueden darse tres situaciones:

1. Se llega a un diagnóstico satisfactoriamente fiable.
2. No se llega a ningún resultado: es la conocida como autopsia blanca.
3. Se obtienen una serie de diagnósticos pero no son completamente seguros y necesitan de algunas pruebas complementarias. Esta tercera situación es la mas frecuente.

La autopsia blanca

Se denomina autopsia blanca a aquella en la que no se obtiene dato alguno respecto de la causa de muerte (evidentemente después de haber realizado correctamente todo el proceso diagnóstico), o bien los datos obtenidos son poco relevantes y contradictorios de tal manera que no se puede establecer un diagnóstico.

Esto es un hecho que hemos de admitir como una limitación de la patología forense y de la patología en general. Hay muertes tan rápidas y de una causa tan funcional (no hay un elemento anatómico anómalo que las produzca) que no dejan signos en la autopsia.

El porcentaje de autopsias blancas es incluso un criterio de control de calidad de un servicio de patología.

Si son excesivas, es decir más de un 5 o 7 %, nos está indicando que posiblemente las autopsias no se están realizando de forma suficientemente profunda.

Si son inexistentes, hay que tener en cuenta que posiblemente en algunos casos se estén interpretando como datos fundamentales, hallazgos que son realmente irrelevantes.

La única ventaja de la autopsia blanca es que realmente son muy escasas las posibilidades de que una muerte violenta, ya sea mecánico-traumática o tóxica, no den signo alguno en la autopsia.

Resultados incompletos.

La segunda posibilidad de que no salga un diagnóstico claro de la sala de autopsias es que se precise un examen más a fondo de algunos hallazgos de la autopsia y con ello vamos a entrar en la fase postintrumental de la autopsia, abordando el tema de los exámenes complementarios.

LAS PRUEBAS COMPLEMENTARIAS O FASE POSTINSTRUMENTAL.

En esta tercera fase de la autopsia es donde, como hemos dicho repetidamente, se realizan las pruebas que van a terminar de definir los hallazgos derivados de la autopsia.

Pero antes de entrar a explicar las características y tipos de estas pruebas debemos de romper con otro mito relativo a la autopsia:

Ningún resultado de una prueba complementaria tiene valor absoluto, no es demostrativo de forma esencial, sino que debe interpretarse en función de lo que se ha visto en la sala de autopsias.

Por mucho que se haya sobredimensionado la prueba complementaria, ni el resultado de un análisis, ni una imagen al microscopio tienen valor diagnóstico si no es en relación con los hallazgos de autopsia.

EXAMEN MICROSCÓPICO O MICROSCOPIA

La histopatología, es decir el examen microscópico de los tejidos de las vísceras no es en realidad una prueba complementaria, ya que es la ampliación de la visión de los órganos mediante el microscopio.

Para observar un tejido al microscopio se tiene que preparar. Sigue un proceso de deshidratación, inclusión en parafina y teñido con colorantes, que permita poner el tejido sobre una laminilla de vidrio y visualizarlo al microscopio.

Como este proceso lleva bastantes horas y no se puede hacer en la sala de autopsia, es por lo que se hace posteriormente y por este motivo se le suele clasificar en la categoría de prueba complementaria.

A pesar de la popularidad y aparente irrefutabilidad de este examen, el microscopio muestra, igual que un examen con lupa o un examen a simple vista, una imagen, no sale ningún elemento diagnóstico incontrovertible de esto.

La imagen microscópica lo que ayuda es a discriminar o diferenciar entre dos o más posibilidades que se han planteado en el examen de la autopsia.

La imagen microscópica raramente tiene valor diagnóstico absoluto sino en relación con los datos globales de la víscera y en ocasiones de la autopsia entera.

Por ello, es en el procedimiento de la autopsia donde, en función de las anomalías que se aprecian, el forense realiza una selección de los tejidos a estudiar al microscopio.[9]

Este estudio tendrá valor en función de la orientación macroscópica realizada.

El diagnóstico microscópico no es diagnóstico final, sino que es un dato más junto con el resto de datos procedentes de la autopsia, para realizar realmente un diagnóstico.

---

[9] Por ejemplo, el forense detecta una zona mas blanda y de un color un poco más pálido en la musculatura cardíaca. Esto lo interpreta como un posible infarto de miocardio pero implica:
- que debe seleccionar y cortar correctamente el fragmento de corazón donde espera que se encuentre el hallazgo (si cortamos un trozo de corazón aleatoriamente puede verse un trozo normal al microscopio)
- que se debe buscar la causa de este infarto.

En muchos lugares del estado español, existe el problema de que el médico que realiza la autopsia forense no es el mismo que realiza el examen microscópico.

Esto comporta que, o existe una buena comunicación entre el médico forense que realiza la autopsia y el histopatólogo que hace la observación microscópica, o bien hay un divorcio entre los diagnósticos que objetiva el histopatólogo y el diagnóstico final de la autopsia.

El resultado de esto es que puede darse el caso de que se opten por definitivos los resultados del examen microscópico sin que cuadren en absoluto con los hallazgos de la autopsia, apareciendo a ojos profanos como un estudio completo, cuando técnicamente se está evidenciando una suma de contradicciones.

ANALISIS TOXICOLÓGICO

La más frecuente de las pruebas complementarias en la autopsia es la analítica, y en la autopsia forense la analítica de tóxicos.

Una primera cosa que se debe precisar que es una falacia la "analítica general".

No es que existan tóxicos que no se puedan detectar, sino que un laboratorio va a analizar aquellos tóxicos que el forense pide que se analicen, porque es materialmente imposible realizar un análisis general de todo posible tóxico.

Así vemos que va a ser determinante de los hallazgos de la autopsia, que se solicite la detección de unos determinados tóxicos al laboratorio y esta petición no debe realizarse al azar, sino que, a la vista de anomalías viscerales concretas que sugieran la existencia de un tóxico o un grupo de tóxicos, el forense va a solicitar esta analítica.

Los resultados de la analítica deben interpretarse, en primer lugar, se determina la existencia de un tóxico y en muchos casos, además será necesario determinar la cantidad de tóxico.

Solamente si el tóxico determinado tiene una relación directa y explicativa con los hallazgos de la autopsia es cuando se puede realizar un diagnóstico de muerte por intoxicación. De lo contrario, y esto es frecuente, la presencia de un tóxico puede no ser más que un dato circunstancial.

Pongamos un ejemplo: si en una analítica aparecen derivados de la heroína (que se llaman metabolitos), pero en el cadáver no se han apreciado alteraciones en el peso y aspecto de los pulmones y otras vísceras que sean compatibles con una reacción adversa a los mórficos (lo que comúnmente se denomina sobredosis), no puede establecerse más que el fallecido había consumido drogas, pero no que la muerte se ha producido como consecuencia de ello.

EL FINAL DE LA AUTOPSIA:

Cuando ya han terminado los tres procesos preintrumental, inrtumental y postinstrumental, disponemos de una masa de datos y diagnósticos que nos van a permitir ya emitir una reconstrucción fundamentada de la causa y las circunstancias de la muerte.

Es este momento en el cual el médico forense debe realizar la unificación de datos procedentes de los cuatro momentos clave:

- Datos obtenidos en el estudio del lugar de los hechos
- Datos obtenidos del examen del cuerpo en la sala de autopsias
- Datos obtenidos de cada una de las vísceras
- Resultado de los análisis complementarios

Con los datos procedentes de todos estos momentos se realizarán las valoraciones y diagnósticos definitivos. Ahora sí que puede darse respuesta al cuando y al como de la muerte de una persona

Diagnóstico definitivo de autopsia.

Diagnostico en autopsia es el proceso de reconstrucción desde datos concretos hasta conclusiones generales. Se trata de un proceso en el cual se interrelacionan la sistemática de trabajo y el razonamiento deductivo

El proceso de diagnóstico a partir de la autopsia

- La reunión de datos para definir el criterio de normalidad (estado del cuerpo etc.)
- Recopilación de datos o detección de posibles anomalías
- Estudio específico de las características de cada una de esas anomalías: el diagnóstico puntual. Listado de diagnósticos. Escala de diferente relevancia entre diagnósticos. La etiología o causa del diagnóstico principal es la causa fundamental de la muerte. En los casos en que la etiología es desconocida, se suele tomar como causa el diagnóstico o lesión más relevante.

- El diagnóstico general: la suma de diagnósticos concretos que se realiza en una autopsia dará lugar al hallazgo de un nexo común: diagnóstico general de la autopsia: la causa inmediata de la muerte. Se establece uno o más conjuntos de diagnósticos. Un conjunto de diagnósticos se interrelaciona en un proceso general que es la causa inmediata.
- Causa intermedia de la muerte: reconstrucción de la patogenia entre la causa fundamental y la causa inmediata.

CAPITULO 7

LA MUERTE. CONCEPTOS BÁSICOS.

EL FENÓMENO DE LA MUERTE.

La muerte es un fenómeno obvio, que pertenece a nuestra experiencia. No obstante, su estudio presenta una serie de matices que deben ser aclarados para entender correctamente algunos de los problemas que plantea.

Concepto jurídico y médico de la muerte.

El fenómeno del momento de la muerte.

El Concepto jurídico de la muerte es también el concepto social y cultural. Se entiende que la muerte es un momento concreto, el momento en que cesan las funciones vitales, cesa el latido cardíaco, cesa la respiración y en definitiva la persona desaparece.

La muerte implica la extinción de la personalidad desde el punto de vista jurídico.

Las repercusiones legales y sociales de la muerte, que implican desde derechos fundamentales hasta cuestiones testamentarias etc. han hecho necesario marcar de una forma definida el momento de la muerte. Y así se entiende de forma común que la muerte es un hecho que sucede a una hora y un momento determinados.

Con el desarrollo de la medicina se vino a sumar un nuevo elemento a la definición legal de la muerte. Esto se produjo a raíz de los transplantes de órganos.

El transplante de órganos implica naturalmente que tienen que haber unos criterios para declarar muerta a una persona. Pero estos criterios deben apurar mucho, de debe definir de una forma muy ajustada en qué momento la persona ha fallecido para abandonar la terapia y entrar en conservación y extracción de los órganos para transplante.

Esto ha generado que en las legislaciones de diversos países se hayan regulado legalmente las condiciones para declarar a una persona muerta. Anteriormente a esta situación el diagnóstico de la muerte era algo obvio, se daba por descontado y en todo caso era un tema estrictamente médico. Tras esta situación, la muerte ha pasado a tener definición legal.

Lo paradójico del caso es que el concepto médico de la muerte se funda en un concepto biológico.

La muerte no es un momento sino un proceso.

La muerte es un proceso, no un momento, que se inicia con un desequilibrio, incluso años antes de producirse el paro cardiorespiratorio o la muerte cerebral, y que culmina con la desaparición de toda actividad fisiológica del organismo, que es tiempo después de los citados eventos puntuales.

Así consideramos que la muerte, pese a presentar acontecimientos culminantes, es un hecho que se prolonga a lo largo del tiempo y que no toda la actividad vital de un organismo termina en un momento concreto, sino que el final de la vida supone un apagamiento gradual de las funciones que describimos generalmente como las etapas de la muerte.

EL PROCESO DE LA MUERTE

Las etapas de la muerte se definen entendiendo el concepto médico de proceso de muerte.

El proceso de la muerte se define en tres etapas fundamentales que son la muerte relativa, la muerte intermedia y la muerte absoluta.

La situación que se define como muerte relativa es aquella en la que hay cese de funciones vitales, fundamentalmente cardíaca, respiratoria o ambas, pero que es potencialmente reversible. Sería la situación que se refleja cuando en urgencias médica se habla de "paciente en paro cardíaco", no se considera esencialmente muerto porque se considera potencialmente recuperable.

La muerte intermedia es aquel momento en el que el fracaso de los sistemas vitales es irreversible, ya no es un paciente en paro, sino reconocido cadáver. Este es el momento en que hablamos de muerte en el sentido social y legal del término.

En la muerte intermedia desaparece la persona, en cuanto integridad personal. Pero la persona es un organismo compuesto por multitud de tejidos y células que biológicamente no mueren con el individuo. La actividad vital de algunos tejidos continúa un tiempo después del fallecimiento hasta que llega a un cese total que es lo que se llama muerte absoluta. La muerte biológica.

El concepto de actividad biológica residual posterior a la muerte intermedia es la que nos ayuda a explicarnos fenómenos de conservación de estructuras o comprender mejor los estudios de vitalidad o no de una lesión. Lo que no implica en forma alguna es la base de algunos mitos como el pretendido crecimiento de pelo y uñas post mortem y otras cuestiones similares.

LA PARADOJA DE LA MUERTE APARENTE.

Además de las etapas establecidas en el proceso de la muerte, en muchos textos de medicina forense se especifica el concepto de muerte aparente. Algunos autores lo consideran una fase previa a la muerte relativa. En otros se trata de un concepto independiente.

El concepto de muerte aparente consiste en la situación en la que no hay una ausencia real de signos vitales, sino que estos signos son indetectables.

Se trataría de una situación en la cual hay actividad cardiaca regular pero tan débil que no se puede detectar, o una respiración tan superficial que no es posible medirla, o una tensión arterial indetectable.

No debe confundirse la situación de muerte aparente con la llamada catalepsia y situaciones similares.

En la muerte aparente hay una actividad biológica tan débil que no es posible detectarla o es confuso. Por ejemplo una persona en hipotermia puede tener unas constantes vitales muy bajas pero al estar muy reducida su actividad metabólica es potencialmente reversible.

La muerte aparente puede ser la fase anterior a la muerte relativa, sería el momento del proceso en el que las funciones son extremadamente débiles, antes de llegar a la inactividad absoluta.

La paradoja

El concepto es criticable, ya que si un estado se define por unas constantes que no pueden detectarse es imposible determinar la existencia de esas constantes.

Si decimos " tiene un pulso tan debil que no lo podemos detectar" ¿como sabemos que existe este pulso indetectable?.

Este tipo de conceptos son el resultado de una hipótesis indemostrable, que no puede ser verificada. Pueden tener una utilidad académica o ser utilizados para simplificar, pero no son reales.

Por ello se trata de un concepto en desuso.

PROCESO DE MUERTE Y CAUSA DE MUERTE.

La muerte desde el punto de vista médico no es un momento concreto sino un proceso. inicio en noxa causal y final en muerte absoluta con cese de toda actividad fisiológica. Enmedio paro cardiorrespiratorio irreversible y muerte cerebral.

Uno de los objetivos de la medicina forense, y posiblemnete el más emblemático, es la investigación de la causa y las circunstancias de la muerte de una persona.

Por ello, para iniciar el estudio de la misma debemos establecer los conceptos básicos referentes a los procesos de lesión y muerte celular y corporal.

La muerte no es un momento concreto, al menos desde una perspectiva biológica. Cultural y legalmente la parada cardiorrespiratoria irreversible y la muerte cerebral son fenómenos que pueden considerarse como diagnósticos de muerte pues marcan puntos de no retorno a partir de los cuales tenemos la certeza de que se ha iniciado un proceso de degradación de la actividad biológica del organismo hasta llegar a su completa desaparición. Y este proceso es propiamente la muerte.

El organismo humano es un organismo pluricelular que se mantiene organizado y activo a partir de la obtención de la energía de su entorno.

El proceso de obtención y procesamiento de la energía, así como el mantenimiento de las funciones orgánicas es llevado a cabo por los grandes sistemas del organismo, los cuales actuan de foorma especializada pero interrelacionada para el mantenimiento de la homeostasis orgánica.

CAUSA FUNDAMENTAL INTERMEDIA E INMEDIATA.

El proceso de la muerte se incia con una noxa, lo que los anglosajones llaman injury, que traducimos por injuria o agresión.

Una noxa es un elemento capaz de producir una lesión en los tejidos humanos o bién una alteración en su funcionalismo. Esta noxa inicial va a lesionar un conjunto más o menos extenso de células, tejidos u órganos dependiendo de la naturaleza de la misma, este es el conjunto de fenómenos que vamos a estudiar bajo el concepto de lesión y necrosis.

Esta lesión inicial de tejidos u órganos puede ser controlada y reparada por el organismo con o sin ayuda externa, en cuyo caso nos habremos encontrado con una enfermedad o una lesión que ha curado.

En ocasiones el control y la reparación que puede realizar el organismo sobre esta lesión inicial es parcial, en cuyo caso nos encontramos con situaciones de enfermedades crónicas, situaciones en las cuales la noxa no desaparece.

El siguiente nivel en el proceso de la muerte es cuando la lesión producida en el organismo por la noxa afecta el funcionalismo de alguno de los grandes sistemas orgánicos.

Así esta lesión inicial puede provocar una deficiencia en el sistema de bombeo de la sangre por el corazón, o bién una deficiencia en la función de captación de oxígeno por las estructuras respiratorias, o un fracaso de la excreción de sustancias como resultado de lesiones renales o hepáticas.

Esta situación de fracaso de un sistema orgánico es lo que comúnmente denominamos como insuficiencias cardiaca, insuficiencia respiratoria, renal etc. Y esto se corresponde a situaciones biológicas en las cuales un sistema no puede atender a las necesidades que le exige la globalidad del organismo.

Mientras exista un defecto de función, la insuficiencia de uno o más de los grandes sistemas orgánicos va a constituir un síndrome clínico. En el momento en el cual la disfunción de uno o más sistemas no va a ser capaz de mantener las necesidades mínimas de la homeostasis, se va a producir el desequilibrio de la fisiología del sujeto, produciéndose la muerte del mismo.

Causas fundamental, intermedia e inmediata.

Vemos entonces que existen básicamente tres escalones lesivos en el proceso de la muerte.

En primer lugar la lesión concreta sobre tejidos u órganos que está causada por una noxa (agresión, injuria etc) interna o externa.

En segundo lugar la lesión de tejidos y órganos que se va a producir como consecuencia de la disfunción orgánica generada por la primera noxa.

Y en tercer lugar la lesión y muerte de la totalidad de las células del organismo por pérdida de la hoemostasis.

Ahora podemos entender que en este proceso, la parada cardiorrespiratoria irreversible o la muerte cerebral son diagnósticos temporales del punto de no retorno en este proceso de la muerte. Por ello son el diagnóstico de la muerte pero en modo alguno son el diagnóstico de la cusa de la muerte.

La cadena de causas que lleva a la muerte consiste en la descripción de los diferentes tipos de eventos que conducen a la muerte. Generalmente se describen como tres etapas :

Causa fundamental: agente primario que provoca el desencadenamiento de eventos que culminan en la muerte. Puede ser muy lejano en el tiempo (cancer, infección por HIV, hipertensión arterial, arteriosclerosis) o bién puede ser muy cercano a la muerte (politraumatismo de tráfico)

Causa intermedia: conjunto de lesiones concreta que produce el agente fundamental. Generalmente en este punto van a aparecer las lesiones en órganos vitales (infarto de miocardio, hemorragia cerebral) o las afectaciones globales de repercusión vital (hemorragias masivas)

Causa inmediata—Proceso fisopatológico terminal desencadenado a nivel de todo el organismo por la causa intermedia.

Cuando se habla de velocidad de producción de la muerte puede hablarse en conjunto de los tres factores, o bién puede hablarse solamente de la velocida con que la causa inmediata se instaura y produce la muerte del sujeto.

Algunos ejemplos típicos de los procesos terminales, que son la causa inmediata de la muerte son:

La hemorragia masiva o anemia aguda, la insuficiencia respiratoria, la insuficiencia cardíaca etc.

Vemos un ejemplo:

Inmediata—Anemia aguda en hemorragia interna por
Intermedia—estallido hepático por
Fundamental—traumatismo abdominal en politraumatismo de tráfico terrestre.

Esto es que la víctima se ha desangrado porque el hígado se ha roto al ser golpeado por algún objeto (por ejemplo el volante), en un accidente de tráfico.

MUERTE RÁPIDA Y MUERTE LENTA

Un tema recurrente tanto a nivel social como judicial es el de la velocidad a la que se ha producido la muerte. Se establece así una diferenciación entre muertes rápidas y muertes lentas. El concepto de la velocidad de producción de la muerte está relacionado con dos cuestiones.

La mas común es el concepto de sufrimiento. Se supone que ua muerte que tarda en completar sus etapas es una muerte a priori dolorosa.

En segundo lugar está el concepto de velocidad biológica. Intentar en lo posible cuanto se tarda en morir tras recibir alguna clase de herida o lesión.

En este concepto se parte de la definición de un espacio de tiempo entre la lesión letal y la muerte, y a este espacio de tiempo se le llama agonía.

Por los motivos antes explicados, uno de los temas clásicos en la patología forense ha sido la determinación de la agonía.

Durante el siglo pasado se describieron múltiples formas de abordar el problema, que recibían el nombre de docimasias agónicas. Una docimasia es una prueba la glucosuria agónica, el estudio de las suprarenales, el estudio del glucógeno hepático etc.

El problema de todas estas pruebas o docimasias es que en realidad no miden la duración del tiempo de agonía. Todas estas pruebas lo que determinan es la intensidad de las reacciones metabólicas durante el proceso de la muerte, no su duración.

La velocidad de producción de la muerte depende de dos factores: del sistema orgánico afectado de forma primordial y volumen de afectación del sistema.

Respecto al sistema afectado las muertes por hemorragias masivas, las cardíacas, respiratorias y cerebrales suelen ser potencialmente rápidas siempre que la gravedad y volumen de la lesión sea suficiente.

En cambio por ejemplo las afectaciones hepáticas y renales suelen conducir a formas de muerte mas lentas.

Pero en este tipo de problemas las generalidades son vagas. Los casos se tienen que estudiar de forma individual. Aún así la velocidad de la muerte no es posible determinarse mas que en unos pocos casos en los que haya algún elemento médico tan regular y correctamente estudiado que permita dar una aproximación.

En el tema de la agonía se suma además el hecho de que no es posible concretar exactamente lo que se está midiendo. De forma similar a los explicado en el cronotanatodiagnóstico.

DIAGNOSTICO DE LA MUERTE

La declaración de que una persona ha fallecido es un diagnóstico y se define como diagnóstico médico. Es común la idea intuiitiva de lo que es un cadaver, pero esto requiere de la observación de pruebas o signos en el cuerpo.

Signos para diagnosticar la muerte

Los signos para diagnosticar la muerte se han dividido clásicamente en dos grupos, los signos negativos de vida y los signos positivos de muerte.

Un signos negativo de vida es la constatación de que una función vital ha cesado. Por ejemplo la ausencia depulso que sería un signo de que no hay latido cardíaco. Por eso se llaman signos negativos de vida, es decir que se considera signo una ausencia.

Por contra el signo positivo de muerte es la observación de un fenómeno que no puede suceder en un cuerpo vivo

Signos negativos de vida

Los signos negativos de vida los dividimos en grupos según el tipo de función vital que se explore:

Cardiovascular. Engloba todos aquellos signos que pueden constatar la ausencia de funcionamiento del corazón y por tanto de la circulación sanguínea.

La exploración mas elemental es la toma de pulsos y la constatación de que no existe pulso carotídeo ni en extremidades. A esto se puede añadir la auscultación cardíaca en la que se constate ausencia ed latidos cardíacos y la toma de presión arterial en la que se determina una presión cero.

En situaciones extremas como grandes catástrofes o en cirugía militar, cuando hay escaso tiempo para discriminar entre vivos y muertos, una de las formas clásicas es mediante una incisión en la muñeca disecando hasta la arteria radial y obervando directamente si tiene o no tiene pulso, incluso llegando a la sección arterial para comprobar la ausencia del mismo.

En situaciones con mas medios, como se dan en la asistencia médica cotidiana de nuestro entorno, la toma de un registro de electrocardiograma que demuestra inactividad cardíaca es una forma común de diagnóstico de muerte.
Una forma rápida de obervar la actividad arterial consiste en observar el fondo de ojo del cuerpo. En la exploración de fondo de ojo mediante el oftalmoscopio se pueden ver con bastante claridad las pequeñas arterias de la retina. Si existe circulación sanguínea, las aretrias retinianas se observan repletas y contínuas, es decir que vemos el dibujo de toda la arteria. En cambio, si no hay actividad circulatoria, las arterias de la retina se ven a trozos, fragmentadas, ya que hay segmentos que contienen algo de sangre y segmentos vacíos.

A propósito de la circulación retiniana cabe anotar como curiosidad que la disposición de las ramas arteriales es propia de cada sujeto, como las huellas dactilares. Por este motivo se utilizan en ocasiones escáneres de retina para identificación. Es frecuente en la literatura y la filmografia la existencia de puertas o sistemas que se abren mediante la imagen retiniana. Y es frecuente que dichas puertas sean abiertas arrancando el ojo del propietario. Ahora podemos darnos cuenta que esta idea es fantástica e incorrecta, ya que el ojo sin circulación sanguínea pierde el entramado de los vasos y no sería reconocido por el lector.

El sistema respiratorio, sería el segundo sistema vital que, en caso de constatarse su no funcionamiento, nos estaría indicando la muerte del sujeto. La determinación de la muerte por inexistencia de respiración es muy poco frecuente y esto se debe a la siguiente razón. Los métodos básicos para constatar que una persona no respira, como es el caso de la auscultación y otras exploraciones físicas son muy poco seguros, ya que pueden haber respiraciones muy superficiales que no sean detectadas.

Otra cosa serían pruebas mas complejas como la determinación de gasometría arterial, saturación de oxígeno de sangre, o grado de acidez de la sangre incompatibles con la vida. Pero cuando se dispone de estos medios, es porque se está en un entorno sanitario que permite por ejemplo una determinación por electrocardiograma que es mas objetivo y seguro.

En tercer lugar tenemos la **determinación de funcionalismo del cerebro**, lo cual nos lleva al diagnóstico de muerte cerebral que es la muerte del sujeto definida a raiz de la puesta en marcha de los transplantes de órganos. En este caso tenemos unos pocos signos exploratorios que son:

- la midriasis arreactiva. Es decir que las pupilas están dilatadas, muy abiertas y no responden al ser enfocadas por luz directa.
- Coma profundo, Es decir la ausencia de cualquier forma de realción entre el sujeto y el entorno.
- Falta de reflejos centrales: es decr constatar la ausencia de reflejos que tengan su origen o dependan de núcleos de neuronas situadas en el cerebro. Los reflejos periféricos, que dependen de neuronas situadas en la periferia pueden conservarse durante un tiempo tras la muerte cerebral.

Ademas de estos signos exploratorios básicos que muestran una inactividad del sistema nervioso central, o cerebro, se exige la existencia de una prueba objetiva que demustre la imposibilidad de funcionamiento del cerebro. Las pruebas mas comunes son:

- el electroencefalograma contínuo, en el cual, de u modo similar al electrocardograma, se demuetra la ausencia de la actividad electrica que producen las neuronas vivas.

- Pruebas de imagen, en las que se demuestre la destrucción del sistema nervioso (Resonancia magnética, TAC). Una prueba bastante demostrativa es la angiografía cerebral. Se trata de introducir en la sangre un contraste que pueda ser observado radiológicamente, este contraste debe entrar por los cuatro troncos arteriales que nutren el encéfalo. La prueba demostrativa consiste en que la sangre (es decir el contraste) no perfunde en el cerebro

Signos positivos de muerte

Los signos positivos de muerte consisten en la objetivación de fenómenos que solamente se producen en el cadáver y que no pueden apreciarse en un cuerpo vivo.

En general son signos positivos de muerte los fenómenos cadavéricos y los fenómenos de destrucción, autolisis y putrefacción del cadáver.

Un cuerpo que permanezca unas horas en la misma posición puede hacer un leve acumulo de sangre en las zonas declives que tomen un color rosado pálido. Pero si este simple acúmulo se transforma en manchas de color mucho mas subido se trataría ya de lividices cadavéricas, es decir de la demostración de que no hay circulación sanguínea.

Otro tanto puede decirse con otros fenómenos, en enfriamiento por debajo de unos límites, la rigidez de la musculatura, la deshidratación de ojos y mucosas etc. En general es la conjunción de varios fenómenos cadavéricos lo que da el dato cierto de que el cuerpo que se examina es cadáver.

Es mucho mas evidente aunque tardío, cuando aparecen fenómenos de descomposición como es el caso de la mancha verde, primer signo que revela la puesta en marcha de la putrefacción.

La muerte cerebral y a corazón parado.

Debido a los cambios conceptuales y legales que ha sido necesario introducir sobre todo por la cuestión de la donación de órganos y tejidos, existen situaciones en las que la declaración o diagnóstico de muerte no se hace en función de estos signos clásicos.

Otra circunstáncia que ha llevado a la variación de los criteriosde diagnóstco de muerte son los sistemas de cuidados intensivos. El cuerpo puede estar activo por el soporte tecnológico externo que hay que discriminar en qué momento está vivo y en que momento está muerto y se mantienen algunas constantes vitales por medios tecnológicos

La declaración de muerte cerebral y similares implican el diagnóstico de que una persona está muerta cuando algunas de sus funciones vitales están todavía activas. Esto implica necesariamente que se deben apurar de forma exhaustiva las exploraciones cardiocirculatorias y neurológicas para determinar de forma inequívoca los signos negativos de vida.

Quien diagnostica la muerte.

Aunque existen multiples situaciones en las que es evidente que el cuerpo es un cadáver, la declaración formal de la muere es un diagnóstico médico. Y como tal, solamente puede ser diagnosticado y certificado por un medico.

Diagnostico de muerte y certificado de defunción.

Debe diferenciarse entre el diagnóstico de muerte y certificado de defunción. El diagnóstico de muerte es literalmente dejar constáncia de que una persona ha fallecido.

Una cosa diferente es la certificación de defunción porque esta certificación implica también el diagnóstico de la causa de la muerte.

Por tanto en España, cualquier médico puede y debe diagnosticar una muerte y puede emitir un documento o parte en el cual haga constar que el cuerpo reconocido es cadaver. Pero el certificado de defunción lo puede certificar cualquier médico pero no tiene obligación de hacerlo a no ser que tenga una idea razonable respecto a la causa de muerte.

MUERTE NATURAL Y MUERTE VIOLENTA

La causa de la muerte se divide, en Medicina Forense, dentro de dos grandes grupos: *Muerte Natural* y *Muerte Violenta.*

Existe una importancia legal y judicial en establecer a cual de estos tipos pertenece cada muerte. Aunque en ocasiones, como en todas las clasificaciones, los límites entre una y otra sean difusos.

Muerte natural

Muertes naturales son todas aquellas en las cuales el proceso de la muerte obedece a factores internos del organismo.

La única excepción a esta definición la constituyen los agentes biológicos. Las enfermedades infecciosas se consideran causas de muerte natural aunque estrictamente hablando, los agentes infecciosos son externos.

Esta definición plantea en ocasiones dificultades de ubicación de determinados tipos de muerte o formas de producirse la muerte. Existen situaciones límite entre la muerte natural y la violenta, desde problemas de concausalidad a problemas de intencionalidad.

Un ejemplo sería la inducción de una enfermedad infecciosa de propósito, se trataría de un mecanismo de base aceptada como natural, pero calificable medico-legalmente de muerte violenta, esto podría darse en abandonos de niños o ancianos.

A efectos prácticos, puede servirnos la idea intuitiva de que muerte natural es aquella que se desencadena por procesos internos del organismo y que no existe ninguna responsabilidad externa en la producción de esta muerte.

La existencia de responsabilidades de cualquier tipo en el proceso de una muerte es lo que define la muerte violenta y es, en suma, lo que justifica la existencia de una investigación de esta causa de muerte.

Tipos de muerte natural.

Existen diferentes tipos de muertes naturales, en atención a la forma en que se presentan:

1. *Muerte por proceso terminal.*
2. *Muerte repentina.*
3. *Muerte súbita.*

La muerte por proceso terminal es aquella en la que seguimos perfectamente la evolución de los diferentes eventos fisiopatológicos que dan lugar a la muerte del sujeto de forma progresiva e irreversible.

Eejmeplos de muerte terminar sería el fallecimiento tras un proceso de cáncer que ha deteriorado al paciente en el tiempo. O bién una insuficiencia cardíaca progresivamente mas grave.

Concepto de muerte súbita y muerte repentina

La muerte súbita es un término medico-forense que hace referencia a la existencia de una muerte que aparece inesperadamente en un sujeto sin antecedentes clínicos que hagan justificable tal desenlace en un corto periodo de tiempo.

Al hablar de un corto periodo de tiempo algunos autores han establecido límites temporales que oscilan entre las seis horas y las 24 horas.

En la práctica cotidiana, la muerte súbita se define por lo inesperado de su aparición para terceras personas.

Es de las tres formas descritas, de muerte natural, la única que permanece inexplicable, por ello es necesario su esclarecimiento y por ello es necesaria su investigación.

De la muerte súbita debe hacerse el diagnóstico diferencial con las muertes de carácter violento, muertes tóxicas o traumáticas.

Características de la muerte súbita.

Los procesos que van a dar lugar a una muerte súbita son procesos que reúnen dos características:

- son procesos que evolucionan de forma subclínica o sin existencia de manifestaciones clínicas de ninguna clase.
- la muerte súbita tiene un sustrato en patologías que afectan fundamentalmente a aquellos sistemas orgánicos cuyo desequilibrio es fatal para el conjunto del organismo en muy corto espacio de tiempo y sin posibilidad de adaptación.

Así pues veremos posteriormente que la casuística de la muerte súbita afecta prioritariamente al sistema cardiovascular, a las estructuras neurológicas y al sistema respiratorio.

La muerte súbita conforma la mayoría de la casuística forense de muertes de causa natural, alcanzando en algunas series aproximadamente el 50% de los resultados de autopsias practicadas en un servicio de patología.

Diferencias con muerte súbita hospitalaria.

La patología propia de la muerte súbita tiene unas características diferenciales tanto cualitativas como cuantitativas diferentes de la casuística de muerte súbita en los servicios de patología y registros hospitalarios.

Existen diferencias de *tipo cualitativo* en el sentido de que hay un conjunto de enfermedades que predominantemente dan lugar a muertes súbitas, sin dar lugar cuadros clínicos de evolución suficientemente larga como para poder ser detectada y diagnosticada en el medio sanitario asistencial.

Desde la perspectiva *cuantitativa*, por definirlo de esta forma, nos encontramos con el hecho de que las mismas patologías que dan lugar a una muerte natural de evolución prolongada pueden dar lugar a la muerte en estadios mucho más precoces de los que se aprecian en la autopsias anatomopatológicas.

Esto explica, en algunas ocasiones, la disparidad de criterios diagnósticos entre la patología clínica y la patología forense.

El resultado de la autopsia en la muerte súbita.

La investigación medico-legal de la muerte súbita pasa pues por una serie de prioridades.

En primer lugar pasa por la exclusión de la muerte por lesiones violentas de carácter mecánico o físico.

Esto va a poder realizarse generalmente en la fase macroscópica de la autopsia.

En segundo lugar, la prioridad desde el punto de vista judicial va a consistir en excluir la intervención de agentes de tipo tóxico en el proceso de la muerte. Este es un elemento muy peligroso puesto que la determinación de una muerte por intoxicación en muchas ocasiones es un diagnóstico complejo y que se puede confundir con procesos de tipo natural.

Finalmente el diagnóstico y diferenciación de cuadros de origen natural que pueden haber dado lugar a una muerte súbita.

Grados de diagnóstico.

El campo de posibilidades diagnósticas ante una muerte súbita es muy amplio.

Ya sabemos que los diagnósticos de una autopsia no son comúnmente evidentes sino que derivan de la correlación de hallazgos desde el lugar donde se ha producido la muerte, los hallazgos en la autopsia y los resultados de las llamadas pruebas complementarias.

Esto implica que existen diferentes grados de certeza respecto del causante real de la muerte, grados que académicamente se pueden clasificar en cuatro grupos:

Muertes determinadas por procesos unívocos.

Que son aquellas que se encuentran causadas por procesos orgánicos con una expresión morfológica o analítica que es completamente demostrativa de la causa de la muerte.

Muertes determinadas por procesos circunstanciales.

En este segundo caso existen hallazgos morfológicos y analíticos que permiten explicar la muerte del sujeto, pero no que necesariamente se produjese en ese momento concreto

Muertes funcionales.

Las cuales son reconstrucciones fisiopatológicas que pueden explicar la muerte del sujeto en base a hallazgos morfológicos y analíticos mínimos de carácter patológico, y en estos casos es condición absoluta el descartar cualquier otra posible causa de muerte.

La autópsia blanca.

En la cual no se encuentran alteraciones analíticas ni morfológicas capaces de causar la muerte del sujeto, quedando como muertes de causa desconocida y en las cuales solamente se ha podido excluir la existencia de violencia o intervención de terceras personas.

En los casos segundo y tercero, la investigación científica forense ha llevado a la identificación de lo que se han denominado factores precipitantes de la muerte súbita.

Factores precipitantes de la muerte súbita.

En la muerte súbita existe una causa, un proceso mas o menos larvado que en un momento dado desencadena el efecto mortal. Esto ha llevado siempre a considerar en la existencia de factores, generalmente de factores externos, que no son la causa pero que precipitan el fallecimiento, son los llamados factores precipitantes.

Se citan como factores precipitantes, los cuales actúan en forma de concausas con una patología previa, el ejercicio físico, las emociones intensas, los cambios bruscos de temperatura y las temperaturas extremas, los estados fisiológicos de sobrecarga como las digestiones pesadas y el embarazo, así como las relaciones sexuales.

La invetigación relativa a estos factores precipitantes actualmente nos ha llevado al estudio de la intervención del sistema nervioso vegetativo en la producción de la muerte súbita. La actuación del sistema nervioso vegetativo fundamentalemnte va ligada a muertes súbitas de etiología (causa) cardiovascular.

Las alteraciones patológicas del ritmo cardíaco están inducidas en multitud de ocasiones por la estimulación adrenérgica, común a estos factores precipitantes antes mencionados, que actúa sobre sustratos patológicos diferentes.

En diferentes cardiopatías se ha demostrado experimentalmente la aparición de arritmias inducidas por la actividad adrenérgica (la secreción de adrenalina de forma aguda).

Incluso, esta actividad adrenergica inductora de arritmias ha sido demostrada en estados generales de deterioro relativo del sistema vagal con un dominio simpático relativo, se asocian a una mortalida cardiovascular más elevada.

No obstante no está demostrado que el incremento de reflejos vagales como es el caso del ejercicio físico, tengan un auténtico papel protector sobre la muerte súbita de origen cardíaco. En el sentido opuesto de estos estados de estimulación adrenérgica se sitúan aquellas muertes en las cuales se presupone la existencia de una hiperestimulación vagal, generalmente sobre un sustrato anatómico patológico y que se recogen en la literatura como muertes por inhibición.

Es un problema forense mucho más complejo la invocación de estas alteraciones, tanto adrenergicas como vagales sobre un sustrato anatómico aparentemente normal. En estos casos el forense debe ser especialmente cuidadoso porque si bién experimentalmente se ha demostrado su posibilidad y están descritas en la literatura, la muerte exclusivamente provocada por la intervención del sistema nervioso vegetativo es, en esencia el resultado de una autópsia blanca.

La muerte repentina

La *muerte repentina* es aquella que se desata en corto espacio de tiempo, acabando rápidamente con la vida del paciente. No obstante este desenlace era previsible o reconstruible en atención a los antecedentes patológicos del paciente.

También, situación que se desencadena como proceso patológico conocido que no da clínica o da escasa clínica y que se descompensa cataclísmicamente, dando lugar a un emeporamieto súbito o complicación que produce la muerte.Típico de las enfermedades cardiovasculares

Diagnóstico a priori de la autópsia en el que se incluye toda muerte de causa violenta o desconocida puesto que no puede excluirse la intervención de terceras personas en dicha muerte.

Diagnóstico a posteriori de la autópsia en la que no puede establecerse de forma clara una intervención homicida pero en la que se quiere hacer constar la existencia de indicios médicos que no excluyen la intervención de terceras personas. suele este término aparecer asociado al de muerte violenta ideterminada cuando existe la posibilidad de homicidio. Ejemplo precipitados, algunos accidentes de tráfico anómalos etc.

Muertes violentas

Concepto de muerte violenta.

La muerte violenta es aquella en la que han intervenido factores externos al organismo. Son muertes violentas todas aquellas de tipo traumático, tóxico o generadas por agentes físicos.

A efectos prácticos, lo que subyace en toda muerte violenta es la existencia de una posible responsabilidad en la producción de esta muerte. La muerte violenta debe ser investigada de forma minuciosa para ofrecer el máximo de datos a la administración de Justicia. Con estos datos, se podrán establecer las diferentes responsabilidades que pueda haber.

Tipos de muertes violentas:

Las muertes violentas se subdividen en :

1. *Accidentales.*
2. *Suicidas.*
3. *Homicidas.*

Esta división es útil en Medicina Forense y está enfocada a servir como una de las bases en la asignación de responsabilidades.

En la ***muerte accidental*** no existe voluntad por parte de persona alguna de que se produjese esta muerte. Se ha producido la muerte como consecuncia de eventos no previstos o no controlables

La responsabilidad de este tipo de muerte es una responsabilidad de carácter económico. En ocasiones puede existir una responsabilidad penal, cuando la muerte se ha producido por imprudencia o negligencia de personas.

En la ***muerte suicida***, existe una intencionalidad por parte del fallecido de que se produjese la muerte.

Las repercusiones legales de este tipo de muerte pueden extenderse por ejemplo al campo de los seguros.

En la ***muerte homicida***, existe voluntad y generalmente actuación de terceras personas de que se produzca la muerte.

De esta situación derivan multitud de repercusiones jurídicas, las más evidentes de las cuales pueden ser las responsabilidades penales por delitos como el homicidio o el asesinato.

Muerte sospechosa de criminalidad

Paralelamente a la muerte violenta existe un concepto que viene derivado del Código Penal que es el de Muerte sospechosa de criminalidad. Existen dos formas de entender este término.

Diagnóstico a priori de la autopsia, en el que se incluye toda muerte de causa violenta o desconocida puesto que no puede excluirse la intervención de terceras personas en dicha muerte.

Diagnóstico a posteriori de la autopsia, en la que no puede establecerse de forma clara una intervención homicida pero en la que se quiere hacer constar la existencia de indicios médicos que no excluyen la intervención de terceras personas. Suele este término aparecer asociado al de muerte violenta indeterminada cuando existe la posibilidad de homicidio. Ejemplo precipitados, algunos accidentes de tráfico anómalos etc.

Capitulo 8

LAS LESIONES. CONCEPTO Y CAUSAS.

QUE ES UNA LESIÓN

Desde el punto de vista de la medicina, *lesión* es toda anomalía morfológica (en la forma) en los tejidos del organismo. Dentro de este concepto, se puede entender como lesión cualquier alteración anatomopatológica, independientemente de su origen. No obstante se divide en dos grupos:

Concepto anatomopatológico de lesión:

Una lesión es cualquier tipo de alteración estructura de células o tejidos que se desvíe de lo establecido estadísticamente como normalidad y que obedece a unas causas que se consideran patológicas.

Lesión es tanto una alteración de tipo tumor, como una alteración de tipo dermatológico o bién el resultado de una acción mecánica.

Concepto quirúrgico y medico-legal de lesión

Limita esta definición amplia, considerándose como lesiones aquellas alteraciones de las estructuras celulares e histológicas provocadas directamente por agentes externos al organismo. (decimos directamente porque por ejemplo un tumor puede tener una causa tóxica, pero no se considera lesión a estos efectos puesto que la causa es remota y mediatizada).

De este concepto se excluyen los agentes de carácter infeccioso pues, pese a ser agentes externos se aceptan como mecanismo fisopatologicos naturales.

CONCEPTOS SOBRE LA LESIÓN

Existen una serie de términos cuya comprensión va a ser muy útil para poder abordar textos de patología, que hacen referencia a la evolución de un trastorno o enfermedad y que son los de etiología, patogenia y fisopatologia.

Etiología

Etiología es la causa de una lesión o enfermedad. Por ejemplo la etiología del SIDA es el virus de la inmunodeficiencia humana. La etiología de un hematoma puede ser una patada y la etiología de una fractura puede ser un atropello por una moto.

Patogenia

Patogenia, es un término que quiere decir la génesis de la patología, es decir, como empieza la patología. Hemos dicho que hay una serie de cosas que son causa (es decir etiología) de las lesiones.

Pero estas causas tendrán un mecanismo mediante el cual pondrán en marcha la lesión. Este mecanismo por el que la causa interacciona con el cuerpo y pone en marcha la lesión es lo que se llama patogenia.

Fisiopatología

Fisiopatología es también un nombre compuesto que combina los términos de fisiología, es decir funcionamiento normal, con el de patología.

Esto quiere decir que la fisiopatología lo que hace es describir las alteraciones en el funcionamiento del organismo que va a provocar una lesión o una enfermedad desde el momento en que aparece hasta sus últimas consecuencias, sean estas la curación o la muerte.

En unos casos veremos que la fisiopatología nos describe los pasos que sigue el organismo para adaptarse, reparar y superar una lesión o una enfermedad y en otros casos lo que nos va a explicar es la secuencia de trastornos en cascada que van a conducir a la muerte del individuo.

Es conveniente ensayar con ejemplos para entender claramente las diferencias entre patogenia y fisiopatología, es decir entre génesis y consecuencias de una patología, ya que son términos en los que frecuentemente se produce cierta confusión.

Morfología

Un cuarto concepto es el de morfología, que es posiblemnete el que más nos interesa de cara a la autopsia.

La idea básica es que si hay un funcionamiento anormal, unos fenómenos de lesión o fenómenos reactivos, todos o la mayor parte de ellos van a provocar cambios en el tejido, el órgano o el organismo afectado.

El principio de que lo patológico se manifiesta como cambios en las características observables es clave en patología autópsica. Al cadaver no se le pueden practicar la mayoría de pruebas clínicas, pero por contra, se pueden examinar sus tejidos de forma ilimitada.

Es evidente que hay toda una gama de trastornos o patologías que no se manifiestan por cambios en las células o en los órganos, son cambios en su funcionamiento, por lo que se llaman cambios funcionales.

Este tipo de patologia es la que va a dar lugar a los casos de autopsias de conclusión dudosa o incluso autopsias blancas.

En el caso concreto de la patología forense, el núcleo fundamental es la violencia. Y en general la violencia es evidenciable, provoca modificaciones observables.

Quedan algunas áreas específicas como algunas intoxicaciones, la hipotermia o algunas formas de electrocución en las cuales la lesión puede ser mínima o incluso ser difíciles de demostrar y este siempre es un facto que debe ser tenido en cuenta.

Causas de lesiones.

Los mecanismos de lesión son múltiples y existen muchas clasificaciones de los mismos., siendo muy difíciles de sistematizar por cuanto en muchas ocasiones se superponen unos con otros.

Para su estudio se pueden sistematizar en grupos según la naturaleza de la causa:

Los principales mecanismos de lesión son:

- la hipoxia y la isquemia.
- Lesiones mecánicas.
- Lesiones por agentes físicos.
- Agentes químicos.
- Agentes biológicos.
- Lesiones inmunológicas
- Alteraciones metabólicas
- Alteraciones de la fisiología.

CAUSAS Y CONCAUSAS.

La causa de una lesión muchas veces no es univoca. Pueden juntarse varias causas o bien hay una causa principal y una serie de factores que modifican, facilitan o ayudan a cuasar una lesión. Esto es lo que se llama concausa.

Para definir causa o concausa partimos de la identificación de la lesión resultante.

Causa es aquel agente que es necesario para producir el resultado, es decir la lesión, y también es suficiente.

Por ejemplo un cuchillo puede ser necesario para producir una determinada herida y es suficiente para hacerlo, no necesita de otros factores.

Concausa es aquel elemento que es necesario para producir una lesión. Pero no es suficiente. Es decir que por si mismo no podría producir la lesión, debe haber otro factor, una causa, a la cual haya sumado su acción.

la hipoxia como modelo.

La hipoxia, la falta de aporte de oxígeno a la célula es el agente lesivo más importante, por su frecuencia, en la patología tanto general como forense.

La hipoxia suele sobreañadirse a otros mecanismos de lesión celular e incluso es el mecanismo final de muchas formas de lesión celular. Las principales causas de hipoxia celular son las siguientes.

— la isquemia
— la anoxia
— la hipoxia histotoxica

La isquemia. La falta de aporte sanguíneo, que es el portador del oxígeno, es una de las más frecuentes causas de hipoxia celular.

Son múltiples las causas que pueden provocar la falta de llegada de sangre a un tejido, dedes la obstrucción de las arterias que transportan esta sangre hasta la disminución del volumen de sangre a nivel del organismo, como es el caso de las hemorragias, o bién la incapacidad de la bomba cardíaca de inyectar sangre hacia los tejidos.

La anoxia. La definimos como aquela situación en la que no está interrumpido el aporte de sangre a las células de un tejido, pero esta sangre no contiene oxígeno.

Esta situación se dá en casos de insuficiencia respiratoria en la cual no hay intercambio gaseoso en los pulmones y aunque exista una adecuada perfusión, no se produce con sangre oxigenada.

En determinados tipos de intoxicación por agentes químicos puede haber una falta de oxígeno en sangre porque la hemoglobina está ocupada por otra molécula, como es el caso de la intoxicación por monóxido de carbono, o bién está alterada la estructura de la hemoglobina misma con lo que no capta oxígeno, como es el caso de las metahemoglobinemias.

La hipoxia histotóxica. Un tercer mecanimo de hipoxia consiste en la lesión de los mecanismos de respiración de la célula. En este caso, el aporte sanguíneo es correcto, la sangre que llega es portadora de suficiente oxígeno, pero la célula no puede utilizar o captar este oxígeno por estar lesionada su estructura respiratoria.

Esta es una situación que se produce en ocasiones por ejemplo por efecto de toxinas bacterianas o por la acción de sustancias químicas como el cianuro.

Lesiones mecánicas

Se trata del mecanismo de lesión más elemental, y muy característico de la patología forense.

La lesión mecánica consiste en la destrucción física de la célula o el tejido por un agente como es el caso de un instrumento contundente o un proyectil de arma de fuego.

Debemos tener en cuenta que en este tipo de mecanismos existe una cierta cantidad de células que son directamente destruidas por el agente mecánico, pero muchas otras, la mayoría, van a resultar lesionadas por los fenómenos secundarios como la hemorragia o la inflamación, por lo que podemos empezar a ver la superposición de mecanismos a la que anteriormente hacíamos mención.

Lesiones por agentes físicos

En los agentes físicos incluimos las lesiones producidas por los cambios de temperatura, las lesiones por electricidad, las radiaciones o las lesiones causadas por ondas de presión.

Este grupo incluye un vasto abanico de posibilidades de lesión que en ocasiones pueden confluir en el mismo agente.

Por ejemplo en el caso de los cambios térmicos del frío tendremos lesiones directas y asociadas. La acción directa del frío produce un enelentecimiento del metabolismo celular, recordemos que las células de un organismo hoemotermo como el humano necesitan estar en una franja de temperaturas determinadas para desarrollar de forma adecuada su actividad bioquímica.

Si este enlentecimiento pasa de un punto límite, la célula va a lesionarse o morir. Por otro lado la acción del frió va a producir una vasoconstricción con alteraciones de la perfusión de tejidos, que añadirá fenómenos de isquemia.

Una forma diferente de lesión va a ser la generada por radiaciones, las cuales pueden lesionar el materail genético de la célula, apareciendo la expresión de esta lesión más adelante

Las características de los mecanismos lesivos de los agentes físicos, las desarrollaremos con detalle en los capítulos dedicasdos a estos, dada su especial relevancia en el campo de la patología forense

Lesión por agentes químicos.

La lesión química es muy frecuente en patologia forense, constitueyendo el sustrato de la mayoría de las intoxicaciones.

Consiste en la alteración de la bioquímica celular por la acción de una molécula ajena. Esta interferencia puede dar lugar a diferentes formas de lesión, dede la destrucción directa que produce la interacción con una molécula caústica, hasta la alteración de la respiración celular dando lugar a fenómenos de hipoxia (deficiencia de oxígeno).

En ocasiones la lesión va a consistir en la alteración de la función fisológica de la célula como es el caso de muchas intoxicaciones medicamentosas.

Lesiones por agentes biológicos.

Los agentes biológicos o microorganismos pueden lesionar a las células de muy diferentes formas.

Por ejemplo, algunos microrganismos pueden agredir directamente a las células, en cambio otros van a provocar la lesión por la emisión de sustáncias químicas procedentes de su metabolismo, conocidas como endotoxinas o biotoxinas.

En algunos procesos infecciosos, va a ser la respuesta inmunológica desatada contra los microorganismos la que va a producir daños en células y tejidos corporales.

Finalmente en algunos procesos la agresión se va a producir sobre el mismo material genético de la célula, siendo el caso de muchos virus.

La lesión inmunológica.

La inmunidad consiste en una serie de mecanismos de carácter bioquímico y celular que tienen como finalidad la defensa del organismo frente a agresiones externas.

No obstante, el desencadenamiento de los fenómenos inmunológicos, puede agredir directamente a células del organismo, por fallos en la regulación del sistema.

La enfermedades autoinmunes no son una materia de estudio característica de la patologia forense, pero algunos fenómenos de carácter inmunológico, como es el caso de la anafilaxia sí que constituyen casos de interés forense muy frecuente.

Lesiones metabolicas

La alteración del metabolismo, es decir del medio ambiente en el que vive la célula, es una causa muy frecuente de lesión celular.

Así encontraremos que alteraciones en el pH del medio, como la acidez o la alcalosis son causantes de alteraciones en el funcionamiento, lesiones y muerte celulares.

En este apartado incluiríamos alteraciones en la composición del plasma que pueden afectar desde a los electrolitos, como el sodio el potasio, hasta la alteración de los elementos nutricos, bien sea por defecto en los cuadros de inanición, o bién por exceso, como en los procesos de acumulación de grasas que llevan a la arterioclerosis o a otras patologias.

Lesiones por alteracion de la fisologia

Ya se ha explicado que la lesión de células y tejidos no constituye un fenómeno unívoco, sino que los mecanismos se interrelacionan y frecuentemente se producen fenómenos en cascada.

Así pues, la lesión de algunos tipos de tejidos, como es el caso del tejido neurológico o de glándulas endocrinas, puede comportar alteraciones funcionales en otros tejidos, dependientes de estos para su funcionalismo, dando lugar a lesiones y muerte celular.

Puede servir de ejemplo de esta forma de lesión celular, la atrofia que se produce en las células musculares cuando se ha producido una lesión en los nervios que las inervan, como sucede en algunas intoxicaciones por metales.

En el sistema endocrino puede servirnos el ejemplo de las alteraciones que se producen en múltiples tejidos derivadas de la alteración del sistema hormonal provocada por un traumatismo hipotalámico.

Capitulo 9

LAS LESIONES Y SUS CONSECUENCIAS.

La lesión de un tejido en un cuerpo vivo no se va a limitar a la alteración de un tejido por un agente causante de la lesión.

Si el tejido está irrigado por la circulación, los vasos sanguíneos se verán afectados por la lesión y portanto la primera consecuencia es que habrá una salida de sangre de los vasos que llamamos hemorragia.

Cuando hay hemorrágias, se produce una reacción de los mecanismos para contenerla que se llama sistema de coagulación. Se formará un tapón con plaquetas y una red de proteínas del plasma humano (los factoresde la coagulación) que se activan ante la lesión de un vaso.

Por otra parte, se van a poner en marcha una compleja serie de mecanismos de defensa del organismo frente a una agresión, es la llamada inflamación o procesos inflamatorios.

RESPUESTA HEMODINÁMICA A LA LESIÓN

Cuando un grupo de células son lesionadas por una causa se formará una lesión. Y en el tejido lesionado y mas en el circundante van a darse una serie de fenóemnos de reacción. estos fenómenos reactivos en primer lugar van a consistir en alteraciones de la distribución de la sangre en el lugar de la lesión y a su alrrededor.

Estas alteraciones circulatorias en ocasiones son independientes y en ocasiones forman parte de lo que estudiaremos como erespuesta inflamatoria o inflamación.

Las principales alteraciones hemodinámicas son la hieprhemia, el edema y la hemorragia.

Hiperhemia es el aumento localixzado de sangre en un tejido o un órgano. También recibe el nombre de congestión.

Edema es la salida de líquido de los vasos sanguíneos, el plasma sales de los vasos y se acumula en el tejido.

Hemorragia es la salida de sangre entera de los vasos, es decir la salida de plasma y células sanguíneas.

HIPERHEMIA Y EDEMA

Las alteraciones básicas hemodinámicas son la hiperhemia y el edema.

Como hemos dicho, la hiperhemia es la acumulación de sangre en una zona del organismo, un tejido, un órgano etc. Generalmente esta hiperhemia se produce porque se acumula mas sangre en una zona concreta.

El mayor aflujo de sangre produce que la zona adquiera un color rojo llamativo. Por ejemplo la hiperhemia es muy llamativa cuando se producen impactos planos como una bofetada. La mejilla queda unos segundos pálida (los vasos sanguíneos se cierran momentáneamente ante una posible rotura) y posteriormente se pone de un color rojo subido, porque los vasos sanguíneos se abren de golpe.

La hiperhemia la vemos pocas veces en el cadaver. dado que se trata de un fenómeno dinámico por distribución de la sangre, en el momento en que se produce el paro cardiorespiratorio esta sangre deja de fluir y desaparece la coloración

El edema es el paso de líquido a los tejidos, cocretamente de plasma sanguíneo. Hay dos causas de que pase el líquido al tejido.

En primer lugar porque haya una altísima presión en los vasos sanguíneos del tejido y el plasma salga de los pequeños vasos sanguíneos por efecto de la presión, este se llama edema hidrostático.

En segundo lugar, en los casos en los que hay alguna clase de lesión que afecta la pared del vaso y este abre sus poros para dejar salir plasma al exterior. este es el edema inflamatorio, que es el mas propio de las lesiones en patologia forense.

El primer efecto del edema y que va a aprecer de una u otra forma en todas las lesiones, es que el tejido aumenta su volumen. Es decir que se hincha. El ejemplo mas característico es un chichón. Pero cabe darse cuenta de qe cuando se golpea un dedo o una pierna, se hincha.

Normalmente el edema es el principio de la inflamación, pero debe conocerse porque en muchas ocasiones pasa poco tiempo entre la lesión y la muerte y no da tiempo a formarse una reacción inflamatoria completa. En muchisimas ocasiones en patología forense será el edema la única muestra de una lesión.

LA HEMORRAGIA

Concepto de hemorragia.

La hemorragia es la pérdida de sangre completa, no de suero, por salida hacia el exterior de los vasos sanguíneos.

No se considera como hemorragia el secuestro de sangre dentro del arbol vascular (volumenes de sangre contenidos en los vasos sanguíneos) ni la pérdida aislada de partes de la sangre como pérdida de hematíes (anemia) o pérdida de plasma (plasmorragia).

Tipos de hemorragia:

Según la forma salida del vaso

   a. hemorragia por rotura de los vasos. Característica de los traumatismos, se puede producir por cualquier proceso que de lugar a una erosión de los vasos: ademas de los traumatismos la pueden producir otras causas como : tumores, úlceras, aneurismas, o pancreatitis.
   b. Hemorragia por diapedesis. No existe una rotura de los vasos, sino una lesión endotelial o de la membrana basal[10] con salida de hematies.

---

[10] Es decir, que no está lesionado el vaso sanguíneo pero sí algunas capas que lo forman, sobre todo el recubrimiento interno, que se llama endotelio.

Otros orígenes de hemorragias de tipo diapedético son: la embolia grasa con la anoxia capilar, las intoxicaciones por alcohol etílico, benzol y fósforo. En causas infecciosas como la neumonia y la sepsis por meningitis.

Según el tipo de vaso afectado:

a. Hemorragia arterial
b. hemorragia venosa
c. Hemorragia capilar

Según el destino de vertido de la sangre extravasada:

Hemorragia interna. Cuando la sangre extravasada queda en el interior del organismo. La hemorragia interna puede ser cavitaria o intersticial.

La hemorragias cavitarias son fundamentalmente :

Hemorragia intracraneal: hemorragia dentro de la cavidad del cráneo. Existen diferentes tipos, pero todas ellas son peligrosas porque el cráneo no es expansible y la presión que produce el llnado de sangre va a comprimir el encéfalo.

Hemotórax: es el derrame de sangre a la cavidad torácica

Hemoperitoneo, es la salida de sangre a la cavidad abdominal. En el torax y abdomen la capacidad de adpatación de la cavidad es grande, caben varios litros en cada una de ellas por lo que en la mayoría de los casos provocan la muerte por desangrado y no por presión.

Hemorragia intersticial es aquella que se acumula en el intersticio de tejidos como es el caso de hematomas en el tejido muscular. Hemorragias alveolares en pulmón u otras hemorragias con formación de hematomas en el parénquima de vísceras.

Nomenclatura de las hemorragias externas.

La hemorragia externa puede proceder de soluciones de continuidad en la piel o bién proceder de hemorragias internas que se exteriorizan por los orificios naturales.

Los tipos más frecuentes son:

Otorragia—salida de sangre por el oido

Epistaxis—salida de sangre por la nariz
Hemoptisis—salida de sangre por boca procedente del aparato respiratorio.
Hematemesis—salida de sangre por boca porcedente del tubo digestivo
Rectorragia—salida de sangre roja por el ano.
Melenas—salida de sangre digerida por el ano
Hematuria—salida de sangre por la orina

Tipos y consecuencias de las hemorragias

Básicamente discriminamos entre dos tipos de hemorragias, en cuanto a su repercusión funcional. Por un lado las hemorragias localizadas y por otro lado las hemorragias generalizadas. Entendemos como hemorragia localizada aquella extravasación que hace un efecto lesivo, es decir que actúa como noxa, por un efecto masa o de obstrucción local.

Por el contrario, las hemorragias que denominamos generalizadas son aquellas en las que la extravasación de sangre, ya sea hacia el exterior del organismo o bien hacia el interior del mismo, no va a hacer un especial efecto lesivo en el punto donde se produce la hemorragia sino que su patogenia va a ir vinculada al efecto de la depleción de sangre sobre el conjunto del organismo.

Las hemorragias locales

Las hemorragias localizadas mas frecuentes en patología forense son las hemorragias intracraneales, junto con las hemorragias intrapericárdicas, que dan lugar al llamado taponamiento cardíaco y las hemorragias en el arbol respiratorio, las cuales, cuando son extensas van a producir un efecto obstructivo sobre la ventilación.

Las hemorragias generalizadas, el síndrome anémico y la hipoxia anémica.

La hipoxia inducida por la anemia generalizada o hipoxia anémica puede tener diferentes grados de adaptación.

En patologia forense vamos a encontrar básicamente los casos en los cuales la pérdida de sangre es muy rápida, dando lugar a auna hipoxia tisular intensa, la cual va a tener sus repercusiones más relevantes a nivel de sistema nervioso central y de corazón.

En el corazón, cuando las cifras de hemoglobina en sangre inferiores a 7 g/100 ml van a provocar un aumento de gasto cardíaco muy importante, tanto en forma de taquicardias como en forma de aumento de volumen por minuto. El aumento de gasto cardíaco supone un gasto adicional de oxígeno por parte de la musculatura miocárdica.

Si existe una situación de hipoxemia derivada de la propia anemia, la musculatura miocárdica va a encontrarse con un aumento de trabajo en condiciones de hipoxia, lo cual puede provocar ya en el corazón sano el desencadenamiento de arritmias ventriculares mortales, y en el corazón patológico puede dar lugar a la precipitación de una insuficiencia cardíaca latente.

Debe tenerse en cuenta que, en ocasiones no se produce el fracaso de adpatación que supone el shock que se describe en este mismo capítulo, por lo que no toda anemia aguda es sinónimo de shock, pudiendose precipitar la muerte por hipoxia anémica, generalmente mediante el mecanismo arrítmico descrito y con unos hallazgos anatomopatológicos diferentes de los del shock

Generalmente la anemia aguda no va a entrar en mecanismo de shock en dos situaciones:

— En primer lugar cuando la pérdida de sangre se produce a una velocidad que permite un cierto mecanismo de adaptación, en cuyo caso la fisiopatología de la muerte suele estar vinculada a la fibrilación ventricular o la isquemia miocárdica.

Ejemplo de muerte:

— Fallo ventricular por anemia crítica por hemorragia secundaria a . . .

— En un segundo lugar no se va a producir un shock en aquellas situaciones de politraumatismos tan masivos en los que la pérdida de volemia es tan rápida que no da tiempo ni tan sólo a los cambios fisopatológicos del fracaso circulatorio del shock, casos en los que la muerte está vinculada de forma directa a la hipoxia anémica.

Ejemplo de muerte.

— Anemia aguda por hemorragia masiva por . . .

Morfológicamente el aspecto visceral y tisular característico de la hipoxia anémica va a diferir del de otros mecanismos de hipoxia en la llamativa palidez de los organos dado que la falta de hemoglobina impide la formación de cianosis. Así podemos ver que en musculatura, hígado, riñones y bazo exite una palidez muy marcada.

Asimismo no se aprecia la ingurgitación de vasos sanguíneos y las lividezes del cadáver pueden ser inexistentes o sumamente ténues Si ha habido una adaptación de la volemia en el sentido de una cierta expansión del plasma, los edemas cerebral y pulmonar pueden ser importantes, aunque de coloración muy pálida.

El edema pulmonar es llamativo pues la hipoxia induce un aumento de flujo sanguíneo pulmonar que es ineficaz, dada la falta de hematíes, pero la sobrecarga de los vasos pulmonares produce un aumento de tensión intraluminal que dará lugar a un trasudado hidrostático.

En el caso de las hemorragias masivas sin adaptación, no vamos a encontrar tampoco edemas macrsocópicamente significativos.

Las hemorragias patologicas

Las hemorragias son un fenómeno común que no simpre obedecen a una lesión, En multitud de ocasiones la causa de la hemorragia es una alteración en alguno de los factores o elementos que mantienen la coagulación de la sangre. En este tipo de situación se habla de hemorragias patológicas.

Las hemorragias patologicas las podemos dividir en tres grandes familias:

a) hemorragias producidas por patologias en los vasos sanguíneos. Las más típicas son las autoinmunes—inflamatorias conocidas como vascultis, pero hay otras formas como alteraciones congénitas del tejido conectivo vascular etc.

b) La deficiencia de plaquetas o trombopenia. Hay múltiples causas de caida del nímero de plaquetas. Tanto por destrucción de las plaquetas en sangre en las enfermedades autoinmunes, hasta la destrucción de las células fabricantes de plaquetas que son los megacariocitos que están en el médula ósea.

Otras causas más frecuentes de caida del número de plaquetas es en situaciones de infección grave (septicemia) o el secuestro y destrucción de plaquetas en el bazo en algunas enfermedades.

Finalmente hemos de tener en cuenta la posibilidad de que el número de plaquetas sea normal pero estas no funcionen adecuadamente. Se trata de la familia de enfermedades que se conocen como trombopatías.

Hay una serie de enfermedades, como algunas leucemias, que producen plaquetas normales o aumentadas pero no funcionales. Pero las mas importantes a tener en cuenta en patología forense son las trombopatías[11] provocadas por alteraciones del metabolismo y especialmente tres:

— las trombopatías en la situación de insuficiencia renal.
— las trombopatías en las enfermedades hepáticas crónicas
— y las trombopatías inducidas por tóxicos o medicamentos.

LA RESPUESTA ANTE LA LESIÓN: LA INFLAMACIÓN

Hemos visto las formas en que, desde las células aisladas, hasta el conjunto del organismo, pueden sufrir la agresión y muerte por diferentes mecanismos y los cambios morfológicos de lesión.

Ante una lesión de mayor o menor extensión el organismo no permanece pasivo sino que reacciona mediante una serie de procesos encaminados a la limitación del daño y la reparación del mismo, procesos reactivos que se conocen como inflamación y reparación.

Los procesos inflamatorios tienen como objeto la defensa del organismo frente a la agresión y los procesos de reparación tienen como objetivo la reposición de estructuras biológicas dañadas o la compensación de los daños con nuevas estructuras.

Se trata de respuestas uniformes porque las reacciones básicas de inflamación van a producirse independientemente del agente y la forma que produzca la lesión sobre tejidos y órganos, también la reparación va a depender de los tejidos involucrados en la lesión más que de la causa de la misma.

A pesar de esto, sobre estos procesos básicos pueden existir variantes tanto funcionales como morfológicas que sí que van a depender del agente agresor y de las circunstancias y características de la agresión, que nos van a permitir ciertos grados de identificación.

---

[11] Trombopatia es una enfermedad o alteración de las plaquetas, que va a provocar una alteración de la coagulación. En ocasiones hay un defecto de coagulación y el paciente sangra. En otras trobopatías lo que sucede es que hay un exceso de coagulación y se forman trombosis.

Estos procesos de inflamación y reparación son importantes en patología forense para la identificación de la existencia de lesiones y la tipología de las mismas.

Tiene también importancia que estos procesos van a permitir un diagnóstico cronológico, es decir el tiempo que ha evolucionado la lesión hasta la muerte del sujeto.

El diagnóstico de si una lesión se ha producido en vida o después de la muerte es relevante en muchos casos de la práctica forense y la resolución de estos diagnósticos se basa, entre otros criterios, en el estudio de las reacciones de inflamación o reparación que puedan existir en las lesiones estudiadas.

Concepto de inflamación

Una buena definición de la inflamación es la que expone que es el fenómeno de reacción de un tejido vivo y con aporte de sangre, o vascularizado, ante una agresión.

La respuesta inflamatoria está estrechamente entrelazada con el proceso de reparación.

La inflamación sirve para destruir, diluir o aislar el agente lesivo, pero a su vez pone en marcha una serie de complejos procesos que en la medida de lo posible curan y reconstruyen el tejido dañado.

La cara negativa de la inflamación y reparación.

La inflamación misma puede ser perjudicial. Hay reacciones inflamatorias subyacentes en la patogenia de la artritis reumatoide que causan invalidez, reacciones de sensibilidad que amenazan la vida y algunas formas de enfermedad mortales por la inflamación excesiva o inadecuada que provocan.

La reparación puede originar cicatrices deformantes, bridas fibrosas que limitan la movilidad de aniculaciones o zonas de tejido cicatrizal que dificultan la función de órganos.

Por ejemplo la cirrosis hepática es un proceso de cicatrización prolongada en el tiempo ante múltiples pequeñas lesiones en el hígado producidas por un tóxico o un virus.

Tipos de inflamacion

La inflamación suele clasificarse en dos modelos: inflamación aguda e inflamación crónica.

La inflamación aguda es de duración relativamente corta; se mantiene pocos minutos, varias horas, o uno o dos días.

Sus principales características son la exudación[12] de líquidos y proteínas plasmáticas (edema) y la emigración de leucocitos, sobre todo neutrófilos. Los neutrófilos son un tipo de glóbulos blancos.

Es más o menos estereotipada, independientemente de la naturaleza del agente lesivo, eso sirve como primera barrera defensiva o primer contacto con el agente lesivo o con el daño que ha provocado.

SI esta primera respuesta por neutrófilos encuentra determinados agentes lesivos, se producirá la llamada y afluencia de otras familias de glóbulos blancos que van a dar una mayor especificidad a la respuesta inflamatoria aguda.

La inflamación crónica es menos uniforme.

Generalmente se mantiene más tiempo y se asocia microscopicamente con presencia de linfocitos y macrófagos[13] y proliferación de vasos sanguíneos y tejido conectivo.

Muchos factores modifican la evolución y apariencia histológica (microscópica) de la inflamación crónica.

Aunque el cuadro básico de la inflamación aguda es uniforme, la intensidad de la reacción es regida por la gravedad del agente lesivo y por la capacidad de reacción del huésped

---

[12] exudación es la salida al exterior del tejido de un líquido espeso compuesto de pasma con proteinas disueltas en el mismo. Cuando solamente es plasma limpio se llama trasudado.
[13] Linfocitos y macrófagos son otros tipos de glóbulos blancos, que persisten mas tiempo en el tejido lesionado y por esto son característicos de inflamaciones crónicas.

La intensidad y duración de la reacción inflamatoria dependen del balance entre la potencia del agresor y la del huésped.

Una lesión incluso benigna puede producir una reacción grave en el sujeto poco resistente y, a la inversa, incluso el más robusto puede ser presa de una afectación severa, como las victimas de una quemadura grave.

Según la gravedad de la lesión y la capacidad de defensa, la inflamación puede permanecer localizada en el sitio de origen o producir reacciones generales

La inflamacion aguda

Se ha hecho mención anteriormente a los fenómenos esenciales de la inflamación aguda, los cuales vamos ahora a examinar con cierto detalle.

Como empieza la inflamación. Los mediadores.

De una manera muy simplista, cuando un agente provoca una lesión, lo que hace es dañar un volumen mas o menos importante de células.

De las células destruidas van a salir al exterior proteinas, algunas grasas y en general sustancias químicas que normalmente no saldrían nunca de la célula.

Por otro lado otras células aunque no estén destruidas, son dañadas en la lesión y también van a verter en el medio algunas de sus proteinas y sustancias intracelulares.

Estas moléculas internas al entrar en contacto con células sanas, producen una reacción. Estas células sanas van a segregar también proteinas de alarma, amplificando así esta cascada de sustáncias que primero se van a vertir en el tejido pero que van a pasar a la sangre.

Toda esta cascada, sobre todo de proteinas, van a desatar los cambios que llamamos inflamación aguda, al poner en marcha los sistemas defensivos del cuerpo. Y a estas sustáncias se las llama mediadores de la inflamación.

En un segundo escalón, las células de defensa del organismo, básicamente las diversas familiasde glóbulos blancos, van a secretar otras sustáncias, también la mayoría de tipo proteico para amplificar y coordinar la respuesta inflamatoria. Estos también son mediadores inflamatorios.

Veremos que estos grupos de mediadores inflamatorios son importantes porque es lo que se busca en los tejidos para demostrar que una lesión se ha producido en vida.

En un cuerpo muerto hay sustancias intracelulares, pero no proteínas que secreten activamente las células dañadas ni los leucocitos para ampliar la respuesta.

La reacción vascular

El primer fenómeno de la inflamación son los cambios vasculares, en primer lugar existe en muchas ocasiones una vasoconstricción transitoria de arteriolas y capilares, la cual tiene como función el limitar la hemorragia en el caso de que en la zona lesionada se hayan destruido vasos.

En las heridas muy pequeñas esta vasoconstricción dura segundos, en tanto que en las lesiones masivas, o en algunos tipos de lesión como las de naturaleza térmica o eléctrica puede durar varios minutos

Posteriormente va a aparecer una vasodilatación de las mismas estructuras, vasodilatación de todas las arterias y lecho capilar de la zona lesionada que tiene como finalidad aumentar el aporte sanguíneo a la zona lesionada y es el sustrato de la hiperemia activa.

Esta vasodilatación es la responsable de la hiperemia, la coloración rojiza que se aprecia en toda zona inflamada y que constituye el fenómeno del rubor que ya aparece en la descripción clásica de la inflamación.

El aumento de diámetros de los vasos así como del volumen circulante provocará un enlentecimiento de la velocidad de circulación sanguínea.

El enlentecimiento de la circulación es lo que provoca el apilamiento de los hematíes que pueden apreciarse en microscopía desde las primeras fases de la inflamación.

La hiperemia (llenado de de sangre) en la zona dentro de los fenómenos de la inflamación, va a comportar un trasudado, es decir una salida de plasma ricamente proteico hacia el intersticio de los tejidos, el alto volumen de proteínas en el plasma exudado hace suponer la existencia de una modificación microvascular, que permita la salida de dichas proteínas

La colección de exudado en la zona inflamatoria, cuando posteriormente se vea mezclado con restos de células lesionadas y leucocitos, forma una mezcla de alta densidad y coloración amarilla que denominamos pus.

La presencia de exudado purulento, no necesariamente se corresponde a la existencia de una infección como se supone en ocasiones, sino que en toda zona donde hay una inflamación por una necrosis celular importante y una leucocitosis, como veremos posteriormente, va a producirse este exudado.

Una muestra de ello es la aparición de manchas amarillentas en la musculatura cardiaca cuando se produce un infarto de miocardio que evoluciona durante horas. Esta coloración se corresponde con un exudado que produce la infiltración leucocitaria y los restos celulares de miocardio necrótico.

La fisiopatologia de las reacciones vasculares en la inflamación no está totalmente aclarada.

Se conocen experimentalmente varios tipos de mecanismo fisopatológico que sustenta la reacción.

— Hay una primera reacción de carácter fugaz que aparece de forma inmediata, se supone que mediatizada por la Histamina, se trata de una reacción que se desata ante lesiones de carater leve que apenas producen alteraciones estructurales o daño tisular y que provoca la simple salida de plasma proteico.

— Hay una segundo mecanismo que se produce cuando en la lesión se daña ya la estructura del vaso sanguíneo, es decir que la pared vascular presenta lesiones endoteliales importantes y por tanto el exhudado es prácticamente plasma íntegro con contenido de hematíes en realidad, más que hablar de un exudado inflamatorio, de una forma parcial de hemorragia (es lo que Robbins llama la reacción inmediata sostenida).

Este mecanismo se presenta combnado con el anterior puesto que en las zonas de lesión en las que no se aprecia daño vascular estructural se aprecia salida de exhudado inflamatorio, el cual va a tener un volumen y una permanencia en consonancia con la intensidad y gravedad de la lesión.

— Existe una tercera forma en la cual aparece el edema de forma retardada, y que es característica de las lesiones por radiaciones, lesiones difusas por toxinas o en la hipersensibilidad tardía. De hecho es el mecanismo propio de la hipersensibilidad retardada. Se supone que en este mecanismo hay una lesión de los endotelios capilares, produciendose al cabo de unas horas un trasudado inflamatorio, no obstante no se aprecian alteraciones histológicas en el endotelio del vaso.

En aquellaas zonas donde el agente lesivo ha dañado vasos o endotelios vasculares, vamos a apreciar la salida de sangre entera, es decir hematies, hacia el intersticio de los tejidos, fenóemno denominado hemorragia intersticial o infiltración hemorrágica.

La reacción celular

Con la formación de edema y el enlentecimiento del flujo sanguíeno se han creado las condiciones óptimas para el fenómeno de la infiltración leucocitaria, al cual se ha hecho referencia anteriormente.

La infiltración leucocitaria comienza con el fenómeno de la marginación, apreciándose que en la zona lesionada los polimorfonucleares se adhieren a la pared endotelial de los vasos sanguíneos.

Con frecuencia los cambios de hiperhemia y de edema intersticial son difíciles de interpretar en la microscopía, por lo que es frecuente que la apreciación de la migración leucocitaria sea la imágen más precoz que indica claramente que existe un fenómeno inflamatorio en el tejido en estudio.

En ocasiones la imagen de marginación leucocitaria es tan evidente que se aprecia un recubrimiento casi completo del endotelio vascular por parte de los leucocitos neutrófilos, imagen que se define como pavimentación.

La adherencia de los leucocitos, fundamentalmente neutrófilos como hemos dicho, a las paredes de los vasos está provocada por varios mecanismos, entre los que se han descrito los cambios iónicos de la membrana, la interacción con cationes[14], pero fundamentalmente provocada por mediadores bioquímicos. Que son los llamados factores quimiotácticos.

La velocidad a la que se producen estos acontecimientos, no es un proceso uniforme, está vinculada a la intensidad y gravedad de la lesión, que podemos

---

[14] Cationes son moléculas o átomos cargados positivamente, a diferencia de aniones que son los que tienen carga electrica negativa.

identificar con el volumen de estímulos y de la naturaleza de los mismos. Así en lesiones leves y de escasa agresividad la reaccción inflamatoria puede evidenciarse hasta 30 minutos más tarde, en tanto que en los casos de lesiones más graves, la reacción es casi inmediata.

Este hecho tiene una relevancia esencial en patología forense, puesto que en el examen de vitalidad de las heridas de un cadáver, puede dar a entender que las lesiones más graves son anteriores, por tener plenamente desarrollado el fenómeno inflamatorio, en tanto que las lesiones más leves pueden parecer posteriores e incluso postmortales, como se verá posteriormente en el estudio de vitalidad de lesiones.

Posteriormente a los fenómenos de adherencia se produce la salida de los leucocitos hacia el tejido lesionado, proceso conocido como migración leucocitaria los neutrófilos emiten pseudópodos, los cuales penetran entre las células de las paredes del vaso y se produce la salida de leucocitos hacia el intersticio del tejido, el cual infiltran y por el que se mueven mediante un proceso activo conocido como diapedesis

Los neutrofilos predominan en las primeras horas y posteriormente serán los monocitos que predominan después de las 24 a 48 horas aunque estos márgenes pueden tener grandes variaciones. La variación de celularidad predominante puede estar motivada por la menor vida media de los neutrófilos respecto de los monocitos.

Este patrón celular no es universal. Cuando el agente agresor sobre un tejido es un virus, en cuyo caso son los linfocitos las células leucocitarias que se acumulan en los primeros momentos de la inflamación. también como excepción ilustrativa, los leucocitos que actúan y en reacciones de hipersensibilidad o alergia son los eosinófilos.

Los leucocitos son atraídos al foco de inflamación por mediadores conocidos como factores quimiotácticos los cuales tiene una gran diversidad de formas, desde productos bacterianos al complemento, pasando por restos bioquímicos de los tejidos y células destruidos.

La determinación de factores de quimiotaxis, fundamentalmente los endógenos, al igual que otros mediadores de la inflamación, es la base de multitud de trabajos y técnicas de investigación sobre la vitalidad de lesiones en patología forense. Debe tenerse en cuenta que, si la muerte se produce de una manera muy rápida, no encontraremos imágenes morfoplógicas que demuestren la vitalidad de la lesión, pero sí que puede determinarse por métodos histoquímicos o bioquímicos la presencia de altas concentraciones de mediadores inflamatorios que pueden ser indicativos de vitalidad.

El escape de líquido de los vasos—producido por quininas, aminas vasormotoras (como la histamina, 5-HT) o prostaglandinas, o una combinación de ellas-; infiltración de leucocitos—debida a la presencia de productos secundarios del sistema del complemento (en especial los fragmentos de C5)-; y lesión tisular—debida a los productos de lisosomas de neutrófilos (en especial, las proteasas neutras).

En el foco donde se ha producido la lesión, los leucocitos neutrófilos y macrófagos tienen una función defensiva que se traduce en la limpieza de todo elemento lesivo o bién no útil al organismo, esta función la realizan mediante la fagocitosis de elementos necróticos y de sustancias extrañas, bacterias o cuerpos alienos.

También los leucocitos producen liberación de enzimas digestivas en el intersticio del tejido para la destrucción de restos necróticos o de agentes lesivos facilitando el proceso de fagocitosis posterior o de limpieza.

La fagocitosis se produce mediante un proceso en el cual hay una primera interacción entre el leucocito y el agente alieno, que llamaremos Contacto. En un segundo momento el leucocito va a "atrapar" al agente extraño en una vacuola, momento que podríamos llamar de Fijación. Y finalmente, en un tercer momento, las enzimas digestivas del leucocito van a desencadenar la agresión y destrucción del cuerpo extraño, llegando hasta su completa desaparición

El tiempo de instauración de la reacción inflamatoria es de pocos minutos en agresiones muy intensas hasta media hora en agresiones de menos intensidad.

En el foco de lesión si existen lesiones en los capilares se aprecian microtrombos o agregados de plaquetas.

Los cambios de todo tipo, que hemos descrito son máximos en foco de agresión y cada vez menos acusados hasta llegar a tejido sano en la periferia de la lesión. De esta manera podemos hablar de que existe un gradiente de fenómenos inflamatorios morfológicos entre el epicentro lesivo y la periferia de la lesión.

La reacción inflamatoria aguda es inmediata generalmente aunque existen casos como las lesiones por radiaciones, algunos tipos de lesión eléctrica o en las reacciones por hipersensibilidad tardía en las cuales existe un tiempo de latencia de varias horas entre la actuación del agente lesivo y la aparición de fenómenos inflamatorios

La inflamación se produce y está orquestada por la acción de mediadores, los cuales, asimismo ponen en marcha los mecanismos de reparación mediante la estimulación de los fibroblastos.

Estos mediadores pueden proceder de las células por lesión de las mismas, como es el caso de la histamina, serotonina (las llamadas aminas vasoactivas) y enzimas lisosómicas.

También pueden ser celulares pero sintetizadas ante la agresión y en el proceso inflamatorio como las prostaglandinas, los leucotrienos, las citocinas y el factor activador de las plaquetas.

Y finalmente, pueden ser plasmáticos como es el caso del sistema del complemento o los derivados del sistema de la coagulación, la fibrinolisis y el sistema de las cininas.

La inflamacion cronica

La inflamación crónica puede ser

- continuación de una inflamación aguda persistente y no resuelta, o
- episodios repetidos de inflamación aguda o
- puede ser un fenómeno de aparición lenta y primaria (no hay una inflamación aguda primero), lo cual se da ante determinados agentes lesivos concretos,

Por ejemplo ante la actuación de bacilos intracelulares, por la exposición a sustancias irritantes como el asbesto o bién ante reacciones de caracter inmune.

Las imágenes que caracterizan a la inflamación crónica son:

- la infiltración de los tejidos por leucocitos mononucleares,
- la neoformación de vasos sanguíneos y
- la aparición o proliferación de fibroblastos los cuales producen tejido conjuntivo que se acumula, dando lugar a la imagen que llamamos de fibrosis.

Existe además destrucción del tejido donde asienta la inflamación por la acción de los enzimas vertidos por los macrófagos y por las alteraciones en la microcirculación secundarias a la fibrosis.

Con ello queremos decir que la formación de masas de tejido conjuntivo van a dar lugar a la compresión de los capilares e incluso de los vasos de la zona, por ello, las células van a estar peor irrigadas, llegando a la isquemia y a la necrosis si la masa de tejido conectivo que forma la fibrosis es suficientemente importante.

Los macrófagos mononucleares no son las únicas células que aparecen en la inflamación crónica, que ya hemos definido anteriormente que se caracteriza por la heterogeneidad de su población celular.

Así se pueden ver linfocitos, células plasmáticas, células cebadas y eosinófilos. Las características de esta población leucocitaria van a variar según el tipo de agente agresor y otros factores de la evolución de la agresión.

En los casos en los cuales la inflamación crónica tiene su origen en la transformación de una inflamación aguda, puede ser característica la persistencia de neutrófilos, que ya conocemos como propios de la inflamación aguda, durante meses.

Son aquellos casos en los que macroscópicamente, y no necesariamente por sobreinfección, se aprecia la existencia de una supuración en una lesión con signos inflamatorios y que asimismo presenta áreas de cicatrización que revelan su larga evolución.

Inflamación crónica granulomatosa.

Existe una forma característica de la inflamación crónica que es la llamada inflamación crónica granulomatosa.

Un granuloma es un acumulo de material de escasos milímetros de diámetro, que contiene una gran cantidad de macrófagos que se han modificado a células epiteloides.

Esta célula epiteloide se diferencia morfológicamente del macrófago original por ser más grande y presentar un citoplasma rosa claro.

Esta célula es menos agresiva que el macrófago pero tiene una mayor capacidad metabólica. Las células epitelioides pueden fusionarse, dando lugar a formaciones muy grandes (a nivel celular) que presentan muchos núcleos los cuales se colocan como una corona en la periferia de la célula.

Estas células gigantes suelen formarse cuando en el foco de lesión existe un cuerpo extraño o se ha formado material material no digerible.

La formación del granuloma suele, además de este elemento central de células epiteloides y células gigantes, estar rodeado de una corona de linfocitos. Cuando el proceso progresa durante un cierto tiempo, pueden aparecer fibroblastos con formación de tejido conectivo.

Esta inflamación granulomatosa es la base de las reacciones a cuerpo extraño que encontramos en patología forense de forma frecuente en los toxicómanos, tanto en los trayectos de inyección como en los órganos internos, básicamente en el bazo y los pulmones.

También esta inflamación es característica de procesos infecciosos de larga evolución como la tuberculosis, la sarcoidosis, la brucelosis o la la sífilis

Reparación de lesiones
Reparación de la hemorragia: la coagulación.

Cuando una lesión afecta los vasos sanguíneos y se produce una hemorrgia, se ponen en marcha una serie de mecanismos de protección para limitar y, si es posible, parar esta hemorragia, esto es el proceso que se conoce como hemostasia o coagulación de la sangre.

La primera fase de la hemostasia es la contracción vascular. Tras una lesión, los vasos afectado sufren una especie de espasmo, de poca duración pero que limita el daño. esta reacción es propia de arterias muy pequeñas, las llamadas arteriolas, ya que las arterias medianas o grandes no tienen tanta capa muscular en su pared para poderse cerrar ni brevemente.

La lesión del vaso pone al descubierto capas profundas de la pared del mismo y con estas capas reaccionan inmediatamente las plaquetas, estas plaquetas que se adhieren al punto de lesión se modifican atrayendo mas plaquetas, formando el llamado tapón plaquetario que puede extenderse en segudno y llegar a cerrar el vaso sanguíneo.

El tapón plaquetario ni es muy resistente ni persistente, sirve para tapar de urgencia el vaso sanguíneo lesionado pero no mucho tiempo. Por eso se debe formar el llamado tapón secundario, que ya es una red formada por proteinas que se activan por la existencia del sangrado.

La principal proteína que va a formar esta red es la fibrina y su puesta en actividad es una cadena de cambios bioquímicos en proteínas del plasma llamadas factores de coagulación. El proceso que se va a producir se llama cascada de la coagulación.

En resumen, con fines de estudio podemos definir tres fases o pasos en el mecanismo de la coagulación:

1. fase vascular. Ante la existencia de una pérdida de sangre, los vasos sanguíneos, al menos los que tienen capa muscular, hacen una contracción de escasa duración para reducir el área de sangrado.
2. fase plaquetaria. Estimuladas por el contacto con capas del vaso o del tejido diferentes al endotelio o recubrimiento interno vascular, las plaquetas se adhieren formando una masa a la que llamamos trombo primario o trombo plaquetario,
3. fase plasmática. Las plaquetas que han formado este primer trombo, liberan sustancias químicas que provocan el paso de proteínas del plasma, concretamente el fibrinógeno, a fibrina. La fibrina es una proteína que forma filamentos que se unen formando redes. En estas redes quedan fijadas las plaquetas y atrapan glóbulos rojos e incluso leucocitos, formando el trombo definitivo, mucho mas resistente que el trombo plaquetario.

La parte negativa de los mecanismos de coagulación es cuando se ponen en marcha en el interior de un vaso sanguíneo sin que haya una hemorrágia sino desatados por un estímulo patológico.

Por ejemplo una placa de arterioclerosis o por una inflamación de la pared del vaso. En este caso se llama trombosis, que bloqueará la circulación de la sangre en el lugar donde se forma o saldrá arrastrado por la corriente sanguínea para impactar en un vaso mas estrecho, situación que se conoce como embolia.

Reparación del tejido y cicatrización.

Cuando existe una lesión en el organismo, además de los fenómenos de inflamación, se ponen en marcha los fenómenos que tienen como finalidad la reparación de la herida. Los fenómenos de reparación de los tejidos podemos dividirlos en dos grandes tipos

- fenómenos de sustitución por células del mismo tipo. Lo que muchas veces en el medio forense se denomina como restitución integral.
- fenómenos de sustitución por células o tejido conectivo, proceso que conocemos como formación de una cicatriz.
- por una combinación de estos dos procesos que es lo mas frecuente.

El elemento clave para determinar el tipo de fenómenos de reparación que van a ponerse en marcha es la conservación o no de la membrana basal sobre la que asientan las células lesionadas:

- si permanece la membrana basal se producirá reparación por las células del mismo tejido
- la ausencia de la misma determina la reparación mediante tejido conectivo.

Esto es lo que nos explica fenómenos como la diferencia que veremos entre las contusiones llamadas erosiones y excoriaciones y el porqué en las primeras no existe cicatriz, en tanto que las segundas dejan una cicatriz.

Los fenómenos de lesión y muerte celular ponen en marcha la proliferación celular en los tejidos. Esta proliferación celular se inicia por la estimulación de las células sanas perilesionales (periféricas a la lesión) por un factor de crecimiento celular.

Un factor de crecimiento celular es una sustancia química, normalmente una proteina, que se pone en contacto con células sanas y las induce a dividirse, generando nuevas células.

De estos factores está descrita la existencia de

- un factor de crecimiento epidérmico,
- de un factor de crecimiento liberado por las plaquetas por los leucocitos, celulas de músculo liso y células endoteliales y que causa la migración y proliferación de fibroblastos, celulas de músculo liso y monocitos,
- de un factor o varios factores de crecimiento del fibroblasto
- No se conoce exactamente la función de estos factores aislados en el individuo vivo, se trata de sustancias detectadas en laboratorio y que han probado su actividad en medios de cultivo.

La cara sombría de la cicatrización.

Como hemos visto, la cicatrización es un proceso beneficioso, es la forma de reparar las estructuras del organismo, pero existen muchas patologías en las que es la cicatrización la que termina lesionando y perjudicando al individuo.

Por ejemplo la cirrosis hepática, comienza con un proceso, por ejemplo un virus, que lesiona las células del hígado. Estas células mueren, se produce una cicatrización y se generan nuevas células. Pero al continuar el proceso se va a producir cada vez mas cicatrización, por lo que llega un punto en que es inútil regenerar células porque estas quedan aisladas por las bandas de cicatriz y el paciente terminará en insuficiencia hepática.

La respuesta corporal a la agresión. Síndrome inflamatorio sistemico

Cuando se produce una lesión de cierta entidad en una persona no solamente hay una reacción local a la lesión. Sino que se desatan un conjunto de reacciones, mas o menos extensas que afectan a todo el funcionamiento corporal, es lo que se llama respuesta global a la lesión o respuesta general.

Igual que sucede en la respuesta local, la respuesta general a la agresión es un mecanismo de protección, defiende al organismo, pero en el contexto de un sujeto con lesiones graves, esta respuesta general puede provocar mas perjuicio que beneficio y llegar a ser un proceso perjudicial y agresivo sobre el sujeto.

Así pues, en el estudio de la gravedad y evolución de una herida deben contemplarse los siguientes factores:

- La gravedad local de la herida.
- La fisiopatología que provoca la lesión.
- Los fenómenos de respuesta general a la agresión
- El estado de salud anterior.

Todos y cada uno de ellos deben ser valorados en la autopsia, pues en mayor o menor medida van a influir en el proceso de la muerte.

El vehículo de la respuesta sistémica está vinculado a dos sistemas corporales: los mediadores inflamatorios y las hormonas. En el contexto de la patología forense sobre todo lo que nos interesa son los fenómenos que suceden en las primeras horas, ya que la mayoría de casos que llegan a la autopsia medico-legal fallecen en las primeras 24 horas tras recibir las lesiones.

Una lesión importante de tejidos como la provocada por un politraumatismo o un proyectil de alta energía va a provocar la emisión de un gran volumen de mediadores inflamatorios. Esto va a provocar toda una cascada de consecuencias que se inicia con la salida a sangre de una gran cantidad de leucocitos y que dará lugar a diferentes fenómenos como la fiebre o la redistribución de los líquidos, el hierro y otros elementos en el organismo.

Una cuestión practica

> — *En todo lesionado de entidad hay un aumento de la temperatura corporal. La fiebre no es solamente propia de la infección sino de la lesión importante. En todo cadáver que haya sufrido lesiones severas y no haya muerto de forma inmediata hay que tener en cuenta un factor de corrección de la temperatura corporal a la hora de establecer la hora de la muerte.*

La primera reacción orgánica es llamada catabólica, porque lo que hace es poner en marcha un proceso acelerado de destrucción de tejidos. El metabolismo está muy aumentado.

La respuesta hormonal es en gran medida fundamental. Las primeras hormonas en aumentar en el herido son la adrenalina y la noradrenalina, las llamadas hormonas del estrés. El estado de ansiedad del herido es solamente un factor mas en el cuadro, porque la hipersecreción responde a muchos mecanismos como la pérdida de sangre y los mismos mediadores de la inflamación.

La noradrenalina sobre todo, junto con las demás hormonas adrenérgicas (adrenalina, dopamina etc) va a provocar un aumento de la frecuencia cardíaca, el corazón late más rápido y bombea mas sangre, también va a provocar que se contraigan las arterias, con lo que aumenta la presión arterial, aumenta el metabolismo (consumo de oxígeno etc) y aumenta la frecuencia respiratoria

El estímulo más potente para la estimulación de las hormonas adrenérgicas es la hipotensión arterial. Y al aumentar el trabajo cardíaco y la presión arterial van a compensar este estado.

Pero imaginemos que la víctima tiene una lesión cardíaca, como una placa de aterosclerosis importante en una coronaria. En este caso, el mecanismo de compensación de aumentar el ritmo y la potencia cardíaca puede fácilmente precipitar un infarto.

De la misma manera, el aumento de la presión arterial mejora la irrigación sanguínea del cerebro o del corazón, con lo que preserva al sujeto. Pero si la víctima está sangrando por una herida abierta, sucede que este aumento de presión con aumento de bombeo cardíaco, lo que va a hacer es incrementar la velocidad de pérdida de sangre.

Estos dos ejemplos nos sirven para entender el tipo de situaciones en las que la respuesta sistémica puede convertirse en perjudicial para el herido.

Otros efectos propios de la respuesta aguda mediada por catecolaminas es que estas aumentan de forma muy importante el consumo de glucosa por la musculatura y son potentes inhibidoras de la insulina. Como resultado, el balance plasmático de azúcares, grasas y proteínas va a estar muy alterado.

A medida que pasan las horas después de la lesión, se producen adaptaciones de otras hormonas como las hormonas tiroideas, el cortisol o la hormona antidiurética.

Pero en resumidas cuentas, como idea fundamental en el lesionado crítico es que en su respuesta general inmediata se producen los siguientes problemas:

1. Volemia: hay pérdida más o menos importante de sangre, de plasma o de ambos. Los mecanismos de compensación cardiovasculares son protectores pero pueden derivar a un fallo cataclísmico.
2. El hipermetabolismo: El herido entra en un consumo energético muy acelerado. Como suele estar pobremente oxigenado va a estar en metabolismo anaerobio y el resultado es el acumulo de acido láctico.
3. Hay una cierta resistencia a la insulina y se acumulan en sangre glucosa y ácidos grasos, lo cual es potencial generador de complicaciones severas.

CAPITULO 10

LESIONES VITALES Y POSTMORTALES: DIAGNÓSTICO DIFERENCIAL

Para diagnosticar si una lesión se ha producido en vida o despues de la muerte, tenemos que buscar en la lesión la evidencia de algún fenómeno que solamente se produzca en vida.

La totalidad de pruebas que se realizan para determinar si una herida es vital o postmortem se fundamentan en la búsqueda de reacción vital. El diagnóstico de herida postmortem se basa en la ausencia de signos de vitalidad.

En la mayoría de pruebas que se realizan para determinar la vitalidad de lesiones hay tres procesos subyacentes: la inflamación, la hemorragia y la coagulación de la sangre.

En los tres casos lo que subyace es la existencia de circulación sanguíena. Si no hay circulación de la sangre, no se producen estos fenómenos.

En el caso de la hemorragia es evidente, el sangrado necesita un flujo de sangre, si no hay circulación o no hay presión en los vasos, no se va a producir sangrado.

En la inflamación, la primera respuesta es la respuesta vascular, para que se produzca la liberación de mediadores de la inflamación y lleguen a la lesión los elementos que forman la respuesta inflamatoria, tiene que ha¡ber circulación sanguínea.

Igualmente, para formarse un coágulo de sangre, y que se forme una masa de plaquetas, con una red de proteinas y glóbulos rojos, tiene que haber flujo de sangre. la sangre seca, o la sangre en el cadaver forma grumos, llega a formar masas pero no se trata de trombos organizados.

El estudio de vitalidad de una lesión en algunas ocasiones es evidente. hay lesiones como los hematomas en los que los signos de vitalidad pueden ser observados ya en la sala de autopsias, pero hay que tener cuidado con la idea de que este es un diagnóstico evidente. Hay mas casos en los que se deben practicar pruebas de confirmación de vitalidad que casos en los que pueda afirmarse la vitalidad de una lesión con un exámen de la herida, por cuidadoso que sea.

LAS LESIONES PERIMORTALES

La muerte desde el punto de vista médico no es un momento concreto sino un proceso. Inicio en una noxa causal y final en muerte absoluta con cese de toda actividad fisiológica. En medio paro cardiorrespiratorio irreversible y muerte.

Esto implica que, para estudiar la vitalidad o el grado de vitalidad que tenía el cuerpo al recibir una lesión, podemos clasificar el estado del mismo en cuatro periodos o cuatro estados.

1. *Lesión vital*: estan presentes todos los signos de reacción general del organismo y de reacción vital de los tejidos.
2. *Lesión agónica*: encontramos los mismos signos funcionales y vitales pero estan antenuados.
3. *Lesión post-mortal precoz*: hay una ausencia de signos derivados de las constantes vitales pero todavía se aprecian algunos signos de reacción microscópica.
4. *Lesión post-mortal tardía*: ha desaparecido toda reacción vital del organismo.

La dificultad en medicina forense se plantea en las lesiones que se produzcan entre los períodos agónicos y post-mortal precoz, es el llamado período de incertidumbre.

El periodo de incertidumbre, cuando fue definido en el siglo XIX, abarcaba hasta varias horas de incerteza. En la actualidad hay algunos datos que permiten una cierta precisión técnica pero los resultados son bastante irregulares. Hay casos en los que se puede hacer un diagnóstico bastante efectivo pero aparecen muchos casos en los que no hay pruebas muy concluyentes.

Esto implica que no hay una gran dificultad en establecer si algunas lesiones han sido producidas antes o después de la muerte. Donde hay una dificultad muy importante es en diagnosticar el orden en que se han producido lesiones múltiples.

Estudio de vitalidad de lesiones.

Como hemos dicho al principio, la diferenciación entre una herida producida en vida o después de la muerte se realiza mediante el estudio de una serie de fenómenos de diferente naturaleza que se basan en dos grandes fenómenos vitales que son

— los fenómenos hemodinámicos (hemorragia edema)
— la *hemostasia o coagulación* de la sangre y
— los *fenómenos de la inflamación*.

Observación de las lesiones a simple vista (macroscopia).

Si estudiamos cualquier herida (por ejemplo una herida contusa), como características vitales, encontraremos:

Los márgenes separados y engrosados con aumento de consistencia, y el tejido celular subcutáneo (la capa de grasa que se sitúa debajo de la piel) es prominente. Si los márgenes o el centro de una lesión está engrosado y mas consistente que la piel que la envuelve, lo mas probable es que haya edema.

Puede apreciarse además que hay zonas de hemorragia en las que la sangre ha infiltrado (teñido) los tejidos periféricos a la lesión. En el caso de las contusiones es precisamente la sangre que tiñe el tejido lo que mas llama la atención.

Coagulación.

Una coagulación vital se trata de un proceso completo, en el que se forma una red de fibrina muy bien organizada, siendo un proceso muy rápido. No obstante hay que hacer un diagnóstico diferencial con los grumos de sangre desecada postmortem.

En los fenómenos propios de la hemostasia se nos enseña que la sangre del cadáver no coagula. Esto es producto del hecho de que la ausencia de circulación sanguínea a partir del momento en el cual se produce la parada cardiorrespiratoria irreversible impide la afluencia de plaquetas y de factores de coagulación que darían lugar a la formación de coágulos.

A este factor de carácter hemodinámico se une un factor de funcionalismo bioquímico y es que la acidosis sanguínea que acompaña al proceso de la muerte, dificulta la activación en cadena de los factores de la coagulación y favorece la acción fibrinolítica.[15]

Este mismo principio es aplicable al concepto de hemorragia.

En el cadáver no se produce sangrado activo, es decir que no se produce salida de sangre a presión de los vasos lesionados tras la parada cardiaca irreversible.

No obstante, hemos de tener en cuenta que sí que se produce la salida pasiva de sangre de los vasos cuando la rotura o sección se produce en un vaso que queda en declive, con lo cual la sangre se va a extravasar de forma pasiva en un "sangrado" que va a estar provocado por la misma fuerza de la gravedad.

Es pues mejor índice de vitalidad la existencia de infiltrados hemorrágicos en la herida que la existencia o no de sangrado en el levantamiento del cadáver.

Otra cosa diferente es la forma que tengan las manchas de sangre. SI las manchas forman regueros de gotas en forma de salpicadura, entonces son propios del sangrado de una arteria cuando se corta y eso es totalmente vital. Una cosa distinta es cuando lo que se aprecia son charcos de sangre o gotas grandes en caida libre, que pueden ser tanto vitales como postmortales.

Definimos en el capítulo dedicado al estudio de la violencia contusa que los infiltrados son impregnaciones de sangre que es introducida a presión entre las capas de tejidos cuando se produce de una u otra forma la rotura de un vaso. La presión con la que la sangre infiltra el tejido es propiamente la presión que le imprime la circulación sanguínea. Estos implica que si no existe presión sanguínea no puede haber infiltrados hemorrágicos.

Este principio puede presentar dos problemas de interpretación. En primer lugar presenta el problema de las contusiones postmortales en los puntos declives que nos lleva, por extensión, al problema del diagnóstico diferencial entre las contusiones y las hipóstasis viscerales o las lividices.

---

[15] Fibrinolisis es la actividad del plasma que le permite deshacer los coágulos o trombos. La fibrinolisis es un proceso mucho mas pasivo que la trombosis y por tanto se mantiene parcialmente activa en el plasma del cadáver durante las primeras horas.

Por lo que se refiere a este diagnóstico, hemos de valorar que el infiltrado vital, que se produce como consecuencia de la lesión de vasos en el sujeto vivo es un infiltrado en el cual ademas de los globulos rojos hay otros elementos de la sangre como glóbulos blancos de diferente tipo.

En una lesión en la que solamente se ven al microscopio gran cantidad de glóbulos rojos "rellenando" el tejido es muy probable que se trate de un fenómeno postmortal.

En términos generales las hipostasis y livideces se revelan como congestiones muy importantes de la microcirculación y cuando están fijadas los tejidos pueden quedar teñidos por la hemoglobina o por sus productos de degradación.

En cualquier caso en los tejidos incluidos en las livideces, o bién no vamos a apreciar extravasación sanguínea fuera de la microcirculación, con lo cual el infiltrado del tejido no es más que una apariencia macroscópica, o bien la tinción del tejido va a ser un artefacto de color sin que se puedan apreciar células sanguíneas infiltrando el intersticio de los tejidos.

El segundo elemento que hemos de considerar en lo que se refiere al estudio de los infiltrados es que en las heridas limpias por arma blanca en las cuales la disección de tejidos no implica desgarros periféricos, no se produce infiltrado apreciable de la lesión por cuanto las células sanguíneas salen y se expanden por la apretura de los tejidos.

En un corte la sangre cae al exterior, raramente penetra en el tejido que rodea la herida.

En este caso la evaluación de la vitalidad de la lesión deberá llevarse a cabo mediante otras pruebas diferentes de las de la infiltración hemorrágica perilesional.

Retracción de los tejidos.

La llamada retracción de los tejidos consiste en el fenómeno de que el tejido lesionado se acorta en sus márgenes y produce un aspecto de tirantez. Esta retracción puede ser secundaria a varios factores, pero en realidad es una imágen mas que una autentica retracción.

Cuando se produce una lesión vital, hemos visto que el edema es la primera fase del proceso inflamatorio de respuesta. Este edema produce que se hinche el tejido lesionado y periferia con lo que los margenes de la herida quedan a tensión y se retraen.

Elementos fuera de toda duda.

La aparición de algunos fenómenos biológicos en una herida debe ser considerdo como un elemento fuera de toda duda. Lo que sucede es que son procesos que requieren de bastante tiempo para que aparezcan y son apreciados pocas veces.

Los fenómenos más típicos de estos son la cicatrización y la sobreinfeccion de una herida.

La cicatrización es un fenómeno largo de instauración, pero cuando está presente en una herida es indiscutible su vitalidad.

Menos tiempo necesita la aparición de la sobreinfección de la herida. Cuando una herida supura es porque se ha infectado y los tejidos se infectan en vida. Tras la muerte se produce la putrefacción pero no la infección.

Si no hay llegada masiva de glóbulos blancos para combatir una infección no hay formación de pus. Por tanto la formación de pus o exudado es un signo claro de lesión vital.

Determinación de vitalidad en base a funciones vitales

En ocasiones la apreciación de vitalidad en unas lesiones o en hallazgos de autopsia, no está estrictamente vinculada a los fenómenos de trombosis, inflamación o hemorragia, sino que la vitalidad se deduce del hecho de que para producirse lo que vemos es necesario el funcionamiento activo de un aparato orgánico como es el caso de la respiración o la digestión.

Fenómenos vinculados a la función Respiratoria.

La presencia de sustancias externas en el arbol respiratorio, y sobre todo en sus últimos tramos (mas allá de la segunda división bronquial), como por ejemplo: agua, alimentos, arena, cenizas, indica claramente que dicha sustancia se introdujeron porque fueron inspiradas y por los tanto vitales.

En el cadáver es frecuente que el contenido gástrico o contenidos del exterior entren en la traquea y bronquios principales. Pero en las ramas periféricas de los bronquios dentro de los pulmones no debe penetrar ninguna sustáncia salvo que haya entrado en vida.

Las mismas consideraciones hemos de realizar en el caso de encontrar gases en sangre como puede ser carboxihemoglobina en el caso de un incendio. En este supuesto, implica que la presencia de monóxido de carbono en sangre ha sido debido a la respiración del sujeto en un ambiente, en este caso un incendio, con exceso de producción y por lo tanto indica una reacción vital.

Fenómenos vinculados a la función Cardiovascular.

El hallazgo de un embolismo indica que éste es vital puesto que para que se produjese fue necesario que la sangre circulase y arrastrase el émbolo.

Fenómenos vinculados a la función Digestiva.

Igual que en la via respiratoria, en el cadáver es frecuente que penetren elementos del medio en la boca y esófago. Es mas raro en el estómago, donde tienen que darse las condiciones adecuadas para que penetren materiales y cuando llegan a intestino delgado es un signos de vitalidad. Encontrar alimentos o cualquier otra sustancia después de la primera porción del duodeno es otro signo de vitalidad.

Por ejemplo en el hallazgo de fragmentos de pastillas en un tubo digestivo. Si aparecen restos de cápsulas o pastillas en esófago tanto puede ser qie la víctima haya vomitado durante la agonía como que se le hayan introducido posteriormente a la muerte, por ejemplo para disimular un suicidio. En cambio si los fragmentos están ya en el intestino delgado es muy difícil que se los hayan colocado.

La existencia de fragmentos de pastillas junto con la detección de los niveles de fármaco en sangre son los que nos van a dar el diagnóstico de que la intoxicación se produjo en vida.

PRUEBAS DE LABORATORIO

Hasta ahora hemos visto los tipos de observaciones que se realizan en la sala de autopsia. Pero en muchas ocasiones, de hecho en la mayoría, esto no es suficiente. Vamos a necesitar hacer pruebas en el laboratorio para poder determinar si la lesión es vital o no tiene signos de vitalidad.

Se pueden utilizar diferentes técnicas en el laboratorio, desde la analítica de sustancias hasta diversas técnicas de observación microscópica (histología). La finalidad de todas estas pruebas va a seguir siendo poner en evidencia si ha existido a o no inflamación, coagulación o hemorragia que demuestren la vitalidad de la herida.

Pruebas mediante la observación microscópica.

La observación al microscopio es la forma de prueba mas elemental y en muchas ocasiones más practica.

La demostración de una reacción inflamatoria es una prueba clara de vitalidad de una lesión y una demostración clara de reacción inflamatoria y que no necesita de un laboratorio potente ni de grandes conocimientos, es demostrar la aparición de leucocitos en el tejido de la herida.

Si han acudido los glóbulos blancos hay reacción inflamatoria y por tanto es vital Este hecho es la base de lo que se puede leer en alguna literatura medico legal como test de leucocitosis traumática. No se trata de nada especial, es simplemente una laminilla donde se aprecia la colonización por leucocitos del tejido dañado.

El término con que se describe (leucocitosis traumática), no debe inducir a error. No hay una reacción leucocitaria propia de los traumatismos, es simplemente una reacción inflamatoria común.

El problema de demostrar infiltrado por leucocitos es que tarda bastante tiempo en producirse. De dos a seis horas como promedio. Por esto es una prueba muy buena, pero de tipo elemental y que no va a servir para aquellos casos en los que se plantea una duda crítica, sobre si una herida es vital o postmortal.

En algunos textos de patología forense se hace referéncia a los cambios en los glóbulos rojos en una herida como elemento demostrativo de vitalidad.

El problema de las modificaciones de los glóbulos rojos como consecuencia de una reacción vital tiene varias vertientes: en primer lugar es un fenómeno poco estudiado, tanto en las formas que toman los hematíes como en el tiempo que tardan en modificar su forma. En segundo lugar, y mas importante, las modificaciones en los hematíes se van a producir igualmente como consecuencia de la autolisis y la putrefacción. Por este motivo, la modificación de los hematíes no es una técnica en uso.

Cambios en la Hemoglobina.

Cuando hay una hemorragia vital en los tejidos, se produce liberación de hemoglobina en los mismos. La hemoglobina, proteína transportadora del oxígeno, es una molécula bastante grande que, al salir del glóbulo rojo sufre una degradación.

Un signo inequívoco de proceso vital es que la hemoglobina en degradación es fagocitada (comida) por algunos tipos de glóbulos blancos, llamados macrófagos. La existencia de macrófagos cargados de productos de degradación de la hemoglobina es un signo bastante útil de lesión vital. El problema que plantea esta prueba es que la degradación y fagocitosis de la hemoglobina no es inmediata. Tarda unos 4 o 5 días.

Por esto la búsqueda de pruebas de la fagocitosis de hemoglobina no es útil para lesiones muy cercanas a la muerte. De hecho es mas útil para buscar traumatismos crónicos o relativamente antiguos.

Cambios en la Trama Capilar.

Entre los fenómenos que se describen en la reacción inflamatoria, son clásicos los cambios en la trama capilar. Esto significa que en un tejido en proceso de inflamación hay una serie de modificaciones en los capilares (en la trama de la microcirculación).

En estos cambios se incluyen microtrombosis de los vasos lesionados O la aparición de pequeñas prolongaciones laterales en los vasos que se denominan yemas.

La adaptación vascular al traumatismo es bastante rápida, aunque tarda de dos a tres horas en producirse.

Alteraciones del Tejido Conjuntivo.

Las lesiones vitales se caracterizan por modificaciones de la trama conjuntivo-elástica, son difíciles de evidenciar y además existe el problema de que da muchos falsos positivos.

Necrosis de los bordes de la herida. Unos autores dicen que es una propiedad de los tejidos vivos y otros argumentan que también se produce por la deshidratación de los tejidos en el cadáver.

Histoquímico.

La histoquímica consiste en una observación microscópica covencional pero en la que para observar un tejido lo teñimos con un colorante que específicamente reacciona con la sustáncia o molécula que queremos observar.

La histoquímica es todo un campo con multitud de técnicas. De forma grosera diremos que hay varios tipos de colorantes selectivos, de los que vamos a destacar tres:

- Colorantes por afinidad química. Se trata de colorantes que solamente quedan fijados (y por tanto tiñen el tejido) con un tipo de molécula concreta con la cual tienen una reacción química específica.
- Una forma especial de esta afinidad química se utiliza para detectar enzimas. Las enzimas son proteinas que inducen y aceleran reacciones químicas. El problema entonces es utilizar algun tipo de sustáncia que interaccion químicamente con la enzima que buscamos y, si se produce esta reaccion cambie de color, tiñendo el tejido.

Esta forma de afinidad química es lo que se llama metodo enzimohistoquímico

- Colorantes unidos a anticuerpos. Esta es una técnica que consiste en unir una molécula de colorante a un anticuerpo específico contra la molécula que queremos evidenciar. Si la molécula está en el tejido, el anticuerpo se fijará en ella y el tejido se tiñe. En cambio si no está presente, el anticuerpo no se fija y no hay tinción del tejido.

Esta forma de interacción es muy específica y bastante segura, por lo que tiene un uso muy extendido en patología y la técnica recibe el nombre de Inmunohistoquimia.

Métodos Enzimohistoquímicos.

Cuando hay una lesión y una respuesta inflamatoria se libran al exterior de las células una gran cantidda de enzimas que sirven como mediadores y moduladores del proceso inflamatorio. Donde hay reacción inflamatoria habrá un aumento de estas sustánciasen relación con un tejido que no esté inflamado. Y por contra, en un tejido muerto (necrosis), hay menos cantidda que en el tejido normal.

De esta forma, en una lesión vital esperaríamos encontrar dos tipos de zonas o focos en la observación microscópica: En el centro de la lesión o en los puntos donde el tejido haya entrado en necrosis como consecuencia de la lesión debe haber una disminución de la actividad de enzimas.

En cambio, en la periferia del tejido directamente afectado por la lesión es donde se gestará e iniciará la respuesta inflamatoria, por eso en una lesión vital hay una zona generalmente periférica a la lesión donde aumenta significativamente la actividad de enzimas, es decir la intensidad de reacción química y por tanto de coloración que vemos al microscopio.

Hay una gran cantidad de enzimas que intervienen en estos procesos y por tanto susceptibles de ser utilizadas para su detección como fosfasa ácida, fosfatasa alacalina, arilaminopeptidas, esterasa, adenosintrifosfatasa. Otras sustancias no exactamente enzimáticas pero también involucradas en el proceso inflamatorio tienen una utilidad semejante como los acidos glicosaminoglicanos y algunos mucopolisacáridos.

En nuestro objetivo de estudio, lo relevante es que, independientemente de la determinación que pueda ser más factible se pueda determinar:

- que hay una zona de tejido con una gran hiperactividad enzimática y bioquímica vinculada al inicio de la inflamación.
- que hay una zona de la lesión en la cual se ha producido el daño celular mas extenso en la que, por contra, hay una práctica inactividad enzimática.
- y finalemnte, siempre contar con un tejido testigo, no lesionado, el cual pueda servir de comparación o medida de lo que puede considerarse una actividad o tinción normal.

Aunque estos métodos de identificación de actividad enzimática pueden ser extremadamente útiles, deben conocerse y aplicarse correctamente y con todo seguirán presentando márgenes de error o periodos perimortales en los cuales el resultado es equívoco o poco demostrativo.

Métodos Bioquímicos.

Dentro de la misma línea, es decir la demostración de actividad inflamatoria en la herida. Otra opcion consiste en el análisis bioquímico del tejido.

La analítica, para la cual se destruye el tejido, tiene la desventaja de que no permite observar la distribución de las sustáncias en la estructura del tejido, pero permite buscar muchas mas sustáncias (marcadores) y en muchas ocasiones permite su cuantificación, medir su cantidad.

Las principales sustánias que se pueden buscar en un tejido son:

Las llamadas Aminas vasoactivas: **Histamina** y **Serotonina**. La histamina es responsable del inicio de los cambios vasculares de la inflamación. La serotonina, por su parte, se ha demostrado presente en exudados inflamatorios precoces.

En gran número de lesiones ambos tipos de aminas se liberan conjuntamente, de especial forma en las primeras fases del período postraumático.

Las catecolaminas: **noradrenalina**. Aunque la noradrenalina no se analiza en el sentido clásico sino que se determina su presencia por inmunofluorescencia.

Las Enzimas. Pueden ser múltiples, y generalmente se estudian mediante histoquímica pero algunas como la **catapepsina D** puede ser útil, es bastante precoz y tiene una moderada resistencia a la autolisis. El principal problema que plantea es que es un enzima activada por la acidosis del tejdio lesionado y no deja de ser una medida indirecta que debe ser valorada con sumo cuidado.

Las llamadas Prostaglandinas. Son mediadores de la reacción inflamatoria, y con efectos vasodilatadores y moduladores de otros muchos mediadores de dicha reacción.

Independientemente de la sustancia o sustáncias a determinar, siempre debemos centrarnos en la esencia del problema:

— Debe ser una determinación segura (que estemos viendo o midiendo exactamente la sustáncia que queremos ver)
— Que se trate de una sustancia que solamente se eleve o se produzca en lesiones vitales o como reacción a las mismas.
— Que no se modifique sustancialmente con la descomposición del cadaver o al menos con las primeras fases de autolisis.

Capitulo 11

LA SEMIOLOGIA DEL CADÁVER.

La semiologia cadaverica

A partir del momento en que se produce la parada cardiocirculatoria comienza el proceso de muerte en el organismo.

Este proceso se caracteriza porque deja de haber un equilibrio homeostático, ya no hay actividad para sostener las estructuras de los tejidos y órganos, convirtiéndose en un proceso dinámico que culmina con la destrucción del organismo.

En este proceso dinámico se producen una serie de fenómenos conjuntamente, pero que para su estudio diferenciamos según la etiología que los sustenta.

Hablamos de fenómenos cadavéricos cuando se trata de fenómenos de origen físico-químico por influencia del medio ambiente que rodea al organismo.

La autolisis es el proceso de destrucción orgánica de origen bioquímico causado por las enzimas de las células y otras enzimas digestivas.

La putrefacción es el proceso de degradación de la materia orgánica causado por la acción de colonias bacterianas.

Finalmente los fenómenos de conservación naturales consisten en modificaciones enlentecedoras o bloqueadoras del proceso de descomposición generadas por circunstancias ambientales.

La conservación artificial del cadáver consiste en la intervención externa mediante técnicas que retardan, paralizan o condicionan la aparición y desarrollo del proceso de destrucción del cadáver.

Los fenómenos cadavericos

Se denominan fenómenos cadavéricos a todos aquellos signos objetivables que aparecen en el cadáver como consecuencia de la interacción de este con el medio que lo rodea tras haber cesado las funciones vitales.

El objetivo de los procesos de homeostasis biológica consiste en el mantenimiento de unas constantes físico-químicas en el organismo humano. Con el proceso de la muerte, el organismo deja de mantener estas constantes, pasando a ser influenciado por los elementos del medio ambiente, con lo que se homogeneiza con el exterior, así la temperatura tiende a igualarse, se produce la pérdida de agua por evaporación, las estructuras dinámicas como la sangre pasan a depender directamente de la acción gravitatoria y aparecen signos de base química como la rigidez del cadáver a nivel muscular.

Los datos referentes a los fenómenos cadavéricos tienen una doble utilidad. Por un lado nos informan sobre el estado de conservación del cadáver, lo cual va a ser un guión que nos permita interpretar los hallazgos patológicos o morfológicos que se encuentran a lo largo de toda la autopsia.

Por otro lado, las características de algunos fenómenos cadavéricos tienen una utilidad en cuanto a elementos patológicos que pueden orientar la causa o circunstancias de la muerte.

Tipos de fenómenos cadavericos

Los principales fenómenos cadavéricos son:

- El enfriamiento—por interacción con la temperatura ambiental.
- La deshidratación por interacción con la humedad ambiental.
- Las lividences por efecto de la fuerza de la gravedad sobre la sangre.
- Las hipóstasis viscerales, que tienen la misma naturaleza que las lividences.
- La rigidez y el espasmo cadavéricos, de causas no completamente aclaradas.
- La acidificación por falta de oxígeno en los tejidos.

Los dos últimos se incluyen en los fenómenos cadavéricos académicamente., ya que, estrictamente hablando, no podemos establecer que se trate de fenómenos provocados por la interacción directa del cadáver con el medio.

El enfriamiento

Concepto

Consiste en el descenso de la temperatura corporal desde el momento en que se inicia la muerte hasta equilibrarse con la temperatura ambiental.

Este proceso se inicia en la superficie corporal, que es el punto donde se pierde el calor hacia el exterior y progresa hacia el interior del organismo. En este sentido el cuerpo humano se comporta de forma ideal como un cilindro. Por lo tanto las regiones más internas del cuerpo siguen un enfriamiento más homogéneo.

De ahí la importancia de su medición en cavidades como la rectal o intraabdominal (temperatura hepática) y no en la superficie del cuerpo.

Este fenómeno de enfriamiento no sigue una grafica en línea recta, es decir que no se trata de una pérdida gradual y homogénea de temperatura, sino que sigue un patrón que se describe como de S itálica invertida. En las primeras horas la pérdida es muy lenta, produciendose una meseta en la curva llamada periodo de equilibrio térmico. Posteriormente la pérdida de calor se acelera siguiendo una línea descendente y finalmente vuelve a horizontalizarse hasta llegar a igualarse con la temperatura ambiental.

La isotermia se produce entre las doce y las 24 horas postmortem, dependiendo de múltiples factores : la causa de la muerte, factores individuales y factores ambientales.

Factores modificadores.

La influencia de la causa de la muerte en el enfriamiento la vemos en multitud de casos: Las enfermedades crónicas o caquectizantes, las hemorragias, las intoxicaciones por fósforo, arsénico, alcohol, muertes por frío y grandes quemaduras aceleran el enfriamiento.

Por el contrario, en muchos casos de muerte súbita, enfermedades agudas, accidentes vasculares cerebrales, insolación, golpe de calor, sofocación, y tóxicos convulsivantes y enfermedades infecciosas se retarda.

La influencia de la constitución individual se manifiesta en datos como: Los obesos se enfrían más lentamente que los delgados. Los niños y ancianos más rápido que los adultos. Caquécticos más rápido que obesos. E incluso el estado digestivo, pues un cuerpo se enfría más rápido en ayunas que en el caso de haber ingerido una comida copiosa.

Finalmente, los factores ambientales que influencian el proceso del enfriamiento son, obviamente: La temperatura ambiental, el grado de humedad, y la ventilación. En ambientes cerrados la curva de temperatura va a ser diferente que si se encuentran al aire libre. Y es muy importante tener en cuenta los vestidos y ropas que tenía puestos el cadáver como factor conservador de la temperatura cadavérica.

Utilidad medico forense

La utilidad medico-forense del enfriamiento consiste en que este fenómeno ayuda a la valoración de dos diagnósticos:

En primer lugar, el diagnóstico de muerte, por debajo de 20 grados de temperatura corporal es incompatible con la vida y el diagnóstico de la hora de la muerte o cronotanatodiagnóstico.

Las lividezes

Concepto y evolución.

Con el cese de la circulación sanguínea, la sangre queda estabilizada en los vasos, descendiendo hacia los segmentos declives por efecto de la gravedad. Esto da lugar a la aparición de una coloración característica en las zonas no sometidas a presión, que se conoce con el nombre de lividezes cadavéricas.

Al inicio son manchas pequeñas de color rosado que se agrandan y oscurecen, confluyendo a lo largo del tiempo. Las lividezes una vez establecidas conservan su coloración hasta que es modificado por la putrefacción.

El color de las lividezes es variable entre el rojo claro y el azul oscuro, dependiendo de varios factores como la causa de la muerte:

En la intoxicación por monóxido de carbono y cianhídrico son rojo cereza, los venenos metahemoglobinizantes[16] pardo achocolatado. Las asfixias producen un color rojo oscuro y algunas sumersiones rojo claro. En las hemorragias y cadáveres expuestos a baja temperatura, así como en los recién nacidos es rosado claro.

La distribución de las lividences depende de la posición del cadáver, localizándose en las partes declives no sometidas a presión por lo que indican la posición en la que ha permanecido el cadáver.

Cuando un cadáver es movido de su posición original, se produce un cambio en la posición de las lividences, apareciendo el fenómeno de transposición de lividences.

Otra variación en la distribución son las denominadas lividences paradójicas, las cuales aparecen en regiones no declives, es decir no sometidas a la acción de la gravedad.

Esto es frecuente en causas de muerte que cursan con hipertensión del territorio de la cava superior como las asfixias o muertes cardiovasculares. En estos casos está congestonada la cara, el cuello y la parte superior del las clavículas. Esta imagen se llama cianosis en esclavina.

Utilidad practica de las lividences.

La importancia de las lividences viene dada por su utilidad en los siguientes diagnósticos: diagnóstico de muerte cierta, cronotanatodiagnóstico, posición del cadáver y orienta algunas causas de muerte para la posterior autopsia.

Las lividences comienzan a aparecer entre llos 45 minutos y una hora después de la muerte en forma de manchas rosadas que traducen la congestión de los vasos cutáneos de la zona.

Paulatinamente esta congestión pasiva, como hemos dicho producida por la misma gravedad, va aumentando, con lo que aumenta la extensión de ls manchas y se oscurece su color.

Durante las primeras doce horas si apretamos las lividences estas desaparecen, pues la sangre se encuentra pasivamente concentrada en los vasos.

---

[16] Metahemoglobinizante es una sustancia que modifica la estructura de la hemoglobina. Al cambiar la forma de la molécula provoca un cambio de color.

Después de unas 12 horas, la hemólisis de los hematíes ha producido ya un alto grado de liberación de hemoglobina, la cual es un pigmento que tiñe los endotelios vasculares y los tejidos. Por ello, tras las doce horas no desaparecen las lividences, sino que han quedado fijadas habiendo cambiado su naturaleza, ya no se trata de la imágen de un fenómeno de congestión, sino que pasa a ser un fenómeno de tinción.

Diagnostico diferencial

Es importante tener en cuenta que estas lividences deben diferenciarse de contusiones o lesiones violentas en algunas ocasiones.

Histología

Histológicamente las lividences se manifiestan por congestión y dilatación de los vasos sanguíneos. En ocasiones pueden crear imágenes que recuerden áreas de cambios inflamatorios, pero no hay edema en el tejido, no hay exudados, no hay fibrina, es decir que se trata meramente de la aglomeración de hematíes.

En ocasiones la aposición de sangre puede simular pequeñas hemorragias a las que llamamos víbices, las cuales no muestran ningún tipo de cambio reactivo ni precipitación de fibrina. En ocasiones, cuando se superpone una hipóstasis a un área vitalmente congestiva o hemorrágica puede ser muy difícil su diagnóstico.

El proceso de fijación de las lividences supone un proceso de deshidratación y lisis de los hematíes, con impregnación por la hemoglobina de los vasos y tejidos circundantes, lo cual puede plantear problemas de diagnóstico con la hemolisis vital.

Los componentes filamentosos del intestino pueden ser embebidos por la hemoglobina así como las células. epiteliales y musculares, en cambio, el tejido adiposo no se ve afectado.

En la sangre del cadáver el período post mortal inmediato comienzan a producirse fuertes cambios autolíticos, que comienzan por los granulocitos neutrófilos los cuales desaparecen en las primeras 24 horas. Los signos de autólisis y descomposición de las células de sangre periférica, médula ósea y tjs. linfáticos están sujetos a un orden cronológico bastante regular.

Existen algunos casos, como la sepsis o enfermedades de los leucocitos que pueden modificar éstas imágenes, pero es posible establecer diagnósticos de tiempo de sobrevivencia en muchos casos. Tras la degeneración de los neutrófilos, se produce la atrofia de la estructura linfática. Durante este tiempo se va produciendo la desintegración en un pewríodo de 96 a 108 horas post mortem.

La fragilidad de los eritrocitos se incrementa considerablemente en poco tiempo después de la muerte, produciéndose la destrucción de las membranas eritrocitarias [17]en unos 4 días.

Hipostasis

Cuando la acumulación de sangre como consecuencia de la acción de la gravedad se produce en las vísceras se denominan hipóstasis viscerales, que son lo mismo que las livideces cadavéricas únicamente que se llaman livideces a las acumulaciones en piel e hipóstasis a las acumulaciones en una víscera.

En este caso es importante no confundirlas con fenómenos de congestión o hiperemia y con fenómenos de violencia contusa.

Las hipóstasis viscerales tienen la utilidad en la autopsia de que dependiendo de su volumen y de su intensidad nos dan una imagen de la cantidad de sangre contenida en la víscera en el momento de producirse la parada circulatoria, es decir en el momento de la muerte.

Por ello, las hipostasis viscerales son imágenes útiles para la realización de algunos diagnósticos concretos como es el caso de la congestión visceral.

En las livideces del cadaver hay tres aspectos en que podemos fijar la atención y que son la extensión de las livideces, la coloración de las mismas y la intensidad de dicha coloración.

En ocasiones las hipostasis pueden crear imágenes que recuerden áreas de cambios inflamatorios o trombóticos y, en ocasiones deben diferenciarse de la hiperemia vital. En ocasiones la aposición de sangre puede simular pequeñas hemorragias a las que llamamos víbices, las cuales no muestran ningún tipo de cambio reactivo ni precipitación de fibrina. En ocasiones, cuando se superpone una hipóstasis a un área vitalmente congestiva o hemorrágica puede ser muy difícil su diagnóstico.

---

[17]   Los eritrocitos son los glóbulos rojos.

El proceso de fijación de las lividences supone un proceso de deshidratación y lisis de los hematíes, con impregnación por la hemoglobina de los vasos y tejidos circundantes. Los componentes filamentosos del intestino pueden ser embebidos por la hemoglobina así como las céls. epiteliales y musculares, en cambio, el tj. adiposo no se ve afectado.

La rigidez

Concepto y evolución.

La rigidez del cadaver consiste en una contracción paulatina y pasajera de las fibras musculares del cadaver.

El músculo en estado de rigidez muestra cambios propios de necrosis de coagulación, que es secundaria a la muerte por hipoxia de las grandes masas musculares. Posteriormente la continuidad de la autolisis cadavérica, con la aparición de vacuolización en las células musculares y el inicio de la putrefacción va a desaparecer el fenómeno.

La musculatura presenta una alta resistencia a la autolísis y putrefacción. Las primeras imágenes de la misma consisten en la aparición de un fino granulado sobre los filamentos de las miofibrillas que parece vinculado al fenómeno de la rigidez. En el momento de la desaparición de la rigidez se aprecia degranulación con desaparición de las estructuras fibrilares. A las 2 semanas postmortem el parénquima muscular se ha desintegrado quedando reconocible la estructura de soporte de tejido conectivo.

Por ello, incluimos la rigidez entre los fenómenos cadavéricos por continuidad con los criterios académicos, pero consideramos que se trata de un fenómeno más próximo a la autolisis que propiamente a un efecto del medio sobre el cadaver, que es lo que define a los fenómenos cadavéricos.

Algunos autores explican la rigidez por un mecanismo bioquímico de agotamiento del ATP, no obstante, nosotros hacemos una interpretación de este fenómeno en base al las observaciones de la histomorfologia muscular en diferentes estados de rigidez.

La rigidez tarda unas horas en aparecer, tiempo que se estima que es el que tarda en agotarse la reserva de ATP del músculo. En nuestra opinión, el plazo que tarda en aparecer la rigidez es el tiempo que tarda en instaurarse la muerte celular con necrosis por coagulación de las masas musculares

Posteriormente la rigidez desaparece con la desestructuración de las masas musculares por efectode la putrefacción.

La rigidez suele comenzar en la musculatura lisa, miocardio y diafragma, dando lugar a fenómenos como la dilatación pupilar, la contracción de vesículas seminales dando lugar a la emisión seminal postmortem.

La contracción diafragmática produce el llamado "sonido de la muerte" al producir la salida de aire por los pulmones. En el corazón la contracción dá lugar a la imágen de exanguineidad, fundamentalmente en ventrículo izquierdo. En el útero puede provocar la expulsión del contenido, que en la gestación se denomina parto postmortem.

En la musculatura estriada característicamente la rigidez comienza anivel de la articulación temporomandibular, siguiendo un trayecto descendente hasta la articulación tibiotarsiana. En su desaparición sigue la misma trayectoria siendo los músculos de los dedos los que más tiempo mantienen la rigidez. No obstante existen otros patrones de rigidez.

Variantes de rigidez.

Clasicamente se ha descrito la llamada Ley de Nysten o Ley de la Rigidez Cadvérica, que relaciona la intensidad y la duración de la rigidez con su momento de inicio. Así formula que la rigidez precoz es de intensidad escasa y de duración limitada mientras que la rigidez tardía es de notable intensidad y de duración prolongada.

No obstante existen circunstancias externas e internas que modifican dicha ley. Las excepciones son tantas que hay autores que consideran poco útil su aplicación.

Existen multiples variaciones en cuanto a la precocidad de instauración de la rigidez y la duración de la misma, las cuales atribuimos a la resistencia a la hipoxia de las masas musculares, la velocidad de instauración de dicha hipoxia, la acidosis mayor o menor producida por el proceso fisiopatológico terminal y otras circunstancias.

El interés práctico de la rigidez se centra en los siguientes diagnósticos: muerte real, cronotanatodiagnóstico y reconstrucción de circunstancias en que se produjo la muerte

Espasmo cadavérico:

Consiste en una contracción muscular que se produce de forma inmediata al momento de ocurrir la muerte. Se trata de un fenóemno muy poco frecuente.

Pueden existir espasmos generales, es decir que afecten a la totalidad del cuerpo, pero lo más frecuente es que se produzca el espasmo en un solo grupo muscular.

Su sustrato fisiopatológico no está aclarado, pero se le atribuye un origen diferente al de la rigidez del cadaver.

Se ha observado este fenómeno en muertes súbitas, procesos convulsivantes, lesiones traumáticas encefálicas, fulguración y hemorragias cerebrales. Algunos autores apuntan la observación de estos casos en sumersiones.

Su importancia medico-legal viene dada porque refleja la última actitud vital del fallecido, ayudando de esta manera a la reconstrucción de los hechos.

La deshidratación

La deshidratación del cadaver consiste en la pérdida de líquido orgánico por un proceso de evaporación hacia el medio.
La deshidratación se evidencia por fenómenos generales del organismo y fenómenos locales.

A nivel general hay una reducción de peso más importante en las primeras horas que después de un cierto tiempo. En el cadaver adulto se trata de un signo poco evidente, aunque en el caso de fetos y niños la deshidratación es un fenómeno importante.

A nivel local, la deshidratación se aprecia sobre la piel, con pérdida de elasticidad de la piel y desecación de las mucosas, produciendose apergaminamiento de las lesiones cutáneas. La desecación de las mucosas se produce en diferentes territorios omo es el caso de labios, glande y vulva, no debiendo confundirse esta imágen con lesiones de violencia.

Este es un tema capital en patologia forense. Cuando un cadaver está expuesto al aire libre o en una atmósfera que propicia la desecación, las mucosas de labios y muy frecuentemente genitales, se deshidratan. Pese a que es un fenómeno conocido y muy comentado en los textos de medicina forense, la confusión de tejidos deshidratadaos con lesiones es frecuente

En el caso de existir lesiones abiertas, es decir heridas, o bién arrancamientos de la capa superficial de la piel (erosiones, arañazos etc), la deshidratación es un potente revelador, las hace muy evidentes

Los cambios oculares son una manifestación específica y llamtiva de la desecación. Se aprecia pérdida de tono ocular con hundimiento. La pérdida de transparencia de la córnea, con formación de la llamada telilla albuminosa. La mancha negra esclerótica y la deformación pupilar.

La autolisis y la putrefacción
Autolisis: destrucción de las células por si mismas.

La autolisis es el proceso de lesión y destrucción masiva de células y tejidos del organismo provocados por sus propios mecanismos enzimáticos[18].

La autolisis en el cadáver es un proceso global de muerte celular similar al que se produce limitadamente en zonas isquémicas del vivo, proceso al que se suma la acción de enzimas contenidas en el tejido pero sin reacción inflamatoria lo cual es un elemento diferencial con los fenómenos de necrosis vital

Podríamos decir que la autolisis es el proceso de extensión de la muerte hasta llegar a todos los rincones del organismo.

Las células, al ir entrando en su proceso de muerte ya no pueden mantener sus orgánulos, no tienen energía para mantener su estructura. Por ello quedan libres las proteínas tipo enzimas, que hacen funciones de digestión celular, pero que van a digerir a la propia célula y al tejido circundante.

Fases de la autolisis:

En el proceso de la autolisis, como en la lesión celular, de definen una serie de fases

1. fase de alteración celular. Ya no hay o hay muy poco oxígeno ni nutrientes porque no hay circulación. Se altera una serie de estructuras como la

---

[18] Es decir, que las proteínas digestivas que tiene a célula para su funcionamiento, siguen activas tras la muerte y destruyen las propias estructuras de la célula

llamada bomba sodio—potasio que mantienen la estabilidad de las membranas celuares.

Se afectará la membrana de la célula y también la de todas las organelas.

Las mitocondrias, orgánulo respiratorio de la célula, van a perder función, agudizando el proceso de la muerte. Después entrarán en cascada todas las demas organelas y finalmente el núcleo de la célula.

2. fase tisular: Las enzimas salen al exterior junto con contenidos del interior de la célula, se produce entonces la destrucción de tejidos, los cambios afectan no solamente a células sino a la sustancia intercelular y los elementos extracelulares.

Alteraciones macroscópicas[19]:

Todos estos fenómenos que se producen en las células y el tejido se traducen en imágenes visibles macroscópicamente (a simple vista). Las mas importantes son las siguientes:

Los globulos rojos de la sangre mueren y se destruyen, lo que se llama una hemolisis postmortal. Entonces la hemoglobina va a teñir los tejidos que envuelven esa parte de sangre. Donde mas sangre haya, mas tinció por hemoglobina,

La bilis deja de estar contenida por la mucosa de la vesiícula y teñinrá de color verde oscuro toda la cara inferior del híagado y las vísceras adyecentes que mantengan contacto o proximidad.

La medula suprarrenal se destruye muy rápidamente. Por esto los primeros anatomístas las llamban cápulas suprarrenles, ya que se pensaban que era lo normal que estuvieran vacias

El cerebro, se reblancdece progresivamente y pierde su estructura hasta formar una masa blanda.

---

[19] macroscópico es todo aquello que se puede apreciar a simple vista, por contraposición a microscópico que es aquello que necesita de preparación y microscopio para poder ser observado.

En el estómago, como en varios puntos del tubo digestivo, la capa de la mucosa, es decir el recubrimiento interno, se destruye y cae al interior simulando un contenido. Si los vasos del estómago estaban llenos de sangre, el líquido será oscuro y simula un sangrado aunque no llega nunca a tener mas de unos 50 cc de volumen.

El páncreas se destruye por sus propios enzimas digestivos, aparecen imágenes de hemorrágia en el parénquima pero sin reacción inflamatoria de ningún tipo, lo que lo diferencia de las pancreatitis.

La putrefacción: destrucción por bacterias.

Concepto de putrefacción.

La putrefacción consiste en la destrucción de células y tejidos del organismo por la acción de agentes bacterianos. Con la muerte se produce la suspensión de los mecanismos de defensa del organismo por lo cual los tejidos, en los culaes se está produciendo la autolisis, son agredidos por la proliferación masiva de la flora local, y posteriormente invadidos por flora bacteriana exógena.

La putrefacción se desarrolla de forma coordinada con la autolisis y así como en la autolisis existe un paralelismo con los fenómenos de necrosis celular en el vivo, la putrefacción es a nivel generalizado un proceso de necrosis colicuativa, que se va a diferenciar de dicho proceso por la extensión y ausencia de fenómenos periféricos reactivos vitales.

En la destrucción de los tejidos, se produce un orden cronológico de la actuación bacteriana. Así primeramente actúan las bacterias aeróbias, para cambiar a flora facultativa y finalmente a flora anaerobia a medida que se agota la presión parcial de oxígeno en los tejidos. esta cronología, además de generada por la existencia indispensable del oxígeno, se vé sustentada por los diferentes sustratos orgánicos que son digeridos por las bacterias. así las bacterias aerobias van a destrir una serie de componentes bioquímicos celulares y preparan el terreno para la invasión y proliferación de especies sucesivas

Microscópicamente pueden apreciarse muy diferentes tipos de bacterias que producen la putrefacción. Estas bacterias se reproducen de forma diferente según las circunstancias ambientales y del cadáver. La invasión bacteriana comienza en aquellos órganos ricos en capilare y vasos linfáticos, especialmente hígado pulmones y musculatura. El miocardio es relativamente resistente a la putrefacción. La reproducción bacteriana dentro de los vasos puede ser tan considerable que en ocasiones produce la imágen denominada Embolísmo Bacteriano.

Los elementos más resistentes a la progresión bacteriana son los ricos en fibras y las cápsulas de los órganos. Los tejidos de tipo epitelial son destruidos por la putrefacción antes que los tejidos conectivos. En algunos tjs. como la médula adrenal la autolisis es tan precoz e importante que no da tiempo a la invasión bacteriana. Cuando una cél. sufre la agresión bacteriana se produce su desintegración, produciéndose una imagen homogénea de restos orgánicos en la qoe se pierde la imagen de la cromatina. La glía y los leucocitos son las céls. más resistentes a la putrefacción y la epidermis es muy lábil.

En casos de evolución rápida de la putrefacción los cambios morfológicos provocados por las grasas neutras de los vasos pulmonares producen imagenes del llamado Embolísmo graso post mortal que debe ser diferenciado del embolísmo vital. Los tejidos con gran cantidad de fibras colágenas son muy resistentes ytardan mucho tiempo en perder la forma.

Los glomerulos renales, las capas medias de las arterias y la pulpa esplénica pueden ser reconocidos mucho tiempo tras iniciarse la putrefacción. Igualmente se conservan las vías urinarias, los túbulos colectores renales y los tejidos cicatriciales, como es el caso del miocardio y la peritonitis post abortiva o los focos neumónicos, en concreto la neumonía puede ser diagnosticada en estados de putrefacción avanzados por las densas masas de fibrina y los depósitos de células en los alveolos.

Los tejidos tumorales son igualmente muy resistentes a la putrefacción, no propiamente las células sino el estroma, el entramado de tejido neoformado que acompaña al crecimiento tumoral.

Durante el curso de la putrefacción el fenómeno de la licuefacción de la grasa puede producir la invasión de diferentes órganos. Esta invasión grasa es reconocible microscópicamente y se puede diferenciar cromatográficamente de la degeneración grasa en vida.

En la actuación de las bacterias se produce un fenómeno de fermentación, como resultado del cual, existen sustancias de deshecho, como es el caso del ácido sulfihídrico o de diferentes gases. La actividad bacteriana va a dar lugar por acumulación a fenómenos macroscópicos que van a servir de guía para establecer las llamadas fases de la putrefacción.

Esta clasificación en fases es una clasificación de tipo teórico que no implica que los fenómenos que vamos a describir ocurran en compartimentos estancos, por ello, deben entenderse por fases de la putrefacción la existencia de fenómenos de uno u otro tipo.

Las fases de la putrefacción se describen clásicamente en cuatro: el periodo cromático o colorativo, el periodo enfisematoso, el periodo colicuativo y el periodo de reducción esquelética.

En realidad no se trata de periodos en sentido cerrado, sino que cada periodo se desarrolla y se le van añadiendo fenómenos de las siguientes fases

Los fenómenos cromáticos son los más tempranos y se definen por su aparición en forma de cambios de color.

El primer fenómeno es el conocido como mancha verde. signo macroscópico de la putrefacción y es el resultado de la tinción de los tejidos por ácido sulfhídrico que procede del metabolismo bacteriano.

La mancha verde puede verse afectada en su topografía y cronología: se apreciará la primera manifestación colorimétrica en el lugar donde exista mayor concentración bacteriana.

Habitualmente, el lugar de mayor colonización bacteriana del organismos es el ciego, por lo que el lugar más común de aparición de la mancha verde es en el lado derecho del abdomen, motivo por el cual es llamada en ocasiones mancha verde abdominal.

En los tratados clásicos todavía puede leerse el concepto de que el primer signos de putrefacción es la mancha verde abdominal, ubicada en la fosa ilíaca derecha y que aparece hacia las 24 horas postmortem.

En las muertes de causa séptica, se produce este fenómeno en lugares diferentes, dependiendo de la localización del foco séptico. Por ejemplo el tórax en las neumonías o la cara cuando existen infecciones bucofaríngeas importantes.

Se puede producir la mancha verde a nivel facial en las muertes por sumersión, fenómenos congestivos cefálicos y en fetos.

En otras localizaciones aparecerá vinculada a procesos infecciosos y neoplásicos.

Las variaciones cronológicas están en función del cadáver y las condiciones del medio ambiente.

Existe una gran cantidad de especies bacterianas que van a participar en la putrefacción. Los productos de degradación de su metabolismo no siempre son acido sulfhíodrico, sino que puede tratarse de otros subproductos que tengan características tintoriales diferentes.

A medida que avanza el proceso cromático, el color inicial tiende a oscurecerse, al superponerse la tinción por varios tipos de sustáncias producidas por el metabolismo bacteriano, por ello el cadaver suele evolucionar hacia una coloración prácticamente negra.

Los fenómenos cromáticos pueden tener un punto de aparición única o multifocal. Ello depende de la ya mencionada distribución de las especies bacterianas y de las condiciones en que se encuentre el cadáver para su crecimiento.

A partir del foco inicial se produce la extensión de la mancha verde a toda la superficie corporal, paralelamente al enriquecimiento de coloracion que nantes hemos mencionado

Los fenómenos enfisematosos son un conjunto de evenetos que se producenm al acumularse gas en los tejidos o en las cavidades. esta acumulación de gases es igualmente producto de la actividad bacteriana.

La formación inicial de gases se produce en los tejidos, los cuales acumulan burbujas de gas, apreciándose su crepitación al palpar las estructuras anatómicas. es muy típica la palpación de crepitación en el espcaio subcutáneo pero también en la musculatura y en las diferentes vísceras.

La expansión de los gases por los vasos del cadaver arrastrando colonias bacterianas es el fenómeno conocido como circulación postmortal, medio por el cual se realiza la expansión de las colonias bacterianas a todos los rincones del organismo.

La imagen generada por esta expansión y colonización de los vasos es la llamada livedo reticularis. En este caso el fenómeno que apreciamos es cromático, pero en realidad traduce la circulación de gases por las estructuras de los vasos sanguíneos que todavía guardan cierta indemnidad la formación de gases produce su acumulación en las cavidades orgánicas y de los órganos, dando lugar a la distensión abdominal y a otros fenómenos postmortem como la insuflación del escroto, el exoftalmos, la salida de la lengua etc.

La fase colicuativa se describe a partir del momento en que se aprecia una disminución de tamaño de las vísceras y tejidos y la liberación de un líquido procedente de los mismos. Este líquido contiene abundantes solutos, tanto procedentes de materia orgánica del cuerpo, como de los organismos bacterianos y su metabolismo. Frecuentemente en este líquido se aprecia un sobrenadante graso, compuesto por los elementos lipídicos[20] que no son hidrosolubles.

La procedencia de este líquido es tanto intra como extracelular, y se trata del agua que conforma gran proporción del cuerpo, la cual ya no está organizada por membranas biológicas, que se han disuelto, ni por estructuras vasculares etc.

En amplias zonas pueden resistir parte sde tejido, como la epidermis, dano luagar a la formación de vesículas y auténticas ampollas llenas de agua con solutos orgánicos, las cuales terminarán por rompertse al producirse la autolisis de la cubierta cutánea.

Este fenómeno suele darse también en el interior del cuerpo. Muchos órganos, como el hígado o el bazo, tienen cubiertas fribrosas relativamente resistentes a la descomposición, de hecho más que las membranas de las células que componen el parénquima, por lo que se forman pseudovesículas o pseudoquistes en su superficie y, al corte puede apreciase que su contenido parenquimatoso está liquado.

El cadáver puede parecer grande al estar hinchado por gases, pero empieza a perder rápidamente peso.

En el caso de los cuerpos sumergidos, este líquido con sus sustancias disueltas, pasa a diluirse en el medio, pero se produce igualmente el proceso de liquefacción. No se trata de que el cuerpo se deshidrate sino que está perdiendo su masa de componentes.

Cuando se borran morfológicamente los límites entre vísceras se llega a la fase de reducción esquelética. En esta fase, la materia orgánica forma una masa inidentificable conocida como putrílago. Los elementos más resistentes a la

---

[20] un lípido es una grasa, por tanto elementos lipídicos son o bién grasas o fragmentos de moléculas de grasa fomando amalgamas que no se disuelven en el plasma.

descomposición son el tejido fibroso y los cartílagos, produciéndose paulatinamente el proceso de esqueletización.

Existen modificaciones al proceso de la putrefacción, que pueden ser tanto individuales como ambientales.

Entre las individuales podemos citar que los obesos, niños y ancianos se descomponen con mayor rapidez, así como en enfermedades sépticas y crónicas.

Se produce retraso en hemorragias masivas y en algunas intoxicaciones como el monóxido de carbono, el cianhídrico y el arsénico.

En las circunstancias ambientales se pueden destacar la temperatura, la humedad y lel contacto con el aire, así como las características del terreno.

CAPITULO 12

CONTUSIONES Y HERIDAS CONTUSAS.

Definición de la violencia contusa.

Por definición, la violencia contusa es aquella que actúa provocando la deformación de un tejido y lo lesiona al llevarlo a su límite de resistencia mecánica.

Esta definición es la que unifica el conjunto de lesiones que se denominan lesiones contusas, diferenciándolas de la acción fisopatológica de un arma blanca, o de un agente físico o un agente químico.

Etiologia y patogenia de la contusión

El agente causal de una contusión es todo objeto que mediante la aplicación de energía cinética o potencial pueda deformar los tejidos humanos mas allá de su resistencia.

En la violencia contusa pueden haber dos tipos de elementos lesivos:

— los de acción directa y
— los de acción indirecta.

La acción directa produce la lesión por el contacto inmediato de un agente lesivo sobre una estructura corporal por ejemplo, desde el bastón que deforma los tejidos sobre los que impacta, a la compresión de un lazo de cuerda sobre el cuello o bien la presión de un bloque pesado sobre una parte del organismo van a deformar los tejidos con los que tiene contacto y los van a lesionar

En los mecanismos de **acción indirecta,** no existe una interacción directa entre un agente lesivo y los tejidos que sufren la deformidad.

El ejemplo más característico son las desaceleraciones en los accidentes de tráfico en que la violenta pérdida de velocidad produce que el peso mismo de una víscera, dé lugar a su deformación y posible ruptura.

Otro ejemplo de los mecanismos de acción indirecta son las llamadas en los tratados clásicos " lesiones por contragolpe" que son, de hecho, lesiones por desaceleración puntual de una víscera o tejido como consecuencia de un impacto en otro punto.

También podremos desarrollar extensamente el concepto de mecanismos de acción indirecta cuando hablemos de las cadenas lesionales.

Fisiopatología del la lesión contusa
Mecanismos directos de lesión

Hemos definido el mecanismo directo como aquel en el cual la lesión es producida por la interacción directa entre agente lesivo deformante al cual denominamos agente contuso y los tejidos lesionados.

Variables que intervienen la contusión.

En el estudio de una lesión por contusión hay múltiples variables que van a influir. Para servir de guía en el estudio de una contusión podemos basarnos en tres cuestiones fundamentales.

¿Cómo es el objeto contundente?
¿Cómo ha sido el impacto?
¿Dónde ha sido el impacto?

El objeto contundente, el que deforma un tejido hasta lesionarlo, puede ser casi cualquier objeto. Cualquier cosa con una cierta resistencia y con una determinada fuerza, es un instrumento contundente. Por ello hay una variación muy grande entre formas y características de las lesiones por contusión.

Pero no solamente la forma y características del objeto van a ser determinantes, además del objeto van a tener importancia en la lesión las características del impacto contra el cuerpo y la región corporal donde se recibe. De forma que vamos a ampliar las tres cuestiones iniciales en seis características fundamentales.

1. El primero es la morfología general (la forma del objeto)
2. La superficie (si es lisa, regular o irregular y cuanta superficie de impacto)
3. La consistencia (si el objeto es rígido o elástico y cuanto
4. El tipo de energía aplicada (predomina la velocidad o la masa del objeto)
5. La cantidad de energía aplicada (cuantos kilopondios de impacto)
6. El sustrato anatómico que recibe la contusión. (en qué parte del cuerpo se recibe la lesión, cual es su estructura anatómica y composición histológica)

La forma o morfología del objeto contundente.

La forma del agente contuso va a producir la morfología de la lesión.

En la violencia contusa no se van a producir, salvo raras excepciones, una impronta exacta del agente contuso en la lesión resultante.

No obstante sí que van a producirse aproximaciones importantes.

Un objeto alargado va a producir una contusión alargada, igual que uno redondeado dará lugar a una contusión circular. O instrumentos contusos determinados como es el caso de los dientes, van a producir lesiones contusas muy significativas

La superficie de contacto.

La superficie del agente lesivo contuso va a condicionar la lesión sobre la epidermis.

Una superficie completamente lisa y regular no va a lesionar en principio la epidermis, como puede ser un objeto cilíndrico y regular, como una porra.

Un objeto de carácter irregular, que presente irregularidades o aristas, sin llegar a ser filos capaces de producir un corte, va a lesionar la epidermis de forma significativa.

Un objeto irregular con aristas, dará lugar a un conjunto de lesiones una por cada arista que impacta. Si las aristas son irregulares se producirán puntos de rotura de piel.

Ejemplos de ello serían las lesiones epidérmicas provocadas por la acción de una uña. O bien la excoriación que produce la compresión de una cuerda de cáñamo irregular en una ligadura.

Consistencia del objeto contundente.

La consistencia del objeto contuso va a determinar la profundidad a la que se va a producir la lesión.

Los agentes contusos de consistencia blanda o al menos cuya superficie inmediata es blanda, no van a modificar sensiblemente las cubiertas cutáneas, en tanto que sí que van a producir una deformidad con lesión importante en profundidad.

Así por ejemplo una porra de madera, que es de superficie rígida, va a dar lugar a una contusión más superficial, en tejidos epiteliales, en tanto que una porra de goma va a ser mucho menos lesiva a nivel superficial, pero va a provocar una mayor deformidad y lesión a nivel profundo.

Quizás un ejemplo muy característico de esto es el impacto de un puño con un guante de boxeo, en que la deformidad de la piel es muy escasa, y por tanto la equimosis producida de escasa importancia, aunque la deformidad y lesión en profundidad, incluso a nivel visceral, puede ser muy importante

Tipo de energía aplicada.

El tipo de energía aplicada es muy importante también en la morfología y tipo de lesión provocada, así en el caso de la energía cinética vamos a encontrarnos con contusiones por impacto.

Energía cinética, el efecto de la velocidad.

El agente lesivo se mueve a una determinada velocidad y de esta velocidad dependerá si el tejido tiene mayor o menor tiempo para adaptar su elasticidad.

Por ejemplo: la lesión producida por un latigazo no está provocada por el hecho de que la cola del látigo sea un objeto cortante, sino por que la alta velocidad a la que impacta con la piel no permite dar tiempo a esta a que se elongue para absorber esta deformidad y se produce la ruptura de la piel. Tengamos en cuenta que si el mismo objeto, es decir la cola del látigo, actúa a "cámara lenta" sobre la misma piel, no daría lugar a lesión alguna.

Energía potencial, la deformidad lenta.

En el otro extremo de la tipología de energía nos encontramos con la energía potencial. Esta energía es la que deforma los tejidos de una forma lenta pero consistente, dando lugar a la superación de la resistencia de los tejidos de una forma gradual.

Es el fenómeno característico de los aplastamientos, en los cuales la presión sostenida sobre un miembro o un tejido es la que va a provocar la lesión contusa.

En el caso de las lesiones por compresión, se suma al efecto deformante propio de la lesión contusa un segundo mecanismo fisiopatológico que es la isquemia, dado que la prolongación de la presión no solamente va a vencer la resistencia del tejido, sino que va a provocar la interrupción del flujo sanguíneo en la zona comprimida.

Dentro de estas lesiones producidas por mecanismos de compresión, además de los aplastamientos, vamos a encontrarnos con las ligaduras, lesiones en las cuales no solamente vamos a encontrar un mecanismo de compresión constante sobre el tejido y un mecanismo de tipo isquémico, sino que la compresión puede afectar a vasos, dando lugar a lesiones isquémicas a distancia del punto de compresión, que ya serán parte de las lesiones contusas de mecanismo indirecto.

Cantidad de energía aplicada.

Evidentemente no solamente la variable energética va a tener una influencia cualitativa, como acabamos de explicar sino que es fundamental la variable cuantitativa.

Lógicamente un impacto de alta energía cinética va a producir uan lesión mucho más grave que un impacto de baja energía, así como una deformidad por energía potencial de baja presión, va a producir unas lesiones mucho más leves que una compresión de alta energía potencial, que pueden llegar al aplastamiento completo del tejido.

La estructura corporal afectada.

Por último tenemos que definir, en el estudio de las contusiones por mecanismos directo, las modificaciones introducidas por el tejido sobre el que se aplica la deformidad. Dentro de este grupo vamos a diferenciar dos tipos:

En primer lugar superficies corporales muy distensibles, como puede ser el abdomen, donde su capacidad de deformación de los tejidos es muy alta, y por tanto las lesiones contusas van a tender a ser profundas.

En segundo lugar las superficies corporales con un bajo o nulo nivel de distensibilidad, básicamente aquellas en las cuales exista tejido óseo subyacente

Es el caso del cráneo o los rebordes a tibiales (las espinillas), en los cuales los tejidos blandos carecen de espacio para deformarse, viéndose comprimidos entre el agente vulnerante que deforma el tejido y por su interior con la resistencia del tejido óseo que les impide la deformidad, por lo cual se va a producir de una forma muy rápida y violenta la ruptura de la resistencia elástica y, por tanto del tejido.

En los casos en los que la estructura ósea subyacente tenga además una morfología de escasa superficie, como es el reborde ciliar o los dientes tras los labios, la rotura de los tejidos blandos es mucho más fácil, incluso al ser deformados por un objeto de superficie lisa y relativamente blanda

Clasificación de las lesiones contusas

Existen muchas formas de clasificar las lesiones contusas. Pueden clasificarse por mecanismo, topografías, localización etc.

La clasificación mas primaria de las contusiones, y que es útil para fines descriptivos y como concepto global es la qe los divide en cuatro grados:

— Contusión de primer grado: que engloba las equimosis, erosiones y otras lesiones contusas en capas muy superficiales.
— Contusión de segundo grado: que es el hematoma. posteriormente lo definiremos y veremos sus cinco variantes.
— Contusión e tercer grado: el desgarro o laceración de tejido. La contusión de tercer grado incluye todas aquellas lesiones en as que se produce una pérdida ostensible de continuidad en los tejidos blandos, desde las heridas contusas a las roturas parciales de estructuras como ligamentos, tendones etc.
— Contusión de cuarto grado: típicamente la fractura, pero define todas aquellas contusiones que producen una rotura completa de una estructura anatómica, como una rotura tendinosa, o un arrancamiento de parte de un tejido.

Sistemática de estudio

Para abordar la complejidad y variedad de lesiones contusas, es conveniente utilizar una clasificación por localización y mecanismo, que dividiría las contusiones en dos grupos:

A. Las contusiones que podemos llamar externas, es decir las que son apreciables mediante el examen externo del cadáver.
B. Las contusiones internas, que son aquellas que están generalmente en profundidad y que no suelen detectarse en el examen externo.

Se trata de una clasificación bastante imperfecta, dado que algunas lesiones como el hematoma puede ser tanto superfial como profundo, pero vamos a utilizarla por su utilidad didáctica.

Las lesiones externas.

Lesiones en los tejidos de cubierta (piel, tejido celular subcutáneo y en general apreciables en el examen externo: Tenemos dos familias:

1. La contusiones por impacto o compresión directa. (golpes, presiones etc) eritemas transitorios, las petequias las equimosis, los hematomas, los surcos, las heridas contusas y mordeduras.
2. Las contusiones por fricción. (arañazos, raspaduras, excoriaciones, etc)

Las lesiones internas.

Las hemos definido como aquellas que no se ven en el examen externo. Se trata de las contusiones en estructuras profundas que pueden ser :

1. Lesiones musculoligamentosas Contusiones por tracción: desgarros musculares, roturas tendinosas y esguinces ligamentosos.
2. Contusiones viscerales directas e indirectas
3. Contusiones vasculonerviosas directas e indirectas
4. Contusiones óseas directas e indirectas

Descripción de las lesiones contusas. Las contusiones en la superficie corporal.

Estructura de la piel humana.

Para una correcta comprensión de la naturaleza y fisiopatologia de las lesiones epiteliales, debe tenerse presente la estructura de la piel humana.

A los efectos que hemos referido, la estructura de la piel humana la podemos dividir en tres grandes capas, que son la epidermis o capa de recubrimiento, la dermis, por debajo de la anterior y un tercer estrato que es el tejido celular subcutáneo, de naturaleza grasa.

Sobre lo que debe llamarse la atención es que la epidermis es una capa compuesta por capas de células que tiene la característica física de ser extremadamente adaptable. No posee una gran resistencia estructural, pero sí que posee una gran elasticidad mecánica que le da su estructura celular y su formación en forma de pliegues.

Por debajo de la epidermis, hemos mencionado la dermis la cual presenta dos capas muy diferentes, histológicamente y a efectos de resistencias, la más superficial o dermis papilar, está conformada por tejido conectivo laxo, el cual contiene gran cantidad de vasos sanguíneos y se encuentra además fijada en cuanto a su elasticidad por las papilas dérmicas.

Estas tres características confieren a la dermis papilar una mucha menor resistencia mecánica, tanto a la tracción como a la deformidad y es en este punto donde vamos a encontrar la mayoría de lesiones a las que vamos a hacer referencia en las lesiones epidérmicas.

Por debajo de la dermis papilar se encentra la dermis reticular, mucho más densa y compuesta de un tejido conectivo no modelado con gran cantidad de fibras conectivas gruesas que le confiere una capacidad de adaptación mecánica mayor. El tejido celular subcutáneo es muy laxo y su estructura le permite una gran adaptabilidad.

La intención entonces de esta introducción es llamar la atención de que en la estructura de la piel humana la capa conocida como dermis papilar es el punto más débil ante la agresión mecánica al tener una naturaleza menos resistente y elástica y además encontrase relativamente fijada entre la mayor elasticidad y adaptabilidad de la epidermis y por debajo por la mayor consistencia y elasticidad de la dermis reticular

Contusiones superficiales.

El eritema transitorio

El eritema transitorio no es una lesión que puede verse en la autopsia. Se trata de la situación comúnmente conocida cuando una persona recibe un impacto que no llega a causar lesión en los tejidos, por ejemplo una bofetada u otra forma de golpe no muy intenso. La piel se pone momentáneamente roja, efecto que durará desde unos minutos hasta una hora.

El eritema transitorio es la primera fase de la reacción inflamatoria delante de un impacto. Solamente vasodilatación temporal. No hay hemorragia en el tejido. Por eso, una vez pasado el efecto no hay lesión.

Las petequias

La petequia es la expresión mínima de la rotura vascular consiste en la aparición de puntos rojos o violáceos de hasta uno o dos milímetros de diámetro que traducen roturas aisladas de pequeños vasos. La petequia puede tener diversos orígenes desde embolias grasas hasta pequeños sangrados dispersos en trastornos de la coagulación.

En las petequias de causa contusa, es decir por compresión y estiramiento, se trata de una lesión que afecta prácticamente solo a la epidermis y que suelen corresponderse a contusiones de muy baja intensidad

Las equimosis

La equimosis es una lesión emblemática de la contusión. Consiste en la hemorragia que infiltra o tiñe los tejidos superficiales sin separarlos consecutiva a la hiperextensión producida por un impacto romo. La zona más sensible a la deformidad, y donde se encuentran los citados vasos es la antes mencionada dermis papilar.

La equimosis es el típico "morado" o "cardenal" y generalmente es a la lesión que se está nombrando cuando se habla de contusión a secas.

Características de la equimosis.

En la equimosis, la epidermis está conservada y puede presentar alguna hemorragia en la membrana basal, la dermis papilar, por el contrario, es la que se presenta densamente invadida por la hemorragia y, al ser el tejido más laxo y menos compacto de las diferentes capas, es por la dermis papilar por la que se produce la extensión de la hemorragia superficial.

En el caso de la equimosis, puede extenderse de una forma limitada la hemorragia a la dermis reticular, la cual solamente en casos de impactos muy importantes, va a presentar roturas de sus fibras colágenas en el tejido conectivo denso.

La existencia de este signos macroscópico llamativo no implica que no existen lesiones en otras estructuras, sino que, como hemos referido anteriormente, la lesión contusa es una lesión por deformidad. Hay que tener en cuenta que existen otras posibles causas de la equimosis, como son todas las patologías que cursan con fragilidad capilar o alteraciones de la coagulación que se mencionan en el apartado de hemorragias patológicas.

En la equimosis nos encontramos multitud de focos de extravasación que cubren un área en la cual apreciamos que los hematíes se sitúan en los intersticios de los tejidos (imagen de infiltrado hemorrágico).

Los puntos donde se produce la mayor concentración hemorrágica y que por ello tendrán una coloración más oscura, son aquellos en los cuales se va a producir mayor tracción y por ello un mayor volumen de roturas vasculares. Este es el motivo que configura la forma de una equimosis, aparentemente caprichosa. Si un objeto prominente impacta contra los tejidos superficiales y los lesiona en este punto (como el caso de una pelota de madera de escaso diámetro) va a aparecer una equimosis redondeada. Pero si la superficie del elemento lesivo es más amplia, la máxima tensión no se va a producir en el foco central del punto de impacto, sino en sus laterales, por lo cual, por ejemplo en muchos tipos de golpes con bastón vamos a encontrar que la lesión consiste en dos líneas equimóticas paralelas que, de hecho, rodean el punto de impacto del objeto contundente.

De esta forma podemos enunciar como juicio general que las características morfológicas del objeto contundente en la equimosis pueden reconstruirse teniendo en cuenta la intensidad de la coloración, que se corresponden a los puntos de mayor hemorragia, y que se corresponde a los puntos de mayor tracción de los tejidos al ser deformados por la agresión contusa, lo cual no es siempre superponible a los puntos de impacto o de presión.

Un ejemplo muy característico de este mecanismo de reconstrucción lo podemos ver en las lesiones por presa de los dedos.

Cuando la presión de los dedos, por ejemplo en la sujección de un brazo, se realiza con un foco de presión fundamental a nivel de los pulpejos de los dedos, la lesión resultante es un conjunto de equimosis redondeadas en las cuales nos revelan los puntos donde los pulpejos de los dedos han realizado la máxima compresión.

Por el contrario, cuando la presión de los dedos no se centra en los pulpejos sino que se realiza la presa comprimiendo con toda la longitud de los dedos, las equimosis van a aparecer en los huecos de presión dejados por espacios interdigitales de forma predominante pues son los puntos donde es más importante la deformidad de los tejidos y por tanto donde se van a producir las lesiones hemorrágicas.

Equimosis por compresión.

Respecto a la formación de equimosis por compresión hay un fenómeno que debemos tener en cuenta, que puede ser motivo de confusión sobretodo en casos de estrangulación manual y es que si la presión de los dedos del agresor se mantiene durante un tiempo posterior al fallecimiento de la víctima, no aparecerán lesiones hemorrágicas superficiales o estas son mucho más leves de lo que habría que esperar.

Esto obedece al hecho de que durante el mecanismo de estrangulación por compresión, se produce la rotura difusa de capilares que es base de la lesión contusa, pero la presión sostenida de las manos es hemostática, impidiendo en gran medida la subfusión hemorrágica de los tejidos. Si el agresor modifica la posición o la presión de las manos durante la agresión, esta áreas de pequeños vasos lesionados formarán rápidamente las lesiones equimóticas, pero si no se modifica la presión ni la posición de las manos se dará esta circunstancia que comentamos y, una vez producida la parada cardíaca no hay presión sanguínea para producir la subfusión hemorrágica.

La no existencia en este tipo de casos de equimosis evidentes no implica que no exista lesión contusa por compresión, puesto que se pueden evidenciar la existencia de roturas y desgarros en tejido conectivo y muscular de la zona comprimida o periférica a la compresión. Tengamos entonces en cuenta que en estos casos la ausencia de tinción u ocupación hemorrágica no supone automáticamente un diagnóstico de lesión postmortal sino que debe contrastarse con otros métodos, histoquímicos o enzimáticos que permitan un diagnóstico más seguro.

Equimosis por declive.

Otra excepción a la regla general que hemos definido anteriormente y que debemos tener en cuenta es la formación de equimosis por declive. Es decir que el mecanismo de violencia contusa produzca extravasación en un determinado punto y posteriormente, por la fuerza de la gravedad, la equimosis descienda infiltrando los tejidos inferiores al punto de aplicación de la agresión.

Sería el caso de contusiones sobre el gemelo que más tardíamente dan lugar a la aparición de hemorragias equimóticas en el tobillo.

Más clásicamente es la aparición de una equimosis periorbitaria a partir de una contusión producida en el arco ciliar o incluso a nivel frontal. Un golpe en la frente o la ceja va a producir un sangrado que se acumulará a lo largo de las horas posteriores en la cuenca del ojo.

También entran en este concepto las equimosis que aparecen por extravasación de hemorragias internas, el caso más típico de las cuales son las equimosis orbitarias que aparecen en las fracturas de la base de cráneo o los infiltrados hemorrágicos que aparecen en el cuello en las lesiones mandibulares importantes.

Los surcos.

Contusiones por compresión de un objeto rígido o un lazo, como en la compresión del cuello en ahorcadura y estrangulación. También presente en ligaduras de los miembros.

En la lesión conocida como surco, no hay velocidad de impacto, lo que sucede es que hay una presión sostenida en el tejido. Esta presión sostenida dará lugar a una isquemia del fragmento de piel que está comprimido. Lo más evidente en estas lesiones es la reacción inflamatoria alrededor, hay poca hemorragia pero está bastante enrojecido. Esto no siempre es claramente apreciable en el cadáver.

La imagen mas reconocible del surco es la necrosis por isquemia y en ocasiones por rozadura mecánica de la banda de piel comprimida por el lazo. En ocasiones será una necrosis completa pero en la mayoría de casos será una erosión de la piel.

La erosión se deshidrata de forma muy llamativa en el cadáver. Esta banda de piel deshidratada da lugar a la imagen de surcos que se describen en las situaciones de ahorcadura y estrangulación

Los hematomas

Un hematoma es una bolsa de sangre. Si ha tenido tiempo de evolucionar antes de la muerte tendrá una reacción inflamatoria bastante llamativa. EL hematoma es mucho menos frecuente que la equimosis. Pero con mucha frecuencia se confunden ambas lesiones y se le da el nombre de hematoma a las equimosis.

La lesión conocida como hematoma consiste en la formación de una solución de continuidad en el intersticio de los tejidos en la cual se aboca un derrame de sangre. En este caso la sangre no infiltra los tejidos, como es el caso de las equimosis, sino que separa las capas de tejidos para formar una cavidad.

El hematoma es una lesión más propia de estructuras de cubierta o profundas, y es típica en las masas musculares o aunque veremos que órganos parenquimatosos como el hígado, el bazo o el cerebro, aunque se pueden formar hematomas entre serosas como los hematomas paraaórticos o en espacios cerrados como es el caso del hematoma retroperitoneal, pero siempre teniendo en cuenta que lo que define al hematoma es el hecho de encontrarse contenido en tanto que si la sangre es libremente extravasada al interior de una cavidad hablamos ya de derrame.

Ubicación del hematoma.

Aunque hemos clasificado el hematoma dentro de las contusiones supeficiales esto es solo parcialmente correcto. Lo que define a un hematoma es su naturaleza de cavidad de sangre. Podemos clasificar los hematomas en cinco grandes tipos, cada uno de los ciuales tiene unas características diferenciales.

1. hematomas epidérmicos. Son aquellos hematomas que se sitúan en las estructuras propias de la piel, la epidermis o las capas de dermis.
2. hematomas subdérmicos o hipodérmicos. Son los que se sitúan en el tejido celular subcutáneo, estructura de tejido graso bastante laxo que se sitúa bajo la piel.
3. hematomas musculares. Son hematomas formados en el interior de una masa muscular y están contenidos por la fascia o funda que recubre el músculo.
4. hematomas viscerales. Son los hematomas que se forman en una víscera, contendios entre las capas de tejidos de la misma.
5. hematomas óseos. Son los menos mencionados en patología forense y a los que se presta escasa atención. Existe cierta tendencia a considerar que la lesión ósea por definición es la fractura, la pérdida de continuidad de las

capas rígidas del hueso, pero el hueso es un tejido vivo y en el mismo se forman hematomas que son contenidos por el periostio, la fascia que recubre el hueso. En el hueso hay escaso espacio para formar cavidad y el tejido óseo no es elástico. Por eso el hematoma óseo se extiende bajo el periostio y en ocasiones puede estar en la médula o la esponjosa del hueso.

Los hematomas óseos son bastante frecuentes en el cráneo, pero ma mayoría de veces no son diagnosticados en la autopsia porque no se buscan, al partirse de la concepción errónea de que el hueso, como tejido no distensible, no forma hematomas.

Formación del hematoma

La formación de un hematoma se produce a partir de una deformidad de estructuras profundas en las cuales se cumplen dos condiciones que llega a lesionar los vasos de las mismas, produciendo una hemorragia que diseca el tejido. Y en segundo lugar se debe tratar de un tejido lo suficientemente laxo como para ser disecado por la presión de la sangre extravasada

Por este efecto mecánico de disección que tiene el hematoma, en la mayoría de los casos se trata de lesiones de vasos arteriales o arteriolas, cuya extravasación tiene la suficiente presión para separar las capas tisulares. Y los tejidos donde se producen suelen tratarse de estructuras de tejido conectivo laxo.

Puede servir de ejemplo la contusión de suficiente energía para producir un hematoma por impacto sobre las masas musculares.

La fibra muscular presenta una enorme elasticidad y resistencia a la ruptura por deformidad. En general pensemos que las fibras musculares solamente se rompen cuando actúa sobre ellas una energía relativamente intensa sobre una superficie pequeña.

Por tanto podríamos decir que es mucho más probable que produzca una rotura de fibras musculares el impacto de una puntera de zapato, de unos pocos centímetros cuadrados, que un impacto de un puño o incluso una porra. No obstante la resistencia de las fibras musculares, estas están rodeadas de tejido conectivo periférico. Concretamente de las diferentes capas de tejido conectivo que forman parte de la fibra muscular, será el perimisio, la capa que rodea grupos o haces de fibras y que además es la que vehiculiza los vasos sanguíneos de mayor calibre, la que presenta una menor resistencia a la deformidad por un impacto directo.

Así, el impacto directo va a dar lugar a una rotura de vasos a nivel de epimiso mucho más que de fibras musculares, y de estos se producirá una hemorragia de suficiente presión como para poder separar los grupos de fascículos musculares dando lugar a una cavidad hemática.

El volumen del hematoma va a depender evidentemente de la potencia de impacto, y por tanto del volumen de vasos lesionados, pero también de la presión que la capa más externa, el epimisio, que rodea el músculo, sea capaz de realizar actuando como principal agente hemostático. Tengamos en cuenta que el perimisio forma una fascia que convierte la masa muscular en un compartimento estanco.

Complicaciones del hematoma

En el caso de los traumatismos de alta energía en que el volumen de vasos de perimisio rotos es grande y se forman hemorragias importantes en las masas musculares, la presión interna generada por la extravasación hemática, junto a la que se suma por el exudado inflamatorio y sus fenómenos asociados, puede llegar a superar la presión de perfusión, lo cual dará lugar a la hipoxia isquémica de la masa muscular y, a la necrosis de la misma, la cual, en el caso de ser muy extensa dará lugar al denominado síndrome compartimental, con unas repercusiones generales importantes

Coexistencia con otras lesiones

El hematoma puede aparecer de forma única o coexistir con equimosis superficiales, producidos todos ellos por el mismo mecanismo de contusión. En el caso de tratarse de una lesión aislada y fundamentalmente cuando se trata de lesiones en planos musculares podemos ver externamente la coloración azul, granate o negra, por transparencia, necesitando en ocasiones hacerse el diagnóstico diferencial con una equimosis, diagnóstico que se realizará por disección del mismo.

Evolución del hematoma.

La evolución natural del hematoma, pasada la fase inflamatoria aguda, es hacia su reabsorción, desapareciendo paulatinamente, no obstante hay muchas ocasiones en las cuales el hematoma se organiza, formando una pseudocapsula que podemos encontrar como tejido cicatricial en el intersticio de las masas musculares o entre ellas. Incluso en algunos casos, puede realizarse esta organización con una desaparición de los hematies, pero la pseudocápsula fibrosa es lo suficientemente organizada para impedir el paso del plasma, dejando una pequeña cavidad líquida que se denomina seroma

Las heridas contusas

Es característica de estas heridas la irregularidad y la necrosis de los márgenes, así como la existencia de fragmentos de tejido que unen los labios de la herida formando los llamados "puentes de unión". Su morfología servirá para diferenciarla de otros tipos de lesiones como las heridas inciso-contusas que veremos posteriormente.

Contusiones superficiales epiteliales por raspado

Erosiones y excoriaciones

La rotura de la epidermis y la dermis se pueden producir por dos mecanismos diferentes,

—En primer lugar que la irregularidad del agente lesivo sea muy pronunciada, lo cual es característico por ejemplo de las lesiones por caricamiento en la cual los fragmentos de vidrio producen multitud de pequeñas lesiones por roturas epidérmicas. Este mecanismo produce lesiones a medio camino entre la lesión contusa y el arma blanca.

—En segundo lugar existe el mecanismo de arrastre, que consiste en la fricción de un objeto irregular y más duro que la epidermis a lo largo de la misma, con lo cual se produce el arrancamiento de esta, esta lesión es la características de los arañazos en las que el arrastre de la uña contra la epidermis produce el desprendimiento de esta y, dependiendo de la fuerza con la que se produzca dicho arrastre, va a afectar también la dermis dando lugar a una excoriación.

Dirección de la erosión.

Existe un elemento de interés forense en la producción de una erosión cutánea y es que el agente lesivo que erosiona la cubierta cutánea arranca el tejido epitelial y lo arrastra, con lo cual vemos dicho tejido o restos del mismo acumulados en la parte de la lesión en la que ha terminado la fricción. Este hecho nos permite reconstruir la dirección en la que se ha producido una lesión, lo cual permitirá posteriormente valoraciones sobre las posiciones relativas de agresor y víctima o, en algunas ocasiones, el diagnóstico de lesiones autoinfligidas.

Erosión y criminalística

También tienen gran importancia las erosiones y excoriaciones en medicina forense por el hecho de que se trata de lesiones en las cuales existe una gran interacción entre agente agresor y lesión.

De esta forma es factible que el agente agresor, como la grava o asfalto, o alguno de sus elementos como es el caso de la pintura, queden impregnados en los tejidos de la herida, permitiendo la identificación genérica y en ocasiones específica del agente agresor.

Por otro lado el principio criminalístico de la interacción se da en sentido contrario, es decir que restos de los tejidos de cubierta del organismo agredido queden fijados en el agente agresor. Este el es motivo por el cual se busca sistemáticamente restos de piel en las uñas de las víctimas de homicidios, para permitir una identificación biológica del agresor, o bien es el principio mediante el cual el examen de un arma utilizada puede encontrar restos de piel o de sangre de la víctima en la misma, permitiendo la identificación del arma homicida.

Erosión apergaminada

Existe un tipo de excoriación extensa producida por la fricción de los planos dérmicos sobre la superficie del asfalto que se aprecia frecuentemente en los accidentes de tráfico. La destrucción de las capas superficiales de la epidermis producen la salida no solamente de sangre sino de abundante plasma, este tipo de herida en el cadáver se deseca rápidamente dando lugar a una lesión de características similares a la piel de una momia y que se conoce como erosión o excoriación apergaminada.

Contusiones superficiales en la autopsia.

La amplia variedad de tipos de contusiones superficiales en la autopsia van a aportar multitud de datos al informe.

En los casos de policontusiones hay varias cuestiones que se deben tener en cuenta.

Extensión de las contusiones.

Las contusiones superficiales, las que vemos en el examen externo del cadáver. No tienen una gran gravedad. Son lesiones mas o menos intensas pero suponen una hemorragia limitada y una respuesta inflamatoria también limitada.

En la mayoría de casos las contusiones superficiales nos sirven como base para la búsqueda de contusiones más profundas, que tengan mayor gravedad. Es decir que contusiones superficiales nos hacen buscar la contusión profunda.

Pero cuando hay muchas contusiones superficiales, la suma total de hemorragia y de respuesta inflamatoria ya puede ser considerable. Una equimosis media tiene de 5 a 10 mililitros de sangre. Pero si encontramos 30 o 40 equimosis, solamente en pérdida de sangre ya estará en los 500 mililitros y si a ello le sumamos el plasma de la reacción inflamatoria ya estamos pasando de un litro de pérdida de volumen.

En grandes policontusionados, el problema crítico no va a ser tanto la perdida de sangre sino la reacción inflamatoria que se va a desencadenar. Una contusión no va a tener repercusiones en el organismo, pero muchas contusiones van a provocar un síndrome inflamatorio sistémico que puede ser la causa de la muerte.

En ocasiones la autopsia se dirige mucho a la búsqueda de cual es la "lesión mortal" y se puede perder de vista que el conjunto de lesiones puede ser mas letal que una lesión concreta.

Contusiones evidentes y ocultas.

Es frecuente la discusión en medicina forense en el tema de las contusiones ocultas. La contusión oculta es aquella que está en profundidad y que no tiene traducción en la superficie del cuerpo.

Este concepto está muy vinculado a los relatos sobre técnicas de golpear que no provocan lesiones externas.

Esto es un hecho. Hay formas de contusión que pueden provocar una hemorragia en una cavidad o incluso una lesión visceral dejando una lesión superficial muy escasa o no dejando lesión superficial. Por tanto algunas de las lesiones que vamos a encontrar en la autopsia en cavidades internas no van a poder verse en la superficie.

Pero una cuestión diferente es la extensión de este concepto a apaleamientos sistemáticos. En ocasiones se hace alusión al concepto de contusiones ocultas para hablar de contusiones en el aparato locomotor que no tienen traducción en lesiones externas. Esto sobre todo se argumenta en el contexto del maltrato policial en situaciones de detención.

En este sentido conviene aclarar que los maltratos extensos producen lesiones detectables en el examen externo. No existen técnicas tan sofisticadas que puedan disimular múltiples contusiones, salvo que los golpes sean tan leves que no produzcan contusión.

Esto es especialmente evidente en el caso de la autopsia. Es factible que aparezcan algunas contusiones internas sin su lesión externa. Pero no tiene sentido pensar en multitud de contusiones ocultas bajo la piel del cadáver. Esto no existe.

Capitulo 13

LESIONES POR CONTUSIÓN EN PROFUNDIDAD.

El aplastamiento muscular y de otros tejidos

El aplastamiento es la lesión resultante de la compresión de los tejidos entre dos masas o fuerzas activas o entre una activa y otra pasiva.

Las lesiones producidas por un aplastamiento van a tener un componente o factor por deformidad mecánica en la cual los tejidos van a verse comprimidos los unos contra los otros.

En segundo lugar, existe un componente lesivo que es la isquemia pues al verse comprimida una estructura anatómica, si la presión ejercida sobre ella supera la presión arterial no puede prefundirse dicha estructura con lo cual los tejidos de la misma van a entrar en lesión celular por hipoxia.

La predominancia de uno u otro mecanismo va a depender de la energía de la masa que produzca el aplastamiento y del tiempo que dure la compresión.

Característicamente predomina la deformidad y destrucción de tejidos en aquellos casos de alta energía que instauran las lesiones en escaso tiempo.

Predomina la isquemia en aquellas lesiones en las cuales hay una baja o moderada energía de compresión y esta se prolonga en el tiempo.

En las lesiones de alta energía es característico de estas lesiones la pérdida de límites anatómicos.

Vamos a encontrar inclusiones de unos tejidos en otros, por ejemplo inclusiones de tejido celular subcutáneo o de tejido epitelial a nivel de masas musculares, o más frecuentemente de fragmentos óseos. la disposición de los fragmentos fracturados en un foco de aplastamiento es muy característica.

La piel es el tejido más resistente al aplastamiento, como en general a la deformidad, por lo cual en los miembros aplastados solamente en casos extremos de energía o cuando existan irregularidades duras en la superficie del agente compresor o por fragmentos óseos desde el inetrior van a producirse heridas contusas.

Síndrome de aplastamiento.

En las compresiones de energía moderada pero de gran persistencia hemos dicho que predomina el factor isquemia y es en estos casos donde se van a dar las circunstancias que generan el denominado síndrome de aplastamiento.

El síndrome de aplastamiento aparece cuando masas musculares muy grandes, como puede ser una peierna, quedan atrapadas por un peso que interrumpre el flujo sanguíneo.

Los tejdios del miembro aplastado van a ser lesionados por isquemia. Esto es la lesión local, en el fondo un gran infarto. Cuando se levanta el peso o los elementos quemantienen la compresión, sucede que se recupera la circulación por los tejidos comprimidos y esto trae dos consecuencias inmediatas:

- los vasos de la microcirculación del tejido aplastado se han lesionado por la isquemia. La reentrada de sagre en los mismos va a dar lugar a que escape una cantidad masiva de plasma por los vasos lesionados. La extremidad aplastada se hincha extraordinariamente, con lo que el lesionado pierde en poco tiempo u gran volumen de plasma.
- La musculatura isquémica se ha necrosado, hay amplias extensiones de tejdio muerto. Al reanudarse la circulación, pasarán a la sangre una gran cantidad de productos de las células muertas. Uno de los principales es la mioglobina. Una proteína procedente del músculo que pasa a la circulación de la sangre y se deposita en los túbulos del riñón.

La pérdida masiva de plasma puede ser ya peligrosa produciendo un shock, pero de no darse este fenómeno, la caída de volumen de sangre y el depósito de protinas en el riñón provocarán un fallo renal agudo.

Contusiones de tejidos blandos por traccion.

Desgarros musculoligamentosos

El arrancamiento consiste en la escisión de tejidos o de miembros por la tracción ejercida por el agente vulnerante. Siempre debemos buscar dos grupos de lesiones en un arrancamiento.

En primer lugar las lesiones de presa, es decir aquellos puntos donde el agente agresor ha atrapado los tejidos corporales de una forma suficientemente consistente para realizar una tracción. En segundo lugar aparecerán las lesiones propiamente de arrancamiento consistentes en la separción irregular de las superficies y los tejidos del organismo.

En el arrancamiento podemos apreciar que los diferentes tejidos, al tener diferentes resistencias y elasticidades, presentan puntos de rotura elástica muy diferentes unos de otros, característica que confiere este aspecto de irregularidad.

Distensiones tendinosas

Los tendones son estructuras que unen los músculos con sus anclajes en el hueso. Se trata de formaciones similares a cuerdas que estan formadas esencialemnete por haces de fibras de una proteina llamada colágeno. Estos haces estan recubiertos por unas capsulas en las que discurren pequeños vasos sanguíneos y fibras nerviosas.

Un tendón puede romperse totalmente, situación que se llama rotura tendinosa o romperse parcialmente. Pero la lesión característica del tedón es la distensión. En una distensión lo que se produce es un estiramiento extremo de las fibras de colágeno hasta el punto de que se supera su capacidad elástica de volver a su posición, las fibras quedan flaccidas y alargadas y se produce la rotura de los pequeños vasos que acompañan el recorrido del tendón. Deberá haber una reparación de las fibras para volver a recuperar la firmeza del tendón.

Como en toda lesión habrá una reacción inflamatoriaque se llama tendinitis. Las tendinitis por una distensión aguda suelen ser de poca entidad, y son siplemente un fenómeno acompañante a la distensión.

Cuando se habla de tendinitis es porque la lesión cronifica, hay un estímulo, como el movimiento repetido que irrita el tendón lesionado, dando lugar a una respuesta inflamatoria desproporcionada y que termina por convertirse en la protagonista de la lesión. Es en estos casos cuando se habla médicamente de tendinitis.

La tendinitis así entendida es un fenómeno crónico que sucede por movimiento repetidos como losque se producen en determinadas profesiones o en deportistas.

CONTUSIONES INTERNAS

Las estructuras internas del organismos, y típicamente las vísceras, pueden ser lesionadas de diferentes formas por un mecanismo contuso. Tal como referíamos en la fisiopatologia diferenciamos una deformidad por impacto directo y una deformidad por tracción o desacleración

Contusiones y derrames en cavidades.

Cuando hablamos de contusiones viscerales es obligado hacer refernción por motivos históricos a lo que se llamaron "contusiones cavitarias" y que consistían en la apreciación de una colección serosa, serohática o una franca hemorragia en el interior de una cavidad por causa de un trauma contuso.

Los derrames cavitarios de carácter contuso obedecen en la mayoría de los casos al resultado de las contusiones viscerales que vamos a describir y por tanto son consecuencia de las mismas.

En ocasiones, si el impacto deformante ha producido la lesión de una serosa, como la pleura o el peritoneo, por una elongación de la estructura histológica de la misma que dé lugar a fenómenos inflamatorios o a francas equimosis, el derrame será consecuencia del trasudado inflamatorio que puede llegar a ser discretamente serohemorrágico. En este segundo caso, la aparición del derrame es consecuencia de la lesión contusa de las estrcuturas de la pared y tampoco puede considerarse como una lesión en sí misma.

Las principales hemorragias en cavidades son tres: Las hemorragias intracraneales, las hemorragias toracicas y las hemorragias abdominales.

Hemorragias intracraneales.

Las hemorragias intracraneales traumáticas son cla´sicamente las hemorragias en los espacios meníngeos, es decir los espacios delimitados por las meninges que son las cubiertas que rodean y aislan en encéfalo.

Existen tres capas de meninges que son: la piamadre que es una capa de células que no se ve a simple vista y que está adherida a la superficie del cerebro y médula. En segundo lugar la aracnoides, la aracnoides es una capa de tjdio bastante delicado que envuelve el sistema nervioso, es muy vascular (tiene muchos vasos). En tercer lugar esta la duramadre, que se trata de una cubierta bastante resistente que envuelve todo el sistema nervioso central (encéfalo y medula) y que se adhiere parcialmente al hueso que la contiene (craneo y conducto raquídeo).

Los tres tipos de hemorragia intracraneal son:

La hemorragia epidural. Que es la hemorragia que se situa entre el hueso craneal y la duramadre. Generalmente es una hemorrágia localizada, tiene un punto de sangrado y crece como una masa haciael interior del cráneo. La hemorragia epidural normalmente aparece tras un intervalo de tiempo tras un traumatismo craneal, intervalo que llega hasta las 24 horas aproximadamente.

En la secuencia habitual la víctima recibe un impacto, muchas veces con pérdida de conocimiento. Se recupera y al cabo deunas horas o al día siguiente aparece una clínica neurológica bastante aguda y el sujeto fallece. La hemorragia en el espacio epidural procede de vasos arteriales, por lo que se trata de una hemorragia con bastante presión que despega la meningede su adherencia al hueso.

Cuando se encuentra una hemorragia epidural, hay muchas probabilidades de que se trate de un impacto de algo que se mueve contra el cráneo que está quieto. Sonlas hemorrágias más típicas que aparecen en lesiones por impactos de puño, golpes de porra o bastones etc.

La hemorragia subdural. Este segundo tipo de hemorragia se sitúa por debajo de la duramadre y sobre la superficie de la aracnoides (es decir entre duramadre y aracnoides). Se trata de una hemorragia extensa, que se extiende en forma de lámina por la superficie del cerebro recubierto por la arcnoides.

Este hemorragia es de baja presión en comparación con la epidural. La hemorragia subdural procede de vasos venosos y puede ser aguda, pero tambien subaguda o crónica. Cuando hablamos de subaguda es que lleva en marcha unas dos semanas y crónica varis semanas. Son hemorrágias que aparecen después de un golpe y que poe ejemplo en ancianos dan una clínica insidiosa con cambios de comportamiento hasta que se desata la clínica de compresión cerebral.

La típica hemorragia subdural es por desaceleración, al contrario de la epidural, en la mayoría de casos va a aprecer como consecuncia de una caida. Esto es que el cráneo está en movimiento e impacta contra un objeto estático, como el suelo.

La tercera hemorragia intracraneal es **la hemorragia subaracnoidea**. Se trata de una hemorragia que se expande por debajo de la arcanoides, extendiendose así por la suprficie del cerebro. La mayoría de hemorragias subaracnoideas son provocadas por causas naturales, no traumáticas. Las causas mas frecuentes de hemorragia subaracnoidea son la hipertensión y las malformaciones de los vasos cerebrales como por ejemplo los aneurismas.

La hemorragia subaracnoidea de causa traumática normalmente se sitúa en forma de sábana por la parte superior del cerebro y muchas veces en uno de los lados. La hemorragia subaracnoidea traumática suele acompañarse de hemorragia subdural y suele ser también una lesión por desaceleración, no por impacto directo.

La hemorragia subaracnoidea de causa natural suele situarse en la base del cerebro, en lo que se llama la base del cráneo.

Hemorragias toracicas.

Las hemorragias torácicas o hemotorax cuando son de origen traumatico suelen producirse por truamatismos importantes de la pared con rotura de costillas, en cuyo caso son hemorragias relativamente pequeñas. Cuando las contusiones viscerales provocan un hemotorax masivo generalmente es porque ha afectado alguno de los grandes vasos que entran o salen del corazón.

Los traumatismos torácios de tipo contuso, fuera de los extremadamente violentos, suelen producir traumatismos cerrados en el tórax, con lo que la sangre se acumula en el interior.

Hemorragias abdominales.

Las hemorragias abdominaes o hemoperitoneo, en el traumatismo cerrado se producen como consecuencia de la rotura de vísceras macizas como hígado y bazo. Es muy poco frecuente que se rompan vasos abdominales fuera de los traumatismos de muy alta energía como son los accidentes de tráfico y las precipitaciones.

CONTUSIONES VISCERALES

Una estructura interna puede lesionarse por un mecanismo directo siempre que este deforme lo suficiente los tejidos de cubierta para llegar a producir la deformación visceral.

En algunos casos, como es en el cráneo o en el tórax, la existencia de elementos de cuebierta estrcuturalmente poco elásticos, como es el cráneo o la parrilla costal, van a dar lugar a que apreciemos lesiones contusas en los mencionados tejidos de cubierta, antes de llegar a la lesión viscveral. En algunos puntos, típicamente en el abdomen, la elasticidad de la pared abdominal es muy alta, por lo cual puede verse deformada con lesiones míninmas y no apreciables, hasta el punto de permitir que la acción del agente contuso llegue a deformar las vísceras.

En este ejemplo de las lesiones abdominales son muy típicas las lesiones por impacto directo en hígado y bazo.

Se trata de órganos parenquimatosos macizos y con muy poca elasticidad. Un impacto sobre el hígado va a producir su deformación y al deformarse el hígado se van a producir desgarros en su parénquima. Si el impacto es de relativa baja energía, la lesión va a consistir en la formación de un hematoma en el interior del parénquima hepático, pero si la velocodad y la intensidad de la deformación es muy importante puede llegar a romperse la cápsula hepática, al verse comprimida la víscera de una forma masiva

Las contusiones de vísceras macizas generalmente se dividen en cinco grados de contusión. Las contusiones de primer y segundo grado suelen ser pequeñas hemorrágias dentro de la víscera, por ejemplo el hígado, donde en muchas ocasiones la presión de la cápsula es suficiente para detener la hemorragia. En realidad se trata propiamente de hematomas viscerales.

Las contusiones de tercer y cuarto grado son lesiones en las que hay desgarro de la cápsula y por tanto sangrado hacia el peritoneo. Finalmente la contusión e quinto grado es aquella que afecta al hilio de la víscera[21].

En oasiones, las contusiones de primer y segundo grado pueden dar lugar a una complicación que es la hemorragia en dos tiempos. Esta situación consiste en que primero se forma un hematoma en el interior de la víscera, típico en hígado y bazo. El hematoma hemos dicho que es contenido por la presión de la cápsula. Ahora bién, en ocasiones se puede romper la cápsula al cabo de unas horas del traumatismo, con lo que se produce una hemorragia abdominal catastrófica a psoteriori.

Los hematomas en dos tiempos son peligrosos por su volumen y por aparecre tardíamente, cuando ya se consideraba "superado" el traumatismo abdominal.

En el caso de las vísceras huecas, como son las asas intestinales o la vejiga, pueden llegar a producirse equimosis parietales en el punto de impacto (punto de deformidad) siempre que concurran algunas circunstancias que eviten su adaptación: o bien la velocidad de impacto es alta, o bien el punto de impacto es próximo a un punto de fijación de la viscera, o bién la víscera esta llena de contenido.

Las equimosois en paredes de vísceras huecas no sulen ser relevantes. Cuando son importantes el problema que plantean es que se pueda llegar a perforar la pared. Esto es extermadamente poco frecuente.

La contusión visceral por deformidad indirecta y desaceleración.

Causa frecuente de lesiones viscerales es la deformación por mecanismos indirectos. Tenemos dos modelos diferentes de mecanismo indirecto:

En un primer modelo la víscera es desplazada por la presión del agente contuso, es decir que este, una vez ha vencido la resistencia de los tejidos de cubierta, es capaz de empujar a la estructura visceral dentro de la cavidad. La viscera no se lesionará entonces en el punto de presión en que se aplica la fuerza sino que se lesionará cuando en el camino en que es desplazada hay una estructura rígida contra la que se aplasta y le produce una deformidad suficiente para dar lugar a una contusión. Este es el mecanismo que antíguamente se conocía como

---

[21] El hilio de una víscera es la parte por la que penetran las arterias y salen las venas, así como otras estructuras en forma de tubos como el conducto bilar en el hígado o los uerteres en los riñones.

contragolpe y que es muy típico a nivel craneal o en los pulmones, por ejemplo, al estar rodeados de estructuras consistentes como el cráneo o la caja torácica que frenan su desplazamiento.

En estos casos hay una notable diferencia en cuanto al mecanismo de acción del agente contuso. En este caso, la velocidad de imacto es mucho menor, así como su energía, motivo por el cual no provoica la deformación de la víscera en el punto del impacto sino que la empuja por completo " aplastándola contra una estructura posterior o subyacente)

El segundo modelo de contusión visceral por un mecanismo indirecto es mucho más frecuente en patología forense y se trata de los emcanismos de desaceleración. En estos el agente vulnerante no actúa en el punto concreto de la víscera sino que le imprime una velocidad al organismo (caidas, precipitaciones, impactos de tráfico etc, que veremos posteriromente), y al detenerse brucamente el cuerpo, hay una violenta deceleración visceral (lo que podríamos definir como una sacudida).

En el mecanismos de desaceleración se pueden producir dos tipos de lesiones:

- si la viscera experimenta este violento movimiento e impacta contra una estrcutura consistente que lla frena (craneo, torax etc), se va a producir una contsuión de contragolpe similar a las provocadas en el impacto directo.
- si la víscera sale despedida en uan dirección o un movimeinto en el cual no la frena una estrcutura consistente, va a lesionarse precisamete en su punto de sujección o punto de anclaje, que suele ser, o bie´n en el hilio visceral, o bién en las estructuras de sujección de carácter ligamentoso. Estas lesiones son muy frecuentes a nivel de hilios pulmonares, y este es el mecanismo productor de la rotura del hilio esplénico, la rotura de cayado aórtico o bién del estallido hepático.
- En los dos primeros casos por la tracción que provoca sobre estas estructuras el peso acelerado del bazo o del corazón, y en el tercer caso por la violenta tracción de frenada que provoca sobre el parénquima hepático su fijación por el ligamento triangular.

CONTUSIONES VASCULONERVIOSAS

Contusiones vasculonerviosas por compresion directa

La contusión puede producir una deformidad intensa y directa en estrcuturas vasculares y nerviosas, siempre que estas discurran en un trayecto y profundidad suficientes para ser alcanzadas por dicha deformidad. tengamos en cuenta que se trata de lesiones raras en el impacto directo por cuanto estas estrcuturas poseeen una alta elasticidad y por tanto un agente contuso debe actuar con una alta energía y una alta velocodad para impedir la adpatación elástica de estos tejidos.

Las lesiones más características a este nivel pueden citarse como las lesiones vasculonerviosas que pueden producirse por impactos laterocervicales por instrumentso que actúan con una alta velocidad, o bién las lesiones del ciático poplíteo también por agentes similares

No osbtante, el mecanismo de contusión más frecuente sobre este tipo de estructuras es la compresión sostenida. Es mucho más frecuente y fácil que se produzca una lesión vascular carotídea en uan compresión sostenida en una maniobra de estrangulación que de un impacto en el cuello. Estas son las contusiones típicas que se producen por la presión sostenida de las ligaduras.

Distensiones y roturas vasculares por elongación

Al igual que referíamos en las vísceras, el mecanismo mas frecuente y característico de contusión de vías vaculonerviosas es la tracción. Los mecanismos de desaceleración, así como los mecanismos sostenidos de tracción son los que con mayor seguridad van a producir estas lesiones.

Tengamos en cuenta que estas estructuras vasculo-nerviosas pueden presentar una alta elasticidad a los agentes deformantes que actúan de forma perpendicular a ellos, pero que su elasticidad es muchísimo menor cuando el agente vulnerante produce una deformidad en el sentido longitudinal del vaso o del nervio.

Dentro de este contexto tenemos los mecanismos de arrancamiento de plexos y troncos nerviosos que se producen por tracciones violentas, caso típico de las lesiones por contusión en el plexo braquial, que pueden llegar al arrancamiento, en la tracción del miembro superior).

También dentro de este mecanismo tenemos los fenómenos de lesiones contusas que se producen en los vasos del cuello en el mecanismo de tracción conocido como ahorcadura, descritos clásicamente como signos de ahorcadura, que ya describiremos, pero cuya base adelantamos que no es más que una contusión por tracción.

CONTUSIONES EN ESTRUCTURAS ÓSEAS

El mecanismo de contusión, es decir la lesión del tejido por deformidad de sus estructuras, presenta una serie de peculiaridades en el hueso. El tejido óseo es rígido no se adapta al impacto o a la compresión, generando lesiones específicas.

Una de ellas ya la hemos mencionado, es el hematoma óseo, que hemos apuntado en el apartado de hematomas, por tanto ahora nos centraremos en las contusiones de cuarto grado en el hueso que conocemos como fracturas.

FRACTURAS Y SUS TIPOS

La lesión que conocemos por fractura no es sino una variante de la lesión contusa que afecta al tejido óseo. Se trata igualmente de una lesión en la que la transmisión de energía mecánica se produce sobre el tejido óseo, el cual tiene la particularidad de presentar una flexibilidad muy baja y en algunos puntos prácticamente nula.

Por ello la fractura va a presentar una solución de continuidad en el tejido óseo y no un conjunto difuso de lesiones que componen la contusión en los tejidos blandos.

La patología ósea más frecuente y propia de la autopsia forense son las fracturas. Entendiendo la fractura como la lesión que supone la separación del hueso mediante una solución de continuidad.

A grandes rasgos podemos diferenciar tres tipos de soluciones de continuidad: en primer lugar las fisuras, que suponen discontinuidades de carácter lineal sin pérdida de relación anatómica ni separación completa de los extremos óseos.

La fractura propiamente consistirá en la separación completa de extremos óseos y finalmente la fractura abierta será aquella en la que los extremos óseos rompan la cubierta cutánea, es decir la piel, apareciendo en la superficie del cuerpo.

De entre estos tipos de lesión, la fisura prácticamente siempre pasará desapercibida en la autopsia de rutina, excepto en el cráneo, que es la única región esquelética que se explora rutinariamente en la autopsia forense.

La fractura habitualmente se detecta por la palpación y la observaciones de la posición el cadáver. hemos de tener en cuenta que el fenómeno de la rigidez en la mayoría de los casos acentúa la deformidad producida por las fracturas. En todo caso se hace necesario una exploración sistemática del aparato locomotor del cadáver que no siempre se realiza. Las fracturas abiertas son evidentes y es obvio que se aprecian en el examen externo del cadáver.

Esto nos lleva nuevamente a la consideración de la utilidad de la radiología cadavérica para el estudio correcto y la interpretación de las huellas de la violencia.

Para la detección de las fisuras es necesaria la radiología. Es por ello que cuando se aprecian lesiones de lucha en las manos del cadáver se hace muy aconsejable la práctica de radiografías de las manos. De igual forma, la existencia de lesiones en las cubiertas de cualquier región corporal nos debería orientar la práctica de radiografías.

La radiología no tiene un objeto meramente científico sino que puede ser imprescindible para la interpretación de huellas de violencia que son muy inespecíficas en los tejidos blandos pero que son muy claros en el tejido óseo. Así la dirección o la intensidad de una violencia son insustituiblemente evaluadas correlacionando los hallazgos en la superficie externa con la radiología.

La utilidad de la radiología no solamente se reduce a las fisuras, sino que es muy importante en el estudio de fracturas simples y abiertas.

Nuevamente debemos precisar que algunos elementos de juicio relativos a la dirección o intensidad de la violencia son más evidentes en la radiología que en algunos casos con la disección.

La utilidad de la radiología crece con el número de fragmentos óseos en que se divide la fractura, de tal forma que en una fractura simple en dos fragmentos puede resultar superflua, pero en una fractura conminuta por efecto del choque de un proyectil puede ser imprescindible. Hacemos mención al número de fragmentos por cuanto a mayor cantidad, mayor posibilidad de desplazarlos al abordar la fractura en la autopsia, por lo que es sumamente útil disponer de una radiología previa.

La interpretación de la causalidad de una fractura se realiza en función de su morfología. Esta a su vez es producto de su mecanismo de producción, por lo que vamos a revisar brevemente su clasificación.

Mecanismos de fractura

Los mecanismos de fractura se dividen en mecanismos directos y mecanismos indirectos.

Se conoce como mecanismo directo todo aquel que suponga una interacción directa del agente vulnerante sobre un punto concreto del tejido óseo y sobre este punto se produce la lesión. La fractura provocada por un proyectil de arma de fuego o la herida inciso-contusa de un hacha son ejemplos clásicos de mecanismos directos. La interpretación de las lesiones directas en tejido óseo no presenta una gran dificultad.

Los mecanismos indirectos son aquellos en los que la línea de fractura es la resultante de una serie de fuerzas transmitidas al hueso por la aplicación de energía traumática en puntos distantes de la fractura.

La acción de estas fuerzas a distancia dará lugar a diferentes morfologías de fractura que nos servirán en la autopsia para la reconstrucción de los hechos.

Podemos clasificar los mecanismos indirectos de la siguiente forma:

Fracturas óseas por deformidad

La fractura por deformidad es la clásica que se produce a distáncia del punto de aplicación de la fuerza.

Por ejemplo en algunas fracturas de cráneo, la fuerza se aplica sobre la parte superior del cráneo, pero la bóveda resiste, entonces lo que se produce es una deformación de toda la estructura craneal y la fractura se tremina produciendo a distáncia, frecuentemente en la base.

> **Un dato útil**
>
> *Por término medio un impacto con un elemento contundente sobre el cráneo va a penetrarlo o provocar un fractura por deformidad según la superficie de contacto.*
>
> *Si la superficie de contacto es menor de 5 cm cuadrados, el cráneo suele ceder en el punto de impacto. Es lo que sucede con un proyectil, un pico o un objeto contundente de pequeña superficie.*

Si la superficie de contacto entre agente contundente y cráneo es superior a 5 cm cuadrados, se suele deformar la totalidad del cráneo, lo cual se va a traducir el líneas de fractura que pueden partir del punto de impacto de forma radial o aparecer a distancia del punto de impacto.

Otras fracturas indirectas características son las que se producen por torsión. Por ejemplo un brazo atrapado y sujeto a una fuerza giratoria va a sufrir fracturas en forma de espiral (fracturas espiroideas) a distáncia.

Como norma general debe tenerse en cuenta que la fractura o lesión ósea no necesariamente coincide con el punto de aplicación de la fuerza y este dato es prioritario a la hora de reconstruir correctamente las lesiones.

Fracturas indirectas por cadena lesional

Un caso especial de la fractura indirecta es lo que se llama cadena lesional. Una cadena lesional es un conjunto de lesiones que aparecen alineadas siguiendo el trayecto de una fuerza que se transmite por las estructuras del cuerpo.

Vamos a utilizar un ejemplo bastante característico de cadena lesional: una persona salta desde un trampolín a una piscina de agua poco profunda y entra en posición completamente vertical, digamos en posición de firmes.
El cuerpo penetra de forma bastante aerodinámica por el agua e impacta contra el fondo con los talones: se produce una lesión en los calcáneos.

La fuerza de impacto es potente y se transmite a las rodillas, pudiendo fracturarse la parte superior de las tibias.

Si la fuerza de impacto es muy fuerte, seguirá ascendiendo, haciendo impactar las cabezas de los fémures contra la pelvis, provocando fracturas a este nivel.

Si la energía de impacto no se ha agotado, el siguinete punto de transmisión vertical será a las vértebras, pudiendose producir aplastamientos de los cuerpos vertebrales.

Finalmente si la energía de impacto es importante la columna vertebral puede presionar violentamente en posición vertical contra la base del cráneo, fracturandola y lesionando la médula o el tronco cerebral.

Esto sería un ejemplo típico de cadena lesional completa. En la mayoría de casos la energía es absorvida en un par de fracturas.

En ocasiones pueden faltar lesiones en puntos de la cadena. Son aquellas situaciones en las que una estructura es lo bastante resistente para aguantar el impacto y transmitir la energía al siguiente punto de presión. Por ejemplo una persona puede caer sobre los pies, se fracturan los tobillos y la presión ascendente no llega a lesionar las rodillas y las caderas, pero se produce una fractura de vértebras lumbares por aplastamiento.

CAPITULO 14

CUADROS POLILESIVOS EN PATOLOGIA FORENSE.

Politraumatismos y policontusiones

En patología forense una gran cantidad de casos traumáticos se presentan como conjuntos de lesiones. El cadaver presenta múltiples lesiones que se agrupan en categorías y estas categorias se suelen corresponder a una causa o etiología.

Como primer punto se debe distinguir entre dos conceptos, el de policontusión y el de politraumatismo.

El politraumatismo es un conjunto de lesiones, de las cuales al menos una es potencialmente letal para la víctima.

El policontusionado o polilesionado es la situación en la que hay multiples lesiones pero ninguna, individualmente, es potencialmente letal. Lo cual no quiere decir que el conjunto de lesiones no sea mortal.

La diferencia, además de académica, está en que en el politraumatismo el estudio autópsico se centra en las lesiones mortales. En cambio en el policontusionado es muy importante la aplicación de los conocimientos sobre gravedad de lesiones y sus diferentes componentes que recordemos que son:

— gravedad local de la lesión.
— fisiopatología desatada por la lesión.

— reacción corporal a la lesión.
— estado de salud previo de la víctima.

La autopsia del politraumatizado.

En el politraumatizado se incluyen multitud de situaciones diferentes, desde el accidente de tráfico en todas sus variantes, precipitaciones, caidas, accidentes laborales y todo tipo de traumatismos de alta energía.

Este contexto se presta a dos cuestiones importantes de cara a la autopsia.

En primer lugar el porqué se practica autopsia, ya que en muchos casos es evidente que ha muerto por el politraumatismo. Sin entrar en discgresiones, en estos casos priman varios objetivos, el primero de los cuales es comprobar que efectivamente ha muerto en un politraumatismo y que este no es una forma de enmascaramiento de un homicidio o una situación similar. Otro objetivo es investigar posibles causas del politraumatismo, desde una intoxicación, un estado de ebriedad hasta una enfermedad que haya producido una pérdida brusca de conocimiento.

La segunda cuestión, aunque parezca simple, es bastante importante y es la metodología con que se va a abordar la autopsia. Generalmente se realizan estas autopsias con una metodología convencional, la descripción de lesiones por un orden anatómico, detectando lesiones fundamentales y secundarias.

No obstante, esta metodología convencional suele convertir estas autopsias en un listado mas o menos extenso de lesión tras lesión. No es infrecuente ver informes de autopsia que llegan al grado, a nuestro modo de ver incorrecto, de covertirse en catálogos de lesiones sin un sentido global.

Por ejemplo, una víctima de tráfico arrastrada por la calzada puede presentar de treinta a mas de un centenar de excoriaciones y pequeñas contusiones de primer grado en toda la superficie corporal. Realizar un informe con una descripción individualizada de todas y cada una de estas lesiones no tienen ninguna utilidad y máxime cuando tras esa descripción pormenorizada no aparece ningun análisis o visión de conjunto.

Si en un informe de autopsia se describen un centenar de lesiones por arrastre y no hay detrás una idea de que ese conjunto tiene una repercusión global sobre el organismo que lo hace equivalente a un gran quemado, puede dar una apariencia de minuciosidad pero no tiene utilidad médica ni aporta ningún dato fundamental. Sería el equivalente a incluir en un informe médico final de una persona que ha tenido un ingreso por una neumonía, la relación pormenorizada de todas y cada una de las tomas de temperatura que se le han realizado a lo largo de una semana.

Visión general del politraumatizado.

Ya hemos definido al politraumatizado como aquella situación en la que se presentan simultáneamente múltiples lesiones y frecuentemente varias de ellas letales. En la autopsia del politraumatizado es importante mantener una visión de conjunto de forma que ni enfoquemos todo el politraumatismos en una lesión, ni el estudio se pierda en una multiplicidad de lesiones.

En este sentido dbe realizarse una sistematización del cuadro lesivo en grandes apartados, que nos van a ayudar a racionalizar el estudio autopsico.

Los principiles grupos lesivos que vamos a tener en cuenta son:

1. Lesiones craneales y raquídeas

Las lesiones craneales, concretamente craneoencefálicas. En la práctica diaria las primeras causantes de muerte en el politraumatismo.

Una causa de muerte no tan frecuente pero importante es la fractura de vértebras cervicales con lesión de la parte alta de la médula. Es en este punto donde puede encontrarse la causa de muerte en muchos casos en los que aparentemente no hay lesiones que justifiquen una muerte fulminante.

La lesión medular alta mata de forma fulminante, y es frecuenteque la encontremos en casos en los que hay grandes lesiones viscerales, por ejemplo un rotura hepática y no vemos un sangrado abdominal suficiente para el volumen de rotura visceral. En ocasiones la fractura cervical da la explicación de una muerte fulminante en casos en los que se ha empezado a sospechar que el politraumatismo ha sido postmortal.

En ocasiones, poco frecuentes, pero que deben tenerse en cuenta hay una muerte de causa cerebral o medular sin lesiones aparentes. Aquí aparceen dos cuadros: la lesión axonal difusa y la embolia grasa.

La lesión axonal difusa es una lesión microscópica pero masiva en los axones de amplias masa de neuronas que se suele producir por desaceleraciones muy violentas. Se trata de una lesión que solamente se puede sospechar y comprobar posteriormente mediante exáemn microscópico.

La embolia grasa es la embolia de pequeños fragmenos de médula ósea en los vasos de la microcirculación cerebral y medular. Esta médula ósea procede de las fracturas y no da una imágen muy aparatosa en el estudio macroscópico. Un signo de sospecha muy indicativo es la apreciación de pequeños puntos de hemorragia o petequias en la cara y en los ojos del cadaver.

2. lesiones hemorrágicas y con colapso circulatorio.

Las lesiones que provocan hemorragias masivas. En este sentido podemos tener diversas situaciones, desde una hemorragia masiva como es una rotura aórtica, hasta una suma de focos hemorrágicos. En el primero de los casos la interpretación autópsica no es compleja, pero sí que va a serlo cuando los focos hemorrágicos se multiplican y tienden a ser individualmente menos graves.

La hemorragia en el contexto de la autopsia del politraumatizado tiene varias facetas.

En primer lugar las hemorragias directas por rotura de vasos o vísceras. El este contexto mencionaremos anecdóticamente que hay una confusión muy típica en las lesiones aórticas. En un politraumatismo es frecuente la rotura abierta de la aorta, lo cual no plantea ningún problema de interpretación. Pero en ocasiones lo que se produce es una disección traumática de la aorta, y este tipo de lesión se puede confundir con un aneurisma aórtico y atribuirse el accidente y la muerte a una causa natural.

En segundo lugar, hay que prestar atención a los trastornos de coagulación provocados por el traumatismo. El estado de alteración general del politraumatizado suele producir una complicación que es la coagulación intravascular diseminada que dará lugar a multiples focos hemorrágicos, que son letales en conjunto pero vistos individualmente no parecen una gran hemorragia.

La coagulopatía del politraumático está influenciada por múltiples factores, en los que a veces no se piensa a la hora de practicar la autopsia, por ejemplo un factor a tener en cuenta es la politransfusión, un herido al que se transfunden mas de doce unidades de sangre tiene un factor de riesgo de hacer un trastorno de coagulación.

La pérdida directa de sangre suele matar en las primeras horas, pero hay que tener en cuenta que no es el único factor en la pérdida de líquido del politraumatizado. Una gran cantidad de plasma se va a perder en las primeras horas en el edema secundario a las fracturas y heridas. Hay que valorar este factor de edema en aquellos casos en los que no parezca que la pérdida de sangre sea tan elevada como para provocar la muerte.

Las fracturas son útiles como indicativos de sospecha de grades hemorragias en el politraumatizado. Las mas peligrosas son: las fracturas de pelvis, las fracturas de fémur (un fémur fracturado puede provocar rápidamente un hematoma de un litro de sangre) y las fracturas próximas a articulaciones cercanas al trayecto de grandes vasos y especialmente si se traa de fracturas abiertas.

3. lesiones que comprometen la respiración.

Existen diferentes lesiones y problemas que pueden influir o provocar la muerte por bloqueo ventilatorio en un traumatismo.

Puede existir una obstrucción de vias aéreas por lesiones faciales, penetración de materiales en la via respiratoria o por compresión de la misma por hematomas.

En segundo lugar debemos examinar la estructura torácica. Las lesiones extensas de la pared torácica pueden incapacitar la expansión de la caja torácica y por tanto la respiración. De la misma manera la entrada de aire en las pleuras o neumotorax masivo pede colapsar los pulmones provocando la muerte. En las estructuras del torax se incluye el diafragma, la rotura del cual puede blouqear el bombeo respiratorio.

Las lesiones pulmonares en forma de hematomas y desgarros extensos pueden bajar dramáticamente la capacidad pulmonar hasta el punto de impedir la respiración.

En los casos en los que hay una supervivencia de unas horas o dias al traumatismo suele presentarse una complicación muy severa en los pulmones que se conoce como distres respiratorio del adulto. En la autopsia podemos ver su base anatómica que es el daño alveolar difuso. Como consecuencia de las alteraciones generales del organismo, como por ejemplo la baja perfusión de sangre, puede haber uan lesión difusa pero extensa de las células alveolares que va a provocar un dañoa catastrófico en los pulmones que lleva a la muerte.

En la aparición de esta complicación influyen haber tenido una situación de fallo de circulación crítica o shock, aunque se haya recuperado posteriormente, además si ha habido fracturas de huesos relativamente grandes como el fémur o la pelvis, se producen pequeñas emobilas de médula ósea en el pulmón que se conocen como embolias grasas, que desatan una intensa reacción inflamatoria. Trastornos de la coagulación en las primeras horas y el síndrome inflamatorio sistémico son también lesivos para el pulmón. Y finalmente, en un paciente encamado e inmovilizado quedan zonas pulmonares mal ventiladas. Todo ello va a conducir a este pulmón crítico que ya se describió en soldados heridos durante la guerra de Vietnam, por lo que su primer nombre fué pulmón húmedo o pulmón de Vietnam.

Esta complicación pulmonar provoca un alto indice de muertes en los primeros dias tras un politraumatismo. Y en los heridos que lo superan hay un alto riesgo de que aparezca una infección pulmonar, una neumonía, como tercer punto crítico en las posibles causas de muerte de un politraumatizado mas allá de los primeros días.

4. Complicaciones del estado general

En el politraumatizado hay que tener en cuenta la posibilidad de una hipotermia como factor favorecedor de la muerte o incluso determinante si no ha recibido ayuda rapidamente. Ya hemos comentado en el capítulo de las lesiones por frio la poca resistencia a la pérdida de calor y su efecto en un organismo crítico.

Las infecciones, especialemente las neumonías ya mencionadas son causa frecuente de muerte tardía en los pacientes politraumatizados.

Debe tenerse en cuenta la existencia de patología previa al traumatismo. Patologías cardíacas, diabetes y otras enfermedades pueden presentar descompensaciones severas y letales en el paciente politraumatizado. Esto suele llevar a tener que apurar el juicio diagnóstico de la autopsia en el sentido de si la patologia ha sido la causa del traumatismo, si la muerte ha sido provocada por la enfermedad descompensada por el traumatismo o bién se ha producido una muerte natural con escas relación con el trauatismo. Si bién esta tercera posibilidad se plantea generalmente cuando ha pasado mas de una semana desde el traumatismo y la situación del paciente ya no se consideraba crítica.

Traumatismos en el anciano.

La tercera edad o población anciana en Occidente es un segmento muy numeroso de población. Un alto número de autopsias forenses se practica en personas mayores de 65 años.

Dentro de este grupo de personas, las muertes por traumatismos son frecuentes. Dependiendo del pais la muerte traumática del anciano se sitúa alrrededor de la cuarta causa de fallecimentos, en este dato es importante tener en cuenta que muchos fallecimientos en principio naturales son desencadenados por golpes o traumatismos.

Y es que, cuando hablamos de la muerte traumática del anciano hemos de cambiar las reglas de enfoque de la autópsia o mejor dicho la interpretación de los hallazgos. Aquí debe tenerse en cuenta que hay un grupo que va desde los 65 hasta los 75 u 80 años, que ya entra en este concepto, pero en los mayores de 80 años la problemática de los traumatismos y su mortalidad se multiplica por tres.

Los traumatismos mas comunes del anciano son las caidas. También los atropellos y accidentes de tráfico son frecuentes, pero pensemos que el anciano viene a tener una caida cada tres años.

Factores a tener en cuenta.

En primer lugar, el organismos del anciano es sensiblemente mas fragil que el de un adulto o un joven. Su función cardíaca, su función renal, su capacidad para adaptarse a las heridas y lesiones etc, están disminuidas. Por esto, aunque no es ninguna patología, debemos interpretar la autopsia del anciano como si fuera la de un paciente con una enfermedad previa. El anciano tiene menos musculatura, su organismos contiene menos agua etc. Con todo ello su capacidad para responder a una hemorrágia o a una respuesta inflamatoria sistémica es mucho menor.

A esto hay que sumar que casi la mitad de mayores de 65 años tienen efectivamente enfermedades previas o patologías como hipertensión, diabetes, anemia, insuficiencia cardíaca etc.

Por todo esto, a la hora de estudiar la muerte de una persona por encima de los 65 años, debe darse una repercusión y una gravedad a las lesiones mucho mayor de la que se le atribuiría a la misma lesión en una persona de 40 años. En traumatología se valora a los pacientes por escalas de gravedad, pues bién, en el anciano, lo que en una escala de población adulta se puede considerar un traumatismo moderado, lo debemos considerar grave.

Finalmente , hemos de considerar que en la autópsia del anciano hay una dificultad de interpretación añadida. En la autopsia del adulto lo mas frecuente es encontrar una lesión traumática, por ejemplo cerebral, o una hemorrágia masiva etc, que son bastante claras e inequívocas. En el anciano muchas veces encontramos lesiones mas ambiguas porque la muerte está provocada por la lesión , pero en el proceso de la muerte participa un conjunto de fallos de sistemas y órganos. Es muy frecuente encontrar unas lesiones que en el adulto no nos explicarían claramente la muerte, pero en el anciano sí que la explican.

Ejemplos típicos de problemas en el traumatismo del anciano.

1. La sensibilidad a la hemorragia. El anciano tiene menos capacidad de adapatación de su corazón y su sistema arterial a una hemorrágia. Va a entrar en shock hemorrágico o incluso en fallo cardíaco con una hemorragia menor que el adulto. Por ejemplo una fractura de fémur es poco frecuente que produzca una hemorragia letal en un adulto, pero en el anciano hay que tener en cuenta que un litro de sangre por fractura femoral o de la pelvis puede provocar un shock y la muerte.

2. El traumatismo craneal. La lesión intracraneal en el anciano es mas grave que en el joven o en el adulto. Y esto no solamente es por la repercusión directa de la lesión en el cerebro, en la persona de edad avanzada con un trauma craneal moderado, las complicaciones cardíacas, pulmonares o infecciosas aparecen con frecuencia y llevan a la muerte del paciente aunque la lesión craneal responda bién a la terapeútica y hasta mejore.

3. El traumatismos torácico . El torax y sistema respiratorio de la persona joven es bastante adaptable y resistente. En el anciano la caja torácica es menos elástica, tiene menos capacidad ventilatoria en sus pulmones y menos capacidad de adaptación. Un pulmón joven puede tolerar contusiones pulmonares con un grado moderado de edema, manteniendo una buena función respiratoria. En los ancianos no es así. La capacidad respiratoria puede verse totalmente alterada y producir la muerte con la misma lesión. Si a esto se suma una enfermedad respiratoria crónica los efectos son multiplicativos.

4. Respuesta cardiovascular. El corazón envejecido tiene menos flujo coronario, es mas rígido y no puede bombear con la fuerza y velocidad de un corazón joven. En un traumatismo es facil que se produzcan alteraciones de ritmo (arritmias). Si además hay lesión cardíaca, como una contusión miocárdica, el efecto es tan devastador como un infarto.

5. Lesiones vasculares. La arteriosclerosis es un problema generalizado en los paises occidentales y se acentúa con la edad. Las roturas de placas de aterosclerosis por desaceleración pueden provocar aneurismas o disecciones de la aorta y las

coronarias. estos hallazgos muchas veces son atribuidos a causas naturales, pero hay que tener en cuenta que en muchas ocasiones la rotura final de la placa o el aneurisma la ha producido el traumatismo. esto plantea un problema complejo en definir si se trata de una muerte natural o una muerte violenta.

6. Si es necesaria cirugía torácica o abdominal urgente por un traumatismo en una persona mayor, las complicaciones de todo tipo aumentan exponencialmente.

Caida y precipitación

Es un clásico en la mayoría de los textos de medicina forense estudiar estas dos formas de traumatismo. Ambas parten de un hecho común que es el impacto del cuerpo contra el plano, es decir contra el suelo, impulsado por su propio peso, que es lo que le da la energía de impacto.

Al diferenciar entre caida y precipitación, el panorama que se puede encontrar en la literatura forense puede ser algo confuso. En algunos textos se sobreentiende que son una misma cosa. En casos mas desafortunados se establecen unas diferencias mas aleatorias, por ejemplo basadas en la altura de caída, de tal forma que muchas veces al estudiante no le queda una idea clara de estar ante dos tipos de politraumatismos distintos.

La diferencia entre caida y precipitación es su cinética, es decir el movimiento que describe el cuerpo.

En la forma mas simplista de caida pensemos que un cuerpo recto pasa a estar tendido en el suelo. En esta imagen podemos ver que los pies prácticamente están en el mismo punto y lo que está mas alejado es la cabeza. Podemos imaginar que el cuerpo cae como un arbol. Esta imágen es muy útil porque nos ayuda a enteder que la caida es un movimiento que describe una curva y que por tanto la aceleración que sufre el cuerpo es aceleración angular.

Por contra, en la precipitación, sea desde medio metros o desde cuarenta metros, el cuerpo queda en el vacío y en este caso sí que su aceleración es aceleración gravitatoria pura, la caleración es una aceleración lineal.

Esta situación es similar a la que se introduce entre ahorcadura y estrangulación, que recordemos que no se basa en la compresión del cuello sino en la dirección que esta se produce. De la misma forma, entre caida y precipitaciòn, en cuanto a cuadro de lesiones, el factor que las diferencia no es la altura, sino el tipo de aceleración que va a sufrir el cuerpo.

La caida

La caida es generalmente entendida como un traumatismo de baja energía. Como hemos dicho es el conjunto de lesiones que se produce cuando el sujeto cae sobre su propio plano de sustentación o hacia un plano algo inferior haciendo un arco.

La caida es multiforme, es imposible establecer una clasificación completa de las formas de caida, pero sí que se pueden destacar algunos elementos típicos de las lesiones por caida.

El impacto primario mas característico en una caida frontal son las contusiones en las rodillas. Se trata de lesiones de escasa entidad, en general, ya que el arco que describe la rodilla desde el tobillo es un recorrido corto que no induce una gran aceleración. El peso del sujeto o un estado anterior patológico pueden inducir lesiones mas severas. Lorelevante es la observación de que en muchas caidas forntales un signo valorable es la existencia de erosiones en ambas rodillas, muchas veces simetricas.

En los casos en los que la víctima tiene una reacción defensiva o instintiva, ante la caida del cuerpo se anteponen las manos. Y aquí ya hay un arco bastante mas amplio que ya produce unas lesiones de mayor entidad. El impacto de las manos contra el suelo para frenar la caida puede provocar fracturas en las muñecas, una muy característica es la fractura de Colles. Incluso puede formarse una cadena lesional y producirse fracturas o lesiones en el codo o en el hombro.

Estas lesiones son típicas de caida, lo cual no queire decir que sean exclusivas. En otros traumatismos y circunstáncias pueden producirse lesiones similares.

Pero si hay una lesión que pueda definirse como la mas relevante de la caida es la lesión craneal. Al menos en patología forense.

El cráneo es la parte mas alta del cuerpo y por tanto la que hace un arco mas amplio y se acelera más antes de llegar al impacto. El impacto craneal en la parte anterior del cráneo o en su parte posterior son lesiones muy asociadas con la caida.

El impacto craneal es muy frecuente en las muertes súbitas de causa natural, sincopes y desmayos. Es muy frecuente que lo primero que se aprecie en un cadaver encontrado en la calle sea una herida contusa en la frente o en la nuca que lógicamente despierta sospechas, pero en muchas de esas ocasiones la autopsia lo que encuentra es una muerte natural y la herida es de escasa importáncia y a veces postmortal.

En las caidas es poco frecuente la fractura de cráneo y cuando se produce es típicamente una fractura lineal por deformación. La superficie de impacto es el suelo y es una superficie amplia que va a provocar la curvatura y deformidad de practicamente todo el cráneo. Solamnete puede aparecer alguna fractura con hundimiento cuando un elemento irregular como un bordillo de acera etc sea el elemento de impacto de la caida.

Por lo que se refiere a las lesiones internas, la hemorragia subdural sería la reina de la caida. La epidural es propia de impacos directos, en cambio la subdural precisamente típica de la desaceleración y con un amplio movimiento angular va a aparecer de una forma frecuente en los casos letales.

Recordemos que la hemorragia subdural puede irrumpir con gran rapidez en su forma aguda o aparecer de forma mas insidiosa a lo largo de varios dias hasta provocar la muerte, ya sea por la presión provocada dentro del cráneo o por complicaciones del estado de coma.

Ejemplos de muertes por caida:

Rapida: herniación cerebral por hipertensión endocraneal por hematoma subdural por traumatismo craneal por caida.

Lenta o diferida: sepsis por neumonía secundaria a estado de coma por hematoma subdural por traumatismo craneal por caida.

Las hemorragias subaracnoideas pueden aparecer también en el contexto de la caida. Lo mas frecuente es que acompañen a la hemorragia subdural y son poco frecuentes aisladas. Cuando aparece una hemorragia subaracnoidea como dominante y sobre todo si está en la base del cerebro, debe prestarse atención a la posibilidad de que haya una hemorrgia por hipertensión arterial o por una malformación de una arteria cerebral y la caida sea posterior.

Las contusiones cerebrales son poco frecuentes en la caida. Lo que es mucho mas frecuente es que, cuando el paciente sobrevive unas horas al impacto y crece el hematoma, se produce un aumento de presión dentro del cráneo y el cerebro queda mal irrigado con lo que se producen infartos cerebrales por deficiencia en la circulación cerebral.

La precipitación.

Ya se ha definido que la precipitación es aquella forma de politraumatimso en la cual el cuerpo impacta contra el suelo, la acaleración es lineal y la energía del impacto es la aceleración gravitatoria.

La autopsia del precipitado es a la vez simple y compleja. Como cuadro diagnóstico es simple, dado que el politraumatismo es evidente, pero como investigación es compleja porque las evidencias respecto a si se trata de un accidente, un suicidio o un homicidio son frecuentemente ambiguas.

La precipitación es el paradigma del traumatismo de alta energía, se producen lesiones por impacto directo muy ostensibles y lesiones por desaceleración, pudiendo afectar practicamente cualquier estructura corporal.

Dependiendo de la posición del cuepo en el impacto podemos diferenciar tres tipologías de precipitación:

— la precipitación craneal.
— la precipitación caudal
— la precipitación lateralizada.

En la precipitación craneal lo que domina el cuadro es el impacto sobre la cabeza. En esta precipitación hay un estallido completo craneal

En cuadros de precipitación podremos encontrar tres grupos fundamentales: y aparte

En primer lugar tenemos la precipitación craneal en la cual se produce un estallido del cráneo.

En segundo lugar en existe la precipitación caudal la precipitación caudal es aquella que se produce sobre las piernas. El cuerpo impacta sobre el firme cayendo sobre los pies. Al caer sobre los pies se produce una cadena lesional desde los tobillos hasta la pelvis, columna vertebral y generalmente cráneo.

La forma de caída libre sobre los pies supone que la víctima ha mantenido el equilibrio durante la caída, que es lo que los anglosajones denominan como jumping, es decir que en este caso lo más probable es que la víctima haya exaltado por su propia voluntad.

En tercer lugar están todas las formas de caída lateral. Las formas de caída lateral incluyen una gran variedad de formas de impacto en las cuales los traumatismos se van a repartir de una manera dispersa entre el cráneo tórax las piern sin existir as una forma predominante.

Las formas de caída lateral se diferencian solamente por la gran cantidad de lesiones de alta energía que presenta el cuerpo en la autopsia sin que se pueda establecer un patrón un patrón de líneas de lesiones, al contrario que en el caso de el impacto craneal o de el impacto caudal o caída sobre los piess.

La caída cráneo y la caída caudal son más típicas de la precipitación suicidio. Se trata de impactos en los cuales el cuerpo mantiene una posición vertical y por tanto de un cierto equilibrio. En cambio los impactos laterales pueden ser compatibles tanto con una caída accidental como con una precipitación de tipo homicida. La caída lateral revela que la víctima no mantenía una situación de equilibrio en el momento del impacto

La agresión.

La agresión, engloba una amplia variedad de lesiones. En lo que llamamos agresión no se limita a las contusiones sino que puede englobar todas las formas de violencia.

Lo que caracteriza la agresión no es la etiología sino el uso de la misma, es decir de la violencia, sobre otra persona.

Aunque se trate de un espectro de situaciones muy polimorfo, podemos definir algunos patrones que tienen unas características que los individualizan.

Definimos seis grandes patrones o síndromes anatomopatológicos de agresión, en base a la naturaleza, intensidad, distribución y localización anatómica de las lesiones que los integran: Patrón de lucha, Patrón de agresión sin resistencia, patrón de tortura, patrón homicida, patrón autolesivo y patrón de agresión sexual.

Patrón de lucha

En el patrón de lucha se pueden diferenciar lesiones traumáticas pasivas, como aquellas que recibe el sujeto dentro de la lucha, y lesiones traumáticas activas producidas por la acción del sujeto al agredir. La lesionología pasiva es asistemática, aparece en dos o más regiones corporales y es heterogenea con lesiones de diferente grado de intensidad. No presenta un único eje de agresión debido a la movilidad del cuerpo durante el combate que cambia las posiciones relativas y da lugar a lesiones en planos corporales opuestos. La lesionología activa es típica en cuanto a su forma como las fracturas biseladas metacarpianas y en cuanto a su localización en regiones corporales que se utilizan como armas naturales instintivas, sobre todo manos, pies cabeza, codos y rodillas. Dentro de este patrón de lucha se pueden encontrar lesiones defensa de localización característica en borde externo de antebrazos, palmas y borde cubital de manos.

Patrón de ensañamiento.

El patrón de agresión sin resistencia por uno o varios agresores con ensañamiento, conocido con el término de apaleamiento, se caracteriza por la existencia de múltiples lesiones pasivas y ausencia de lesiones activas.

Es una agresión asistemática, no dirigida y con presencia de lesiones de diferente intensidad.

Se identifica en este patrón un eje de agresión ya que el sujeto está inmovilizado o replegado sobre si mismo en posición defensiva protectora, localizándose las lesiones fundamentalmente en regiones dorsales de tronco y piernas.

Patrón de tortura

El patrón anatómico de tortura se define por la existencia de un conjunto de lesiones aisladas que no siguen un eje de agresión, y afectan estructuras corporales múltiples que producen máximo dolor con mínimo riesgo vital, como orejas, boca, labios, dedos y genitales. Se trata en su conjunto de una actividad lesional sistemática y reiterativa encontrándose lesiones de diferente cronología y producidas por diferentes agentes lesivos. Las lesiones se repiten en igual localización y con el mismo agente lesivo siendo progresivamente más graves siguiendo una pauta.

Las *sevicias o tortura*, desde el punto de vista forense consiste en la actividad de producir sufrimiento físico o psicológico a una persona mediante una conducta sistematizada en la que prima el principio de producir el máximo dolor evitando, al menos de forma inmediata, la muerte de la víctima.

Este concepto de agresión sistematizada y con esta finalidad se recoge en diferentes tipos penales, pudiendo constituir desde delitos de tortura, hasta delitos graves de lesiones, el maltrato o llegar al asesinato.

Patrón de agresión homicida.

El patrón de agresión con ánimo homicida se caracteriza por la presencia de lesiones escasas pero de gran intensidad y localizadas en regiones vitales. Habitualmente se corresponden a un solo agente lesivo, armas blancas o de fuego, compresión del cuello o traumatismos craneo-encefálicos, con un eje de agresión que informa acerca de los mecanismos de acción. Cuando existe ensañamiento con la víctima este patrón homicida puede presentase conjuntamente con un patrón de apaleamiento.

Patrón autolesivo.

El patrón autolesivo es el más variable en cuanto a su morfologia pudiendo expresarse en diferentes cuadros anatomopatológicos con el nexo común de presentar lesiones en regiones anatómicas accesibles por el propio sujeto.

Se diferencian tres tipos de autolesión: simuladora, suicida y psicótica.

Las autolesiones simuladoras consisten en lesiones múltiples de escasa intensidad e incluyen las autolesiones carcelarias facilmente reconocibles por la tipicidad de las lesiones y su localización, tratándose de ingestas metálicas, contusiones craneales o cabezazos y de heridas incisas superficielaes en antebrazos.

La autolesión suicida presenta un patrón similar al homicida pero autoproducido y no existiendo un eje lesivo.

Finalmente el tipo de autolesión psicótica presenta lesiones muy graves pero sin una clara finalidad de causar la muerte, son asistemáticas con intervención de diferentes agentes lesivos y localizaciones, siendo características las automutilaciones y otras formas de lesiones muy aberrantes.

Patrón de agresión sexual.

El patrón de agresión sexual presenta un conjunto de tres grupos lesionales que son: lesiones genitales específicas, lesiones paragenitales como sugilaciones equimóticas o mordeduras y un grupo de lesiones denominadas periféricas indicadoras de lucha, acallamiento, sujección o intimidación, que también pueden presentarse en otros patrones de agresión.

Admitimos un máximo de dos lesiones, ya sean contusiones o heridas incisas superficiales para considerar un patrón lesivo de intimidación simple. A partir de tres lesiones consideramos ya de la existencia de un patrón de tortura o sevítico sobreañadido. El hallazgo de signos de estrangulación manual o sofocación asociados al patrón general de agresión sexual simple, configura un patrón de agresión homicida.

En la práctica forense estos patrones de agresión o síndromes anatomopatológicos de lesión pueden presentase conjuntamente permitiendo una aproximación precisa a la interpretación de los hechos, proporcionando información no solo del resultado lesivo de la víctima sino del perfil psicopatológico y hábito del agresor.

Por tanto, el estudio anatómico de las lesiones resultantes de una agresión, además de permitir establecer uan correlación con la fenomenología del mecanismo de producción, es importante en la valoración del concepto jurídico de la intencionalidad en la producción deun daño concerto, deduciendo las posibilidades de una actitud claramete opfensiva del agresor en base a las características del patrón lesivo.

Capitulo 15

HERIDAS POR ARMA BLANCA. PRINCIPIOS GENERALES Y HERIDAS PENETRANTES.

Concepto herida y de arma blanca

Debe recordarse que herida por definición es aquella lesión en la que se produce una ruptura de la integridad de la piel. Hay diferentes mecanismos y objetos que lo pueden provocar y uno de los mas característicos es el arma blanca.

Aunque siempre es necesaria una definición mas precisa, arma blanca es aquella que tiene una punta o un filo, es su forma física lo que la define. La punta o el filo es la forma que le permite actuar sobre los tejidos de una forma única: cortando.

Un arma blanca esencialmente es un instrumento que presenta una arista en forma de ángulo agudo que, por una mecanismos de energía mecánica interactúa sobre los tejidos concentrando su energía en un punto tan estrecho que no deja lugar a la adaptación del tejido por elasticidad y produce la separación del mismo. El tejido no puede adaptarse como en los mecanismos de contusión. Cuanto mas estrecha es la arista o el ángulo decimos que el instrumento está mas afilado.

Cuando un arma blanca no está afilada empieza a perder su capacidad de cortar los tejidos y la herida que produce se empieza a aproximar a la contusión.

Fisiopatología de la herida por arma blanca

El elemento lesivo que caracteriza al arma blanca es la separación o disección de los tejidos, no su desgarro.

Como toda la energía mecánica que actúa con el arma se produce en un espacio muy estrecho, no hay una adaptación del tejido por elasticidad o esta es infinitesimal. Cuando mas estrecho es el filo, menor es la fuerza necesaria para que el arma se abra paso en la piel o en cualquier otro tejido.

La resistencia a la lesión que ofrece el tejido al arma blanca no es la elasticidad sino la dureza. Por ello, veremos que prácticamente solo el tejido óseo ofrece algún tipo de resistencia a la herida por arma.

La característica fundamental de la herida por arma blanca es la pérdida de continuidad del tejido afectado por la lesión en primer lugar sin que exista una pérdida de sustancia. El arma pasa separando el tejido pero este no pierde fragmentos, no pierde su estructura, simplemente es separado.

Esto supone que, a diferencia de otras formas de herida, las diferentes capas de tejido lesionadas por un arma blanca, va a ser separadas a un mismo nivel.

Cuando se corta un pastel formado por capas de diferente dureza y consistencia, si lo hacemos con un instrumento no afilado cada capa se va a romper de una forma distinta. Unas capas de aplastarán, otras se fragmentarán etc. En tanto que si el corte se hace con un cuchillo afilado resultará una superficie homogénea en la que se pueden ver las diferentes capas uniformemente distribuidas y sin fragmentarse.

Este mismo fenómeno sucede con los tejidos humanos. Fenómeno que describimos como alienación histológica de los márgenes de la herida. Al no depender de la elasticidad del tejido el punto de ruptura va a ser el mismo en todas las capas histológicas, esto es lo que produce el fenómeno de regularidad de los márgenes de la herida que la caracteriza macrosópicamente

No obstante, cuando examinamos una herida por arma blanca podemos ver que las capas de los diferentes tejidos no siempre muestran una alineación homogénea, sino que pueden presentarse desalineaciones. Estas desalineaciones siempre son muy inferiores a las que presentan las lesiones de carácter contuso (vease la descripción de la herida contusa) y además son un fenómeno posterior a la producción de la herida.

Efectivamente, algunos tejidos como son el músculo, ligamentos y otras capas con alto contenido en tejido conectivo elástico, posteriormente a la herida van a presentar un fenómeno de retracción.

El fenómeno de retracción que se presenta en algunas capas de tejido tras una herida por arma blanca es una reacción vital del tejido.

Este fenómeno ya se recoge en muchos tratados y en algunos se considera como una observación característica la llamada "protusión del tejido celular subcutáneo", que es cuando la grasa que forma una capa por debajo de la piel, sale hacia el exterior de la herida

Formas constitutivas de la herida por arma blanca

La herida por arma blanca es un mecanismo básico, como se ha descrito. Pero en la morfología o forma de la herida intervienen diversos factores que van a producir formas individualizables en la herida. Estas formas sirven para el estudio de la lesión y son:

1. los márgenes
2. los ángulos
3. los arcos
4. los desgarros
5. las lesiones periféricas

Los márgenes

El margen de una herida por arma blanca es la parte recta de la herida que está causada directamente por el paso del filo por el tejido. Es lo que algunos textos llaman los labios de la herida.

Lo característico del margen es que se trata de una lesión homogénea, en la cual todos los tejidos están divididos al mismo nivel, dándole un aspecto rectilíneo.

Los ángulos

Los ángulos son las partes de la lesión en la que se produce una confluencia de los márgenes dando lugar a una morfología en ángulo agudo. El ángulo es el punto final de la acción de sección de un filo y su morfología va a estar en relación con las características del mismo.

El ángulo es la parte de la herida que ha tenido el último contacto con el filo. El filo al moverse en el tejido secciona y produce los márgenes. Al final de su recorrido dejará, como se ha dicho, un ángulo agudo.

Ay diferentes tipos de ángulos. Unos están nítidamente definidos, son los propios de las heridas penetrantes. En tanto que hay ángulos mas tenues y alargados que se forman por un contacto espacialmente prolongado entre el filo y la piel.

Estos ángulos prolongados son llamados colas en los textos clásicos de medicina forense.

Los arcos

Los arcos son los componentes de lesión que están causados por la presión mecánica de un elemento del arma que carece de filo, lo que habitualmente se conoce como lomo del arma.

En un arco no se aprecia una morfología de tipo angular, sino que su morfología apreciada con la lupa es generalmente de carácter semicircular, en ocasiones cuadrangular y en ocasiones, dependiendo de la presión ejercida por el lomo sobre el tejido pueden apreciarse pequeños desgarros periféricos

Los desgarros.

Los desgarros son componentes irregulares que se producen en los extremos de la herida por arma blanca en lugar de los ángulos o los arcos y están producidos por irregularidades en el filo o en el lomo de la hoja.

En algunas ocasiones estas irregularidades son ya diseñadas en la manufacturación del arma, como los dientes de sierra.

En otras ocasiones obedecen a irregularidades por defectos en la hoja o por hojas ya irregulares por sí mismas como puede ser la que produce un cristal, una lámina metálica mas o menos mellada etc.

Las lesiones periféricas

Son lesiones no provocadas por la hoja sino provocadas por otros elementos del arma, las más características son las que produce la empuñadura.

No se trata de lesiones propiamente producidas por el mecanismo fisiopatológico de disección del arma blanca, sino que van a producirse fundamentalmente por mecanismos de tipo contuso, como el impacto, presión, arrastre o excoriación.

Estas lesiones son satélites a la herida propiamente por arma blanca pero dan una gran información sobre características del arma.

Herida de arma blanca y reacción inflamatoria.

Las heridas por arma blanca afectan directamente a una superficie pequeña de tejido. Por este motivo la reacción inflamatoria va a ser relativamente pequeña y tardía.

La principal consecuencia inmediata en la herida va a ser la hemorragia. Hay poco edema porque al estar cortado el tejido el inicio de la formación de edema se va a perder por la solución e continuidad.

Primero tendrá que formarse la coagulación y entonces será posible una reacción inflamatoria mas evidente.

En las heridas por arma blanca la valoración de si es vital o postmortem se va a realizar mas por el sangrado y por los fenómenos de coagulación que por los fenómenos inflamatorios en aquellos casos en los que la supervivencia a las lesiones haya sido escasa.

Tipos de heridas por arma blanca

Clasificación de las heridas por arma blanca

Clásicamente se han establecido diferentes clasificaciones para las heridas por arma blanca. La mas utilizada es aquella que las divide en:

1. Punzantes : las que consisten en una penetración del tejido por una punta.
2. Cortantes : las que lesionan el tejido por su filo.
3. Corto-punzantes: las que tiene ambas características.
4. Inciso—contusas: las que han sido producidas por un arma blanca pero poco afilada y que lesiona más por su peso que por el efecto biomecánico del filo, como es el caso de un hacha

Esta clasificación ha presentado siempre un dificultad de interpretación entre las cortopunzantes y las dos primeras, pues es complejo establecer los límites entre ellas.

Por este motivo, es mas práctico el enfoque de Mason, que define directamente dos tipos de heridas:

a) las heridas penetrantes, en las que prima la profundidad de la herida sobre su superficie.
b) las heridas cortantes, en las cuales predomina la superficie de corte sobre la profundidad de la herida.

A estos dos grupos es útil añadir el grupo

c) las heridas inciso-contusas en las que la destrucción de tejidos es el resultado combinado de un instrumento pesado que golpea con un filo.

Existen multitud de definiciones y clasificaciones relativas a las heridas por arma blanca.

No obstante, el factor diferencial de toda herida de estas características es el hecho de la aplicación de una energía de carácter mecánico sobre una superficie mínima, de tal forma que su efecto sea la penetración del objeto por disección de los tejidos.

En estos términos se diferencia de la herida por arma de fuego, en la cual la fuerza impulsora es de naturaleza química y presenta características por tanto diferenciales con la herida por arma blanca. Asimismo, el hecho de aplicarse la energía lesiva sobre una superficie muy pequeña, hace diferente la biomecánica lesiva de la de las lesiones contusas, en las cuales la energía actúa de forma directa sobre los tejidos produciendo su separación solamente de forma secundaria al efecto fundamental de compresión.

Son heridas de arma blanca, definidas por el tipo de superficie actuante y la energía subyacente, las lesiones producidas por armas arrojadizas, tanto las lesiones por jabalinas como las lesiones por flechas. En el caso de las lesiones por flechas disparadas por arcos de alta tensión y elevada velocidad inicial, existen algunos elementos comunes de expansión de la energía por los tejidos periféricos a la herida similares a los de las armas de fuego, pero son excepciones y, de todas formas, incluso este tipo de heridas tienen las características propias de la herida por arma blanca.

La herida por arma blanca es entonces aquella en la que los elementos anatomopatológicos de la lesión se encuentran mas focalizados en la lesión misma. Es menos frecuente la existencia de lesiones periféricas al tejido directamente diseccionado por el paso de una hoja de arma blanca. Por ello, veremos más adelante que en el estudio de las heridas por arma blanca el elemento instrumental básico es la lupa binocular, quedando relegado el estudio microscópico para algunos casos concretos y problemas específicos que comentaremos posteriormente.

Heridas penetrantes

Dentro de nuestra sistemática de clasificación el primer grupo, herida penetrante es por definición aquella en la cual predomina netamente la penetración de una hoja en el interior de los tejidos sin la existencia o con la existencia mínima de movimientos laterales en el recorrido de dicha hoja.

La herida penetrante tipo es aquella producida por un instrumento puntiagudo como es el caso clásico del estilete, pero son más frecuentemente productores de ella los objetos tales como cuchillos o navajas así como característicamente los destornilladores o incluso las agujas de molde. De hecho cualquier instrumento con punta y de una determinada longitud puede ser utilizado para provocar una herida penetrante.

La herida clásica punzante la consideramos un tipo específico de herida penetrante que es cuando se trata de un objeto que de forma pura penetra en los tejidos sin realizar ninguna clase de movimiento lateral, lo cual como veremos es muy raro.

La herida penetrante nos aporta un conjunto de datos que debemos recoger de forma sistemática a la hora de evaluar la herida. Los márgenes de la herida en el tejido cutáneo nos van a dar una idea aproximada del tipo de sección del arma utilizada. Así tendremos datos, dependiendo de la morfología de la herida de si se trata de un instrumento redondeado, de un arma con un solo filo, de un arma de dos filos etc. Nunca debemos establecer en base a la herida cutánea más que una hipótesis aproximada sobre las dimensiones del arma, fundamentalmente en este momento de la investigación respecto de su anchura, pues ya conocemos que el tejido epitelial del organismo humano presenta una serie de líneas de tensión las cuales ante la interrupción del epitelio dan lugar a una deformidad de la herida en el sentido de las citadas líneas de tracción.

Antes de continuar con su estudio hemos de indicar que la herida cutánea no solamente nos está dando datos genéricos sobre la forma de la sección transversal del arma, sino que nos aporta datos sumamente útiles sobre algunos elementos de esta sección. es decir en el ángulo de una herida producido por el paso de un filo podemos encontrar que se trata de un ángulo regular o irregular, es decir que se encuentre torcido hacia un lado, formando una coma. La torsión del ángulo formado por la impresión del filo, nos está dando datos sobre la diferencia de ángulos de entrada y salida de la hoja en los tejidos del organismo.

Cuando el ángulo correspondiente a un filo se encuentra mellado, es decir que en sus inmediaciones encontramos pequeñas melladuras sin tratarse de un ángulo limpio, puede corresponderse a diferentes motivos. Una sola melladura en uno de los lados del ángulo de la herida y paralela al eje del ángulo es característica de las hojas con un filo en forma de falcata o de S itálica.

Cuando aparecen varias melladuras de escasa entidad a ambos lados del ángulo, este suele encontrase muy abierto y se trata de la lesión característicamente producida por un filo serrado de pequeño tamaño, es decir que los dientes del filo tengan menos de tres milímetros, como suele pasar con los cubiertos de mesa y cuchillos de la cocina. La existencia de una irregularidad excéntrica al ángulo y que en algún punto produzca un microarrancamiento de tejido epitelial es característico de una melladura o irregularidad en el filo del arma.

Finalmente los dientes de sierra característicos de las armas de caza y los machetes producen un ángulo muy abierto en el cual no se puede diferenciar claramente cual es el punto principal de dicho ángulo y como segunda característica podemos ver en los márgenes de la lesión la existencia de pequeños desgarros cutáneos en torno al ángulo, de menos de un milímetro de longitud pero que forman pequeños flecos reveladores del paso de un filo serrado con dientes grandes, de más de 5 mm de altura.

Los ángulos abiertos de las heridas penetrantes de aspecto completamente redondeado suelen identificar el paso de un lomo. El lomo de un arma, salvo en el caso de los márgenes dentados de las armas de caza, da mucha menos información sobre la morfología del lomo que la impronta de un filo. Solamente los lomos gruesos de características romboideas o de tipo geométrico pueden dejar impresiones características en la observación de los márgenes cutáneos con la lupa binocular.

La gran utilidad de las improntas de lomo es que se trata del punto de máxima fricción entre la hoja y el tejido cutáneo por lo cual es el lugar indicado para la búsqueda de elementos desprendidos de la hoja por frotamiento contra la epidermis.

En esta región de la herida el hallazgo más frecuente son los restos de óxido, también en ocasiones pueden aparecer pequeños fragmentos de pavonado o pintura o más raramente otros elementos impregnados en la hoja.

Al igual que referíamos en los ángulos cerrados propios de los filos de hojas penetrantes, la existencia de irregularidades en la morfología del lomo del arma deja improntas características en los márgenes del lomo del arma.

Las armas de carácter irregular como es el caso de destornilladores dejan improntas características bien sea en forma de un circulo con dos pequeñas angulaciones muy abiertas o de un orificio de aspecto vagamente cuadrangular en el cual diferenciamos cuatro ángulos que serán más o menos diferenciables según lo filadas que se encuentren las aristas del destornillado.

El uso de un instrumento con aristas muy afiladas deja unas angulaciones muy claras, en tanto que los instrumentos poco afilados dejan una herida aparentemente redondeada y solamente a muchos aumentos podemos apreciar la existencia de las dos o cuatro aristas típicas del destornillador.

En ambos casos las interpretaciones y significados van a ser diferentes.

El destornillador afilado que deja una impronta clara indica un instrumento nuevo que ha sido escasamente utilizado para otros trabajos, incluso, frecuentemente en el caso del destornillador clásico de dos aristas puede ser un arma conscientemente afilada para ser utilizada como tal.

En el caso de las heridas mas irregulares se trata de instrumentos que han tenido un uso laboral y que ocasionalmente han podido ser utilizados como arma, su morfología ya hemos dicho que es una morfología más redondeada pero además en sus márgenes es donde más fácilmente vamos a encontrar restos de plásticos, pequeños elementos metálicos etc. que nos sirvan para la identificación del arma.

Lo afilado de un arma blanca que penetra en los tejidos presenta dos aspectos morfológicos importantes.

En primer lugar un arma afilada presenta unas angulaciones en los puntos de paso de un filo o arista que son mucho más agudos y limpios que en un arma no afilada.

En segundo lugar, un arma blanca escasamente afilada va a provocar un pequeño infiltrado hemorrágico en la inmediatez de la lesión por un discreto efecto contusivo. Este componente de contusión en la herida por arma blanca es frecuentemente microscópico y no tiene nunca, ni mucho menos, las características del halo de contusión sobre los tejidos del impacto de un proyectil.

Lesiones satélites

Además de este orificio de entrada que estamos decribiendo, antes de penetrar en profundidad para continuar con el estudio del arma debemos buscar las que llamamos lesiones satélites del arma penetrante. Las lesiones satélites son pequeñas lesiones generalmente epidérmicas pero a menudo intradérmicas que se producen por alguno de los elementos que acompañan a la penetración del arma.

La lesión satélite más característica es la producida por la empuñadura del arma cuando la hoja ha penetrado de forma completa en los tejidos del cuerpo y dicha empuñadura ha presentado un contacto violento con la epidermis. Según la fuerza de la penetración nos encontramos con tres estratos de lesión que van desde la equimosis subdérmica, la equimosis dérmica y la erosión epidérmica. La forma de la lesión nos revela la morfología de parte de la empuñadura.

Así podemos tener una impresión rectilínea de pocos milímetros a escasa distancia del ángulo del filo característico de las cruces de empuñadura. Las navajas automáticas dejan dos pequeñas improntas paralelas de escasos milímetros que acompañan en forma de entrecomillado al ángulo del filo de una herida penetrante. Las cachas de madera de un cuchillo de cocina pueden dejar unas impresiones semicirculares en forma de paréntesis en las inmediaciones de los márgenes laterales de la herida.

La segunda lesión satélite característica es una equimosis epidérmica o intradérmica producida por el impacto de la mano que maneja el arma al producirse la máxima penetración. Este impacto puede ser redondeado de uno a dos centímetros de diámetro que es característico de la articulación interfalángica del pulgar o puede ser una equimosis más amplia, de tres o más centímetros de diámetro que la forma el impacto de la eminencia hipotenar contra la superficie de la piel.

Estas lesiones de características contusas se encuentran entre uno y cinco centímetros del punto señalado por el ángulo de una herida penetrante o del punto del lomo y nos permiten la reconstrucción de la forma en la cual fue empuñada el arma para producir la lesión. La lesión periférica equimótica en impactos penetrantes a nivel toracoabdominal puede encontrase en algunas ocasiones en el espesor de la musculatura, sobre todo en músculos grandes como es el caso del pectoral mayor, más raramente se puede encontrar en músculos pequeños como es el caso de los intercostales en los cuales debe ser diferenciada de la equimosis por hiperflexión de la parrilla costal de la que hablaremos posteriormente.

En tercer lugar, dentro de las lesiones satélites a la herida penetrante tenemos una mezcla abigarrada de lesiones producidas de forma diversa. Quizás la más llamativa de ellas es la producida por el impacto de un anillo de sello que algunos individuos llevan en el quinto dedo de la mano y que puede dejar una lesión más o menos característica a distancia similar a la descrita a la contusión por las estructuras de la mano.

Finalmente describiremos una herida satélite muy poco frecuente pero muy significativa y es aquella que presenta una cola de recorrido inciso o incluso eritematoso y que termina en una herida penetrante.

Esta lesión nos puede revelar varias circunstancias. En primer lugar que la víctima llevase ropa gruesa difícil de penetrar o bien que el arma haya impactado contra una estructura ósea superficial que haya impedido la penetración y el desplazamiento de la punta del arma por la piel hasta un lugar mas accesible a la penetración.

En ambos casos debemos tener en cuenta que las improntas del arma entre los tejidos de la ropa y sobre las estructuras óseas nos pueden aportar muchos datos al estudio, como ya trataremos en ambos apartados específicos. Hay una tercera circunstancia que puede explicar esta morfología y es el hecho de que el agresor no haya cogido fuerza para hundir el arma en el cuerpo de la víctima sino que haya apoyado previamente el arma en el cuerpo y posteriormente haya hecho fuerza para hundirla.

Y esto se da en dos circunstancia, en primer lugar cuando la herida ha sido el producto de una situación de amenaza en la que el agresor haya apoyado y deslizado el arma sobre la piel de la víctima en una acción amenazante o de tortura y en segundo lugar cuando esta acción, es decir esta forma de apuñalar ha sido realizada por una persona con escasa masa muscular y con un nulo hábito instintivo de manejo de armas blancas, característicamente en el caso de mujeres y de niños.

La herida penetrante en planos profundos

La herida de carácter penetrante debe ser estudiada plano por plano en la autopsia, y debe ser realizado de esta forma porque cada plano histológico nos va a aportar una información diferente sobre las características del arma y sobre las características de la forma de producirse las lesiones. Para ello se realiza una incisión lateralizada en un radio de unos tres centímetros alrededor de la herida extrayendo la misma con el tejido celular subcutáneo para dar pasar al estudio del plano muscular.

Los tejidos subcutáneo y muscular van a aportar escasa información sobre el arma pues su deformidad postlesión es tanto o mayor que en la epidermis. Los datos que nos da el plano muscular sobre el arma son, en primer lugar respecto a su filo.

El tejido muscular está constituido por haces cuya observación microscópica nos permite definir si han sido seccionados limpiamente y de forma regular, lo cual revela un filo afinado, o bien presentan disrupciones irregulares más propias de armas no afiladas o de armas con dientes serrados etc. En el caso de existir deformidades importantes en el filo y no meramente dientes serrados podemos apreciar que las fibras musculares presentan puntos en los cuales han sido rotas, literalmente desgarradas en lugar de seccionadas. Cuando el desgarro es generalizado en las fibras afectas estamos ante un caso característico de escaso filo.

Una segunda información obtenida del estudio de los planos musculares es la relativa a la violencia del impacto, pues hemos de tener en cuenta que las lesiones contusas escasas y periféricas que acompañan a la penetración de un arma blanca raramente se van a manifestar en la piel, dada su elasticidad, sino que es más propio que se manifiesten en planos profundos y característicamente en los planos musculares.

El siguiente plano de interés en nuestro estudio es el plano óseo. El paso de una hoja de arma blanca por las proximidades o a través del tejido óseo es el único elemento que nos permite en ocasiones extraer un molde exacto de algunas de las características del arma.

el paso de una hoja en los espacios intercostales frecuentemente deja la impronta del filo o del lomo de la hoja en el margen costal. Existen tres posibilidades en estas circunstancias, en primer lugar que haya quedado una impronta limpia, caso menos frecuente pero que nos permite una reconstrucción de la forma y el ángulo del filo del arma penetrante. En segundo lugar cabe la posibilidad, y se muy frecuente, de que la estructura ósea se astille con lo cual nuestro datos para la reconstrucción pueden llegar a ser nulos y en tercer lugar y es también muy frecuente, se produce una impronta limpia del filo o del lomo del arma desprendiéndose parcialmente algunos fragmentos marginales de hueso. en estos casos se realiza una extracción del arco costal y se puede realizar una reconstrucción, una vez secado el mismo mediante cola de impacto, lo cual nos permite determinar la forma exacta de la melladura producida por el filo del arma.

En esternón escápulas y vértebras es mucho más frecuente que aparezcan heridas de punción sin penetración, es decir que el arma ha impactado contra estas estructuras sin haberlas penetrado.

En esta circunstancia hemos de extraer con sumo cuidado el fragmento de hueso afecto por la lesión y teniendo el máximo de cuidado en no descarnarlo en exceso pues normalmente en un impacto de estas características se desprenden algunas astillas de hueso.

Se procede a la limpieza química del fragmento de hueso y a la adhesión mediante una cola de los fragmentos sueltos en las partes blandas disueltas con lo cual vamos a obtener la impronta exacta de la punta del arma agresora

Cuando la herida ha penetrado en una cavidad orgánica, concretamente en cavidad torácica o abdominal, el paso de la hoja ha dejado su impronta en la pleura parietal o en el peritoneo parietal. Las fascias de recubrimiento intracavitario presentan una tensión mucho menor que la superficei cutánea, por lo cual son puntos de lesión en los cuales es mucho más fiable el obtener datos aproximados sobre las dimensiones de la hoja que ha penetrado. Hay siempre que tener en cuenta la posibilidad de movimientos tranversales de la hoja en las acciones de entrada y salida de la acvidad, pero a nivel pelural estos movimientos de diferentes angulación al entrar y salir la hoja dejan claros signos de distrosión en el margen de la herida que nos permiten valorar si el oviemiento ha sido significativo y nos encontramos ante una herida distorsionada o no ha sido significativo, con lo que nuetros cálculos dimensionales presentan un margen de error de medio centímetro aproximadamente. En ocasiones, si es muy llamativo el movimiento diferencial entre la entrada y la salida de la hoja podemos diferenciar ambos trayectos a nivel de las fascias de recubrimiento interno de las cavidades y por lo tanto podemos aislar los elemntos de una respecto de la otra a efectos de realizar cálculos de magnitudes.

Además de las apreciaciones relativas a la dimensión, la forma de la lesión en la fascia interna parietal nos aporta tantos o más datos que los referidos en la lesión cutánea respecto a los ángulos propios del paso de filos y lomos. Y sistemáticamente debemos comparar los hallazgos epidérmicos con los hallazgos de tipo pleural o peritoneal con el fín de presentar un mayor grado de precisión en el estudio de las heridas.

Las fascias intracavitarias, la pleura y el peritoneo parietal nos ofrecen también imágenes muy claras, en forma de hematomas, de los impactos satélites producidos por la mano al chocar contra la pared de la cavidad al haber una penetración completa de la hoja del arma.

Además de ello hay unas lesiones características que debemos apreciar específicamente en el caso de las heridas torácicas. Todos sabemos, estando descrito en los clásicos que en la cavidad abdominal una herida puede presentar una profundidad substancialmente mayor a la longitud de la hoja del arma por el llamado efecto acordeón, pues el impacto de la mano armada con la hoja puede flexionar la pared abdominal hacia el interior pudiendo penetrar la hoja mas recorrido que su longitud.

En realidad, en el tórax puede darse un efecto similar cuando la acción de penetración, es decir el apuñalamiento, se ha producido con gran violencia. En este caso la parrilla costal que ordinariamente se considera una estructura rígida que impide la mayor penetración de la hoja, se puede flexionar hacia el interior, permitiendo la penetración de la hoja también en un recorrido superior a su longitud real.

Cuando se produce este fenómeno siempre existe una lesión satélite de impacto importante en esta herida, muchas veces más evidente en planos internos que en externos, pero además encontraremos un conjunto de lesiones costales y en la musculatura intercostal que describen un circulo o un óvalo cuyo centro es la herida penetrante, estas lesiones están producidas por la hiperflexión violenta y forzada de las estructuras de la parrilla costal y su radio alrededor del punto de la herida es directamente proporcional a la penetración adicional a la longitud de la hoja que haya conseguido el arma en el interior del tórax y que en impactos penetrantes de extrema violencia es de varios centímetros.

Capitulo 16

HERIDAS POR ARMA BLANCA DE TIPO CORTANTE.

Las heridas cortantes morfología

La segunda gran forma de las heridas por arma blanca es la herida en la que domina la extensión o longitud de la herida sobre la profundidad. Se trata de las secciones o heridas cortantes.

Un corte en los tejidos tiene una estructura básica muy simple. Se compone de dos márgenes paralelos. Idealmente simétricos que están formados por el recorrido de la hoja separando la piel y en los extremos se forman dos ángulos. No se trata de ángulos completamente marcados como es el caso de la herida penetrante, sino que se trata de ángulos alargados que reciben en muchos textos el nombre de colas porque son líneas de sección que no separan completamente la piel y que profundizan de forma progresiva.

Una de estas colas es la de entrada y la otra de estas es la salida, revelando el punto donde el filo ha tenido contacto con la piel y el punto donde se ha producido la separación.

La forma de los márgenes, que en principio definimos como dos líneas paralelas, va a tener diferentes variantes:

En primer lugar según la inclinación de la hoja en relación a la piel. El corte ideal y simétrico es el que se produce cuando la hoja se desliza cortando a noventa grados, de forma completamente perpendicular, pero esto no siempre es así.

En la mayoría de casos el filo corta ligeramente inclinado respecto al plano de la piel con lo que los márgenes van a ser algo asimétricos. En uno de ellos se va a producir una salida del tejido celular subcutáneo en tanto que en el otro la piel va a cubrir la línea de la herida. El máximo exponente de esta variante por inclinación del corte es cuando la sección se produce de forma muy angulada respecto de la piel provocando el corte de toda una zona de piel formando un colgajo que generalmente recibe el nombre de scalp.

Además de la inclinación de la hoja, una variación muy importante en la morfología de los márgenes de la herida cortante es el filo. Un filo muy agudo va a producir unos márgenes completamente rectos y regulares, pero cuando el filo es irregular o está escasamente afilado, se suelen producir desalineaciones en los márgenes rectos y vamos a encontrarnos con cortes que no van a formar exactamente una línea recta, sino que van a formar dos líneas de trayecto recto pero de forma ligeramente tortuosa.

Cuando el instrumento está muy poco afilado, esta irregularidad llega a provocar que no se produzca un corte continuo, la línea del corte va a tener unas partes en que hay sección completa de la piel, en tanto que puede haber segmentos de la recta en las que la separación de la piel sea muy superficial.

Además de las variaciones en la herida cortante que pueden derivarse del arma actuante, existen otras variantes que dependen de la anatomía del lugar donde se produce el corte.

Tenemos así las heridas alineadas o en puentes que se producen cuando un mismo movimiento de un arma produce dos cortes seguidos, por ejemplo en cara y tórax, respetando el cuello porque queda escondido o podemos imaginar un corte sobre un brazo flexionado que secciona el bíceps, pierde contacto con la piel y vuelve a cortar el antebrazo. Este tipo de situaciones pueden ser muy difíciles de interpretar en la autopsia porque en realidad lo que vemos son dos cortes que solamente tienen continuidad en la posición en que los recibió la víctima, pero el cadáver en la sala de autopsia está en posición anatómica, que no es la misma que la que tenía en el momento de recibir la lesión.

Una forma muy específica de herida cortante es la sección completa o mutilación, aquí lo que apreciamos son dos márgenes de herida, suponiendo que dispongamos del miembro amputado. Lo que no hay son colas de entrada y salida. La sección es exclusivamente morfología de corte.

Las colas en entrada y salida.

Hemos visto que entre los componentes de una herida cortante, además de los márgenes de la herida existen unas formaciones llamadas colas.

La cola es una lesión lineal que se produce por el contacto con el filo desde que comienza hasta que traspasa la piel y viceversa, la cola de salida es la lesión en la cual el arma abandona paulatinamente el contacto con la piel.

En términos generales, la cola de entrada, es decir el punto donde comienza la herida, es más corta y abrupta, el filo toma contacto y penetra en un corto espacio. La cola de salida suele ser mas larga. En ocasiones, cuando la piel sobre la que asienta la herida es flexible o deformable, la cola de salida puede tener una forma sinuosa.

La identificación de las colas de entrada y salida tiene interés para la reconstrucción del movimiento del arma.

Vitalidad de la herida cortante.

En la herida cortante se da en su grado máximo un princio general de la herida por arma blanca, que es la dificultad en valorar su vitalidad.

Cuanto mas afilada es la arista provoca menor reacción inflamatoria, al menos reacción inflamatoria precoz. El arquetipo de este instrumento es el bisturí, que provoca una sección de los tejidos que tardará bastante en producir una reacción inflamatoria evidenciable. Si la muerte tras la agresión sucede en un espacio de tiempo corto no hay un edema apreciable en los márgenes niotras características de la reacción. Y en muchos casos la muerte se produce en minutos no en horas.

Por lo que respecta al sangrado, la herida por arma blanca y más la cortante secciona vasos y los vasos contienen sangre que va a salir del mismo. En muchas ocasiones una sección postmortal de un vaso producirá una aparente hemorragia masiva simplemente porque la sangre sale pasivamente. En muchas incisiones de la autopsia se cortan vasos y hay que aspirar la sangre porque llena el campo de trabajo. Por tanto el sangrado en la herida por arma blanca, a no ser que tenga unas caracteristicas concretas no supone una garantía de vitalidad, al contrario de las contusiones.

Heridas cortantes típicas y atípicas.

En la mayoría de textos de medicina forense, al hacer referencia a las heridas cortantes se incluye la observación relativa a algunas heridas en localizaciones concretas como es el cuello o las muñecas.

Las heridas cortantes tienen su máxima peligrosidad en aquellos lugares donde los vasos sanguíneos están situados muy cercanos a la superficie de la piel y por tanto donde hay una alta posibilidad de que una herida cortante seccione una arteria.

El cuello con sus desfiladeros arteriovenosos situados a ambos lados de la tráquea es un blanco típico de este tipo de heridas y en general a estas lesiones en el cuello se las llama lesiones de deguello.

El deguello letal normalmente secciona uno o mas vasos yugulares o carotídeos. Se trata de una lesión que puede tener varios orígenes, pudiendo ser tanto homicida como suicida y calificar una herida dentro de estas categorías se realiza mediante el estudio de sus caracerísticas, como dirección del trayecto etc.

Otra lesión cortante con personalidad propia es la que se realiza en la muñeca con la finalidad de seccionar la arteria radial, que es la herida mas potencialmente letal o bién las venas mas superficales que proceden de la mano. Estas heridas generalmente están vinculadas al contexto del sucidio.

Por contra en el contexto del homicidio son mas frecuentes las heridas cortantes en las manos, generalmente en la palma de las manos y en los dedos que se producen cuando la víctima intenta asir el arma del agresor. Este hecho de que se produzcan por este tipo de mecanismo es lo que hace que se las llame en muchos textos como "heridas de defensa".

Otra forma de herida cortante puede calificarse de atípica no por su ubicación sino por su morfología, son las heridas producidas por aristas de vidrio.

La arista de vidrio, cuando es regular y bastante aguda va a provocar una herida típicamente incisa, pero en muchas ocasiones la arista del vidrio es irregular y poco aguda con lo que no produce una sección de la epidermis tan recilínea como otros objetos, las heridas por vidrio son a menudo irregulares y, aunque no suelen tener un margen geográfico sí que suelen presentar espículas y flecos de piel en sus márgenes que plantean el diagnóstico diferencial con la herida contusa. Tengamos en cuenta que una ariste de vidrio irregular por ejemplo una botella rota puede seccionar los tejidos a diferente nivel, con múltiples puntos en los que se aprecia una forma mas propia del desgarro que del corte. Son heridas en las que puede no cumplirse el principio fundamental de sección homogénea de los tejidos.

Las heridas por armas contundentes con filo.

Una forma muy específica de herida cortante, hasta el punto que está justificado considerarla una categoría aparte, es la llamada herida inciso—contusa.

La herida inciso contusa está producida por un arma blanca, es decir por un instrumento con un filo. Pero lo que la diferencia es que en su mecanismo de producción se combina tanto la acción del filo como el efecto contundente del peso y la velocidad del arma.

Un ejemplo ilustrativo que nos es extraordinariamente útil es la herida por un hacha. Una herida por hacha es una herida por arma blanca, tiene unos márgenes rectos y claramente definidos. Los tejidos están seccionados no desgarrados ni arrancados. Pero en su mecanismo de producción hay una intensa acción contundente.

Las características de la lesión inciso—contusa van a variar en función de lo afilada que está el arma.

Un instrumento muy afilado va a producir una lesión de morfología típicamente cortante. Posiblemente lo único que llama la atención es que la herida cortante genérica no es muy profunda y la inciso—contusa sí que lo es. Posiblemente el factor diferencial mas significativo es que la herida inciso—contusa secciona el tejido óseo con la misma facilidad que otros tejidos, en tanto que los instrumentos mas ligeros hacen muescas en las estructuras óseas, pero no las seccionan.

Por contra, un instrumento escasamente afilado, como una azada de jardín o el margen de un pala, van a producir una herida efectivamente cortante, los márgenes van a estar completamente separados, sin puentes de tejido. Pero estos márgenes no van a tener la estructura rectilínea o geométrica que caracteriza a la acción del arma blanca sino que van a tener una forma más geográfica y con formación de equimosis en la periferia de la lesión.

Las heridas craneales

Al contrario de lo que habitualmente imaginamos, las heridas por arma blanca en el cráneo son frecuentes.

En el contexto de agresiones con un objeto cortante son frecuentes las heridas múltiples en el cuero cabelludo. En ocasiones son un elemento lesivo más en el contexto de una agresión, no obstante hay que pueden ser la causa de la muerte.

El cuero cabelludo es una estructura bastante irrigada por la sangre, allí se recibe el caudal de la rama externa de las arterias carótidas. Las heridas en el cuero cabelludo son bastante sangrantes. En los casos de heridas cortantes múltiples en el cuero cabelludo puede producirse una hemoragia lo bastante intensa para provocar la muerte.

En una autópsia con múltiples lesiones es muy frecuente que se centre el interés en cual es la lesión mortal. Y en el tipo de supuesto que estamos examinando no hay una lesión necesariamente mortal, sino que es el sangrado producido por el conjunto de heridas el que suma una pérdida lo bastante intensa de sangre para provocar la muerte.

Esto debe ser tenido en cuenta cuando en un informe de autópsia se hace constar el hecho de que ninguna de las heridas era mortal por sí misma.

En el caso de las heridas por objetos afilados pero con un cierto peso, como es el caso de las heridas incisas y contundentes, ya hay un mecanismo de fractura craneal y lesión directa del cerebro.

En las heridas propiamente craneales debe señalarse una cuestión: en ocasiones el objeto contundente es razonablemente afilado y efectivamente hace un efecto de corte sobre el hueso craneal y la sección del hueso craneal es similar a la de cualquier otro tejido salvo por el hecho de su rigidez, que va a producir algunas particularidades en el corte.

En muchos casos, el hueso no es cortado. Lo que sucede es que cuando hay un impacto de suficiente entidad contra el cráneo, si la superficie de contacto es pequeña, se valora que hasta unos 5 cm cuadrados, lo que se produce es un hundimiento del cráneo. El mecanismo es el mismo para una bala, para un pico o para un instrumeto de jardinería.

A partir de una suerficie de contacto superior a los 5 cm cuadrados lo que se suele producir es un efecto de deformidad craneal global y entonces se producen las fracturas alargadas por deformación.

Pero cuando la superficie de contacto es pequeña y la fuerza de impacto es alta y el instrumento está poco afilado, se produce la perforación o hundimiento del fragmento de cráneo y a causa de la violencia del impacto hay una deformidad momentánea de un gran área de cráneo por lo que aparecen una líneas de fractura que son como grietas que parten del orifico de perforación.

Este efecto lo podemos dver descrito en muchos textos en relación con el proyectil del arma de fuego, que a partir del orificio craneal del proyectil se expanden una o varias líneas de fractura radiales a las cuales se han dado diferentes nombres.

Pero en la práctica diária, hemos de tener en cuenta que esa imágen no es que sea producida específicamente por el proyectil de arma de fuego, sino que es propia de cualquier objeto perforante y mas frecuente en instrumetos inciso contundentes.

Causas típicas de muerte por arma blanca

Las heridas por arma blanca pueden tener toda la gama de pronósticos en medicina, desde la herida leve hasta heridas mortales. En este apartado nos vamos a centrar en las lesiones letales.

En términos generales puede comenzarse a sistematizar su estudio con el concepto de que la principal repercusión de la herida por arma blanca es la hemorragia. Y como idea básica, la hemorragia en las heridas penetrantes va a ser fundamentalmente interna así como la herida cortante va a dar lugar mayoritariamente a una hemorragia externa.

En el caso de las heridas cortantes de tipo inciso—contuso son las lesiones en las que al efecto de la hemorragia se va a sumar de forma mas considerable la destrucción de tejidos y órganos.

Determinaciones forenses en la autopsia de la herida por arma blanca

Es muy frecuente en la literatura de la medicna forense encontrar una serie de determinaciones relativas al arma que se ha utilizado, sus características y la forma de utilizarse. Y mas especialmente el campo de la literatura y la ficción presentan una imágen de que en el estudio de la autópsia se pueden determinar el tipo de arma, si se ha usado una o varias armas e incluso desde que posición ha actuado el agresor sobre la víctima etc.

Sobre estos extremos hemos de tener una idea clara de principios básicos:

En una autopsia donde se aprecian heridas por arma blanca lo que se obtiene es un conjunto de datos que se relacionan con las características de la herida.

Los datos concretos como los márgenes, la forma del ángulo, la presencia de lesiones satélites etc nos van a dar una serie de condicionantes:

— por ejemplo una herida penetrante limpia, geométrica con márgenes rectos, un arco y un ángulo claro nos permite afirmar que se trata de un arma que tiene un filo y un lomo.
— pero en el caso de un corte solamente sabemos que ha actuado un filo, los márgenes del corte nos pueden indicar la mayor o menor regularidad de la arista y las colas pueden indicar la dirección que ha seguido, pero nada más.

Otro ejemplo típico es el relativo a la longitud de la hoja. En algunas heridas penetrantes puede establecerse una longitud mínima de la hoja pero en muchas ocasiones ete dato tiene que relativizarse en un margen relativamente amplio.

Por tanto, no debe entenderse que a partir de las heridas puede hacerse una reconstrucción del arma utilizada. Lo que se hace es un listado de características del arma. Lo que podríamos asimilar a un retrato robot o mejor aún a unas piezas del puzle.

En algunos casos las heridas van a aportar muchas piezas del puzle y en otros muy pocas. La reconstrucción del arma debemos entenderla mejor como una reconstrucción de características del arma.

En la realidad esta reconstrucción de características es un proceso deductivo que debe ser aplicado a cada caso particular y es dudoso que se puedan aplicar princios generales de manual.

El tema relativo a la existencia de mas de un arma es bastante complejo. En realidad la afirmación de qe se trata de dos armas deriva de la situación en que hay características tan dispares en diferentes heridas que las hacen incompatibles.

Las reconstrucciones de hechos son todavía mas complejas. En muchas ocasiones se está determinado la posición agresor víctima como si ambos fuesen maniquíes que se encuentran en una posición estática. En realidad en una agresión es razonable pensar que tanto el agresor comola víctima se mueven y las determinaciones de posición de atacante y víctima, así como de la mano utilizada etc son simplemente hipótesis de trabajo.

Salvo casos en los que hay alguna característica en una herida que haga imposible cualquier hipótesis alternativa, la reconstrucción de una agresión a partir de las heridas solamente se puede expresar en términos de probabilidad.

Como principio general y no solamente en las heridas por arma blanca sino en cualqueir tipo de agresión o lucha, es mejor atenerse a datos parciales pero posibles de probar que elevar una hipótesis a conclusión, cosa que puede ser perjudicial porque el informe de autopsia puede condicionar mucho la investigación policial y el proceso judicial.

CAPITULO 17

HERIDAS POR ARMA DE FUEGO.

Definimos la herida por arma de fuego como la producida por el impacto y penetración en las cavidades orgánicas de un proyectil impulsado por energía química. Dicha energía química es normalmente generada por la explosión de una carga en un mecanismo diseñado a tal efecto y que conocemos como arma de fuego.

ARMAS DE FUEGO Y PROYECTILES

El arma de fuego consiste en un mecanismo diseñado para lanzar un agente lesivo o proyectil, mediante la explosión de una carga de proyección. Así podemos definir que el arma de fuego consta de una serie de elementos que son : una cámara donde se produzca la explosión controlada de la carga de proyección, a la que se llama recámara, un sistema de iniciación de la explosión de proyección, que es el mecanismo de gatillo y percutor y un sistema de dirección y estabilización de la salida del proyectil que es el cañón.

El agente lesivo de un arma de fuego es el proyectil. Existen múltiples tipos de proyectiles y básicamente los podemos clasificar en proyectiles únicos y proyectiles múltiples en función de la cantidad de proyectiles que son lanzados con cada explosión, así el proyectil único se define por lel lanzamiento de un solo proyectil por disparo y el proyectil múltiple por más de un proyectil.

El comportamiento balístico y lesivo de un proyectil difiere según sus características, por ello debemos hacer una breve descripción de las tipologías de proyectiles.

El proyectil único se define por dos características, que son su calibre y su estructura física.

El calibre es la medida del diámetro del proyectil, el cual en nomenclatura europea se mide en milímetros y en nomenclatura anglosajona en centésimas de pulgada.

Según su estructura física, podemos dividir los proyectiles en proyectines simples o blandos, formados por una masa metálica homogénea de plomo, y proyectiles blindados blindados, en los cuales este núclo de plomo se encuentra revestido por una camisa de cobre o de otro metal.

La función de la camisa metálica es la de dar consistencia al proyectil en el momento del impacto, evitando la rotura o deformidad que frecuentemente suceden al proyectil blando. Un estado intermedio entre ambos es el llamado semiblindado, en el cual la camisa metálica no recubre completamente el proyectil, sino que deja al descubierto la ojiva. La finalidda del blindaje incompleto consiste en evitar la fragmentación del mismo pero no la deformidad.

CAPACIDAD DE LESIONAR de un proyectil:
poder de parada y penetración.

El efecto de los proyectiles sobre los materiales en general y el organismo en particular se mide en función de dos variables que son la potencia de parada y la potencia de penetración. El primer parámetro mide la intensidad del impacto y el segundo la capacidad perforante.

El poder de parada va vinculado a la masa del proyectil. Así un proyectil de mayor calibre, y por tanto de mayor peso, va a tener un poder de parada superior a un proyectil más pequeño.

El poder de parada se mide en kilogramos de impacto por centímetro cuadrado y lo que traduce es la onda de presión que sacude a un organismo cuando sufre el impacto de un proyectil.

Cabe imaginarse un cuerpo como un elemento semilíquido, como un saco de gelatina. Imaginemos el impacto de una pelota de tenis a muy alta velocidad, nos es facil entender que hay una onda que sacude la totalidad o una gran parte del saco. Pues bien, cuando un proyetil impacta contra un cuerpo no solamente se ven afectados los tejidos con los que tiene un contacto inmediato, sino tejidos y órganos lejanos a los que llega la onda de presión. Y la expresión física de esta onda de presión es el poder de parada.

El poder de parada es máximo en los proyectiles pesados. Así un proyectil del 44 o del 45 (algo mas de 11 mm) tienen un enorme poder de parada. En tanto que un proyectil del 22 (unos 5 mm) tiene muy poco poder de parada.

Por otro lado, el poder de penetración es la capacidad de un proyectil de perforar un material. El poder de penetración es en muchas ocasiones antagónico al poder de parada. Un proyectil penetrante tiene su estructura y su dinámica diseñadas para penetrar, no para dispersar energía en su entorno.

Por eso, la potencia de fuego de un proyectil generalmente se va a decantar hacia poder de parada o hacia poder de penetración.

El poder de penetración va vinculado a la velocidad de salida del proyectil.

Ambas medidas están igualmente vinculadas a la estructura física del proyectil, así, a igualdad de calibre, un proyectil blando tendrá una mayor potencia de parada, por cuanto se deforma con el impacto y transmite gran parte de su energía a los tejidos con los que contacta. En cambio un proyectil blindado no se deforma tan fácilmente y por ello permanece más estable en su trayectoria incluso durante su interacción con los tejidos

En los proyectiles múltiples, un disparo proyecta un conjunto de proyectiles que se denominan postas o perdigones. Estos proyectiles son esferas redondeadas de plomo que se clasifican según el peso y tamaño de las postas y el número de postas que contiene cada cartucho.

El proyectil múltiple es, por los principios referidos anteriormente, un proyectil con una altísima capacidad de parada y una baja capacidad de penetración.

Fisiopatología de la herida por arma de fuego

Cuando un proyectil interactúa con los tejidos, no se produce una acción de disección como es el caso de las armas blancas, el proyectil, aunque tenga forma aerodinámica, es una estructura roma, que va a lesionar los tejidos por deformidad como en el caso de la violencia contusa.

La gran energía y velocidad del proyectil van a producir la deformación y rotura de los tejidos que atraviesa. Es importante entender que la acción del proyectil es una mecánica de deformidad para entender que la lesión que produce el arma de fuego no se limita como en el arma blanca a los tejidos con los que contacta directamente sino que la lesión del proyectil se extiende en un amplio radio alrededor de su trayectoria efectiva.

Es esta mecánica la que va a dar carta de naturaleza a la herida por proyectil, produciendo que tenga unas características anatomopatológicas diferentes a las de la lesión contusa y a las de la lesión por arma blanca.

La lesión de entrada es la que se forma en el punto de contacto del proyectil con la piel y alrredeor del mismo. De hecho no solamente va a estar formada por la interacción con el proyectil sino que periféricamente se van a producir otros elementos de la lesión por acción de otros elementos lesivos que acompañan al proyectil y que derivan del mecanismo de explosión química en la recámara del arma. Estos elementos son los gases a alta temperatura producto de la combustión y los fragmentos de pólvora sin quemar y partículas metálicas procedentes del cartucho y del ánima del arma.

LA HERIDA POR PROYECTIL DE ARMA DE FUEGO

La composición clásica de una herida por arma de fuego consta de tres partes: lesión de entrada, taryecto y lesión de salida.

La lesión de entrada consta de un orificio, provocado por el proyectil, rodeado de una cintilla llamada cintilla erosiva o cintilla de contusión y finalmente la disposición radial de elemntos periféricos que forman una especie de mancha o tatuaje.

En su trayecto, un proyectil va a generar un trayecto de destrucción, tanto primario o básico como secundario. Este estará rodeado de un halo de contusion generado por la onda de presión y en muchas ocasiones hay un autentico efecto expansivo del proyectil al cual se llama efecto blast.

Finalmente la herida termina con la lesión de salida.

Componentes de la lesion de entrada

el orificio de entrada

El elemento básico y central de la lesión de entrada es el orificio de entrada. la morfologia del orificio de entrada depende básicamente del tipo de proyectil que impacta con la epidermis y secundariamente puede haber variaciones con la distancia del disparo.

En el proyectil único en cualquiera de sus formas, tanto en proyectiles blandos como blindados produce un orificio de entrada de forma redondeada que puede elongarse levemente por las líneas de tracción cutáneas produciendo una deformidad similar a la que se produce en las lesiones por arma blanca. No obstante es menos acusada la deformidad que en estos casos. la morfologia va a ser redondeada siempre que el proyectil se encuentre indemne en el momento de la interacción, pues en los casos en que se han producido desviaciones de trayectoria como por rebotes o deformidades del proyectil como a veces sucede cuando el mismo ha atravesado un parabrisas o una plancha metálica de coche la morfolofia del orificio es irregular.

El diámetro del orificio de entrada suele ser levemente más pequeño que el calibre del proyectil. Cuando se trata de situaciones de proyectil deformado este diámetro puede agrandarse por desgarro periférico a la perforación.

Cuando el ángulo de impacto del proyectil respecto del plano cutáneo no es perpendicular sino que es oblícuo, la morfologia del orificio de entrada es oval, mostrándonos el diámetro mayor del óvalo la dirección que tenía el proyectil en el mometo de impactar con los tejidos. A medida que la dirección y ángulo de impacto se hacen más oblícuos y tangenciales se alarga el diámetro mayor del óvalo, pero no el diámetro menor, el cual es dependiente del calibre del proyectil. No obstante en los casos de heridas con penetración muy angulada, sí que existe una gran deformidad de la herida por las líneas de tracción, y en este caso el diámetro de la lesión va a ser superior al calibre del proyectil.

En los casos extremos de angulación nos podemos encontrar con lesiones practicamente rasantes, en las que no hay penetración en los tejidos sino que se produce una herida contusa lineal.

En el proyectil múltiple, el orificio de entrada está compuesto por la superposición de orificios de entrada del conjunto de perdigones, postas u otros elementos que compongan el proyectil. A corta distancia va a tener una morfologia redondeada, para a medida que aumenta la distancia del disparo, tomar una morfologia circular con espículas, posteriormente circular y espiculada con orificios satélites para finalmente dar lugar a la superposición de múltiples oríficiso de entrada independientes.

En algunos casos el orificio de entrada por un proyectil único puede tener la forma de un orífico estrellado, a partir de una lesión central con desgarros cutáneos hacia la periferia. este es un fenómeno que puede verse en algunas lesiones por proyectiles de alta velocidad como el 5,56 mm de la NATO.No obstante se trata de una morfología común en heridas producidas a corta distancia y sobre regiones anatómicas en las que existe un plano óseo muy superficial como es el caso del cráneo. En este tipo de herida, por la escasa distancia hay una penetración por el orificio de entrada de gases de la explosión junto con el proyectil, los cuales disecan los tejidos superficiales creando una pequeña cámara contra el hueso subyacente y produciendo el estallido epidérmico.

En los casos en los cuales la distancia es tan corta que el cañón del arma se encuentra en contacto con la epidermis, la penetración conjunta de proyectil, gases de ignición y partículas de la explosión va a producir un orificio de entrada grande, irregular con márgenes estallados con quemaduras e impregnaciones en tejido celular subcutáneo que se ha descrito como "herida en boca de mina".

La cintilla erosiva o de contusión

El segundo elemento de la lesión de entrada, independiente de la distancia es la llamada cintilla contusiva. La cintilla contusiva es una lesión que se sitúa en el margen del orificio de entrada y está compuesta por la superposición de varios fenómenos. Básicamente la componen un mecanismo de contusión junto con la impregnación de la epidermis por pequeños elementos de la superficie del proyectil por fricción del mismo, como partículas de pólvora, de grasa, suciedad del cañón del arma etc.

La cintilla de contusión tiene una morfología circular cuando el impacto del proyectil se produce en situación perpendicular a la piel y una forma semilunar cuando la bala penetra de forma tangencial a la epidermis. La ubicación de la semiluna en el controno del orificio de entrada nos informa sobre la dirección de procedencia del proyectil.

Elementos perifericos o tatuaje

Los elementos periféricos de la lesión de entrada por proyectil son dependientes de la distancia del disparo y están compuestos por las quemaduras, las impregnaciones cutáneas y las contusiones periféricas.

Los elementos periféricos, así como la cintilla de contusión van a ser característicos de la herida de entrada, siendo su existencia el elemento diagnóstico fundamental entre la herida de entrada y la herida de salida.

En general los elementos periféricos disminuyen de intensidad hasta su desaparición con la distancia del disparo. No obstante en situaciones en las cuales existe una interposición de elementos entre el arma y la epidermis no van a aparecer. Este sería el caso de los disparos producidos sobre regiones anatómicas recubiertas por la ropa, en cuyo caso los elemntos periféricos aparecerán en los vestidos.

En el caso de los proyectiles disparados con un arma provista de silenciador tampoco se van a apreciar estos elementos o van a estar muy atenuados. Un silenciador es un mecanismo que reduce la velocidad de salida del proyectil, mecanismos que absorbe los elementos periféricas del disparo, los cuales no van a aparecer en la lesión de entrada aunque la herida se produzca a escasa distancia de disparo.

Las quemaduras

Las quemaduras son efectivamente lesiones de tipo térmico que se producen en la región periférica del complejo central por efecto de los gases de alta temperatura que brotan por la boca del arma en el moemto del disparo, los cuales tienen la forma de fogonazo o llama que se visualiza al observar un disparo.

Se trata de lesiones que aparecen en disparos a corta distancia.

La morfología de las quemaruras es propia de las quemadura por gases a alte temperatura y siguen un patrón aproximadamente circular en los casos en que el disparo se produce de forma perpendicular. En los casos de disparos angulados las quemaduras van a alargarse en la dirección del disparo, es decir en el margen opuesto al cual se encuentra la semiluna de la cintilla contusiva.

La morfologia de las quemaduras pierde su patrón circular en aquelos casos en los cuales el arma de disparo se encuentra provista de un mecanismo de boquilla apagallamas, que es un mecanismo frecuente en las armas de guerra. La boquilla apagallamas es un cilindro con ranuras laterales por las que se proyectan los elementos periféricos como los gases. En estos casos vamos a encontrar una disposición de las quemaduras en forma cruciforme o en forma de radios que se extienden a partir del punto complejo central, según la distribución de las ranuras.

Impregnaciones (sustancias impregnadas)

Generalmente acompañando a las lesiones por quemaduras vamos a apreciar la existencia de impregnaciones de suciedad provocadas por la aposición de elementos gaseosos ya enfriados sobre la superficie de la epidermis. Esta imagen es la que algunos autores denominan "negro de humo" y son realmente depósitos procedentes de los gases de la explosión. El negro de humo no esrealmente una lesión sino que se trata de una sobreposición de elementos a la herida que podemos apreciar que desaparece con el lavado.

Impactaciones (elementos impactados)

Juntamente con los anteriores se puede, en muchas ocasiones, apreciar la existencia de impactaciones. La mayoria de loselementos de impacatación son partículas de pólvora, en forma de gránulos o laminillas, que no han realizado la combustión o que han combustionado de forma incompleta, procedentes del cartucho y que salen por la boca del arma con el proyectil en el moemento del disparo.

Los gránulos de pólvora aparecen igualmente en disparos a corta distancia, pero alcanzan una distancia algo mayor a los elementos periféricos producidos por los gases, así, en la mayoría de los casos los gránulos de pólvora son los elementos del grupo periférico que llegan a mayor distancia.

Dependiendo de la distancia del disparo vamos a apreciar dos clases de fenómenos en la impactación de fragmentos. En primer lugar a mayor distancia del disparo (aunque recordemos que en el mejor de los casos estamos hablando de distancias inferiores a los 125 cm) existe una mayor dispersión de los fragmentos, de tal manera que encontramos impactaciones de pólvora a mayor distancia del complejo central a más distancia de disparo.

En segundo lugar, en función de la distancia de disparo, vamos a tener una mayor o menor penetración de las impactaciones en la epidermis o en las ropas. Así a menor distancia las impactaciones van a penetrar desde el estrato córneo hasta la capa basal de la epidermis, en tanto que al aumentar la distancia van a apreciarse dichas impactaciones solamente en los niveles más superficiales del estrato córneo, de tal forma que macroscópicamente desaparecen con el lavado a baja presión.

Un elemento periférico propio de las heridas por proyectil múltiple es la contusión por impacto de los elementos de separación y cierre del cartucho. Se trata de fragmentos de plástico en forma de cilindros o discos que separan la carga de pólvora de los perdigones o que sellan la boca del proyectil. Son los elemntos que se conocen como "taco". El hallazgo de estas estructuras en forma de pequeños fragmentos de plástico en el interior de la herida, generalmente dispersos por la trayectoria es característico de la lesiones producidas en contacto con el cañón del arma y es frecuente en los suicidios con escopeta de caza.

El trayecto

Tras pasar la barrera cutánea, el proyectil daña los tejidos del organismo siguiendo un trazado imaginario al que llamamos trayectoria.

La trayectoria de un proyectil en el interior de los tejidos tiene dos componentes diferenciados. En primer lugar el trayecto de destrucción, que se trata del conjunto de lesiones centrales que son producidas por la interacción directa del proyectil contra las diferentes estructuras que atraviesa.

En segundo lugar, periféricamente al trayecto de destrucción, se puede apreciar el halo contusivo, el cual está compuesto por una corona periférica de lesiones contusas produdicas por la deformidad de los órganos y tejidos generada por el paso del proyectil. El halo contusivo puede tener un diámetro muy superior al trayecto de destrucción, apareciendo frecuentemente lesiones de caracter contuso a distancia de dicho trayecto.

El trayecto de destrucción

Trayecto de destrucción básico

El trayecto de destrucción y su morfología va de depender de variables propias del proyectil como la naturaleza, composición, estructura y masa del mismo o la energía cinética con la que atraviesa los tejidos. Por otro lado va a depeneder de las estructuras orgánicas que atraviesa, las cuales van a modificar la morfología del trayecto de edstrucción en función de la elasticidad general del tejido, la densidad del mismo y la cohesión histológica de los órganos.

Entendemos por elasticidad la capacidad de absorver presión mediante la deformación sin lesionarse. La elasticidad de un tejido o de un órgano depende esencialmente de su composición en fibras colágenas y de la estructura de las mismas. El tejido con máxima elasticidad del organismo es la piel.

La densidad de un tejido es la masa de células y estructuras por unidad de volumen. La medición básica de la densidad la realizamos mediante la valoración del número de centímetros cúbicos que ocupan 100 gramos de tejido.

La cohesión histológica depende de la estructura del tejido, de las formas de unión intercelulares y de las estructuras generales de unión. Así el tejido con una mayor cohesión dentro del tejido conectivo es el tejido óseo, en tanto que el de menor cohesión, que es cohesión nula es la sangre.

La morfologia que sigue la trayectoria de un proyectil se ensancha hasta llegar a un máximo, que es lo que llamamos la cavidad y psoteriormente se estrecha hasta el orificio de salida.

Que la cavidad se encuentre más próxima al orificio de entrada o de salida, depende de la energía cinética del proyectil. Una penetración pro un proyectil con escasa energía provocará que muy pronto empiece a perder velocidad y la cavidad se formará muy cerca del orificio de entrada. En cambio, si el proyectil lleva una alta velocidad nos encontraremos con que la cavidad se separa del orificio de entrada y se aproxima al orificio de salida.

A lo largo de la trayectoria encontramos lesiones de caracter hemorrágico.

En ocasiones, en el interior del organismo pueden apreciarse varios trayectos de destrucción procedentes de una herida única. Estos trayectos pueden estar formados por la fragmentación del proyectil, características de los proyectiles blandos, de los proyectiles que presentan orificios en la ojiva o de los proyectiles preparados específicamente para fragmentarse en el interior del organismo, los más famosos de los cuales son los denominados "dum-dum" o de cabeza serrada.

Otra forma frecuente de producirse trayectos secundarios es cuando se produce el desprendimiento de la camisa del núcleo del proyectil, más fecuentemente en los proyectiles semiblindados aunque puede apreciarse en algunos csos de proyectiles blindados.

Pero la forma más frecuente de formación de trayectorias secundarias en el interior del organismos es cuando el trayecto de destrucción impacta contra una estructura ósea densa. En estos casos en primer lugar hay una gran probabilidad de rotura o fragmentación del proyectil y en segundo lugar los fragmentos de tejido óseo pueden ser arrancados por el impacto del proyectil, dando luagra a trayectorias secundarias como si se tratase asimismo de proyectiles.

En general, las trayectorias secundarias por fragmentación del proyectil o por fragmentos óseos pueden seguir una línea paralela al trayecto principal, con locual se amplía considerablemente el diámetro del trayecto de destrucción hemorrágico o bién pueden generar trayectorias divergentes al mismo en cuyo caso el recorrido suele ser corto y terminado en fondo de saco, siendo poco frecuente que produzcan un orificio de salida.

El halo contusivo

Como hemos referido, la energía cinética que impulsa el proyectil hace que se deformen los tejidos de los órganos que atraviesa hasta la rotura de los mismos y penetración de la bala, pero esto supone que toda la región periférica se va a ver deformada en mayor o menor grado.

En un órgano muy muscular como es el caso del corazón, la deformidad de las masas musculares que rodena al punto donde ha impactado el proyectil va a producir la formación de extensas equimosis en la periferia del trayecto destructivo. En cambio en órganos parenquimatosos como el hígado o el encéfalo la deformidad del tejido va a producir áreas de desgarro periféricas en las culaes se van a producir acúmulos hemáticos en forma de hematomas.

En órganos muy vascularizados como es el caso del pulmón, la zona de lesión de vasos arrededor del trayecto de destrucción va a ser muy importante, encontrando una extensa corona de contusiones y hemorragias pulmonares en el lóbulo afectopor la penetración o incluso en lóbulos próximos.

Independientemente de la naturaleza de la víscera afecta, además de la deformidad de los tejidos de la misma, se van a producir violentas tracciones de su hilio. De esta forma en las vísceras alcanzadas por un trayecto principal y menos frecuentemente en las afectas por trayectos secundarios, vamos a encontrar lesiones de desgarro a nivel de los vasos o estructuras hiliares. En corazón son frecuentes los infiltrados a nivel de la entrada de las cavas y en los impactospulmonares son frecuentes los desgarros a nivel de bronquios, incluso bronquios principales.

Cuando un proyectil atraviesa el encéfalo produce una intensa deformidad de la estructura cerebral, de forma que es frecuente el hallazgo de lesiones a nivel de talo cerebral o del cuello de la hipófisis por tracción. En algunos casos la deformidad de la masa encefálica puede ser tan importante, provocada por el mismo paso del proyectil que produzca directamente herniaciones cerebrales sin que haya tenido tiempo de mediar un mecanismo de hipertensión endocraneal. En general los trayectos en el interior de la masa encefálica se encuentran rodeados de una corona de lesiones en la sustancia blanca que es similar a la lesión axonal difusa producida por la desaceleración.

En las estructuras óseas situadas alrrededor del orifico de destrucción vamos a parecíar la formación de líneas de fractura. En el tejido óseo el trayecto de destrucción sule ser regular y uniforme, a partir del cual las trayectorias de fractura se pueden expandir en una o más direcciones.

La morfologia adoptada por la expansión de las líneas de fractura va a estar más en función de las características anatómicas y de distribución de hueso cortical y esponjoso que recibe el impacto que según el tipo de proyectil, por lo que no encontramos que sean patognomónics las descripciones clásicas de algunos tipos de fractura colateral al orificio, que se denominan con nombres tales como "signo del espermatozoide".

En muchas estructuras óseas existe muy escaso margen entre el tejido afecto por el trayecto de destrucción y el final del elemento óseo, por lo cual las líneas de fractura colaterales confluyen entre ellas o terminan en el margen óseo produciendo las características fracturas conminutas por el paso de un proyectil, fracturas que, como hemos dicho, son fuente de fragmentos que pueden generar trayectos secundarios

Dado que el tejido óeso es, por su dureza y por su estructura laminar, el que mayor resistencia ofrece al paso de proyectiles, es frecuente que sea a este nivel donde se encuentren finales detrayectoria cuando el proyectil no tiene suficiente energía para atravesarlo, encontrándose frecuentemente incrustado en el hueso. Las estructuras óseas que combinan estructuras laminares y esponjosas como las vértebras, la pelvis o la cabeza femoral son los elementos más resistentes al impacto de proyectiles.

La lesión de salida

El orificio de salida no es una constante en la herida por arma de fuego, sino que depende su aparición de que el proyectil posea suficiente energía para atravesar totalmente el organismo. Así los proyectiles múltiples y proyectiles deformados por rebotes o decelerados por impactos previos o silenciadores rara vez van a provocar orificio de salida.

En general, el orificio de salida tiene una morfología mucho menos regular que el orififio de entrada. También se trata de un orificio algo más grande que este. Finalmente, el orificio de salida carece de cintilla contusiva y de los elementos periféricos descritos en la lesión de entrada.

La carencia de cintilla contusiva tiene como excepción la situación en la cual la piel del punto de salida se encuentra recostada contra una superficie de material muy rígido. Es lo característico de cuando la víctima recibe impactos de bala estando recostada contra una pared o caída en el suelo.

Si el proyectil sale en estas condiciones la piel del punto de salida va a verse comprimida entre el proyectil emergente y la estructura rígida sobre la que se apoya, formándose una contusión por apratamiento periférica al orificio que puede confundise con una cintilla contusiva. No obstante en este caso, el aplastamiento del proyectil contra la estructura rígida va a producir un orificio sumamente desgarrado o bién su rotura, apareciendo fragmentos de proyectil en los tejidos de la herida de salida

Que la salida del proyectil sea más o menos amplia dependerá además de si el proyectil sale íntegro o fragmentado y si impacta en su trayectoria con estructuras óseas o no lo hace. En el caso de fragmentación del proyectil, la lesión tenderá a ensancharse, por cuanto cada fragmento del proyectil actuará como proyectil y los diferentes fragmentos se abrirán en forma de cono a partir del punto de fragmentación.

En el caso de los impactos contra estructuras óseas debemos tener en cuenta que es fácil que se desprendan fragmentos de hueso que actuarán como proyectiles secundarios. Además es más fácil que se fragmente el proyectil en el caso de que impacte contra el hueso.

La salida de fragmentos del proyectil o de elementos secundarios, como pueden ser las esquirlas de hueso, produce un orificio de salida irregular y mucho más grande que el de entrada.

En el estudio de cualquier lesión por arma de fuego es muy importante la radiología cadavérica, la cual nos llevará a situar exactamente los proyectiles, fragmentos de proyectiles y esquirlas óseas previamente a proceder a la apertura del cadáver. Nosotros recomendamos sistemáticamente un estudio radiológico previo a toda autopsia con lesiones por armas de fuego.

Capitulo 18

HERIDAS Y MUERTE POR EXPLOSIONES

Sustancias explosivas y explosiones.

Un agente explosivo lo podemos definir como aquella sustancia cuya organización molecular es inestable, de tal forma que la inducción de energía produce una reacción de separación de sus moléculas pasando en un espacio de tiempo muy corto de una interfase sólida o líquida a una interfase gaseosa.

En ocasiones, no obstante, el fenómeno de la explosión pude obedecer a factores circunstanciales, en las que un agente, químicamente no explosivo produce este efecto. Esta situación es la típica de los gases sometidos a una alta presión.

El aumento de la presión por ejemplo por el aumento de gas acumulado, o el aumento del volumen de dicho gas inducido por factores como el calentamiento, pueden superar la resistencia del continente. Si se fractura el continente, las moléculas del gas a presión van a recuperar de una forma muy rápida su volumen, dando lugar a un fenómeno físico de explosión.

Independientemente del fenómeno fisicoquímico inicial, el fenómeno de la explosión supone la separación a alta velocidad de las moléculas de una sustancia, esta separación a alta velocidad empuja las moléculas de la atmósfera y de cualquier cuerpo que pueda estar en su radio de acción, creando un fenómeno de choque que conocemos como onda expansiva.

La separación de las moléculas del agente explosionado va a continuar hasta igualar su presión con la de la atmósfera que la envuelve, por tanto, la onda expansiva tiene su límite en este punto de equilibrio. En este punto de equilibrio se ha agotado la energía cinética de las moléculas en expansión y la presión atmosférica vuelve a recuperar el espacio que había quedado ocupado.

Salvo fenómenos que imprimen una direcciíon a la expansión de la explosión, esta tiene una forma básicamente esférica y es importante prestar atención a que en el momento en que la explosión etá creciendo, se produce un efecto de vacio en el interior de la esfera explosiva.

Esta situación de vacío es lo que en algunos textos puede encontrarse como "onda de succión", no obstante no existe tal onda de succión, sino que el fenómeno de la explosión va a generar una sola onda que es la expansiva, el vaccío secundario a la misma es un fenómeno asociado y no un elemnto de la explosión.

Explosión y deflagación

La liberación de energía que supone la separación de moléculas en una explosión, puede producirse de varias formas, pero básicamente de dos, generalmente combinadas, aunque va a existir un mayor predominio de una sobre la otra.

En primer lugar la liberación de energía de una explosión se produce fundamentalmente en forma de energía cinética, que es la que separa las moléculas y caracteriza la explosión como fenómeno físico.

En segundo lugar, en determinadas circunstancias, la liberación de energía se va a producir en forma de calor, fenómeno que es más frecuente cuando la velocidad de separación de las moléculas es menor y que se conoce como deflagración. En este punto se establece una diferenciación académica entre las deflagraciones por expansión de combustiones a alta velocidad y las deflagraciones por liberación de energía en forma de calor en explosiones de baja velocidad. Decimos que se trata de una diferenciación académica pues la morfología y patogènia de las lesiones producidas en los ytejdios humanos van a ser prácticamente indistinguibles

Elementos lesivos de la explosión

De los elementos antedichos podemos entender que existen tres fenómenos lesivos claramente diferenciables en cuanto a patogenia y morfopatologia sobre el organismo humano:

En primer lugar las lesiones producidas en sí por la misma onda expansiva, la onda de presión va a provocar un conjunto de lesiones lesiones con una patogenia muy característica que ha recibido en la literatura médica el nombre de blast, y a las lesiones generadas por el mismo el nombre de blast injury.

En segundo lugar las lesiones generadas indirectamente por la onda expansiva. Estas lesiones pueden ser primarias, cuando el cuerpo es proyectado o empujado por la onda expansiva, lo cual es un fenómeno muy poco frecuente, o bién ser secundarias, producidas por el impacto sobre el cuerpo de objetos de pequeño tamaño que sí que son proyectados por la onda expansiva, y que son las lesiones por metralla.

En tercer lugar, tenemos las lesiones causadas por la exposición del organismo al paso de gases a alta temperatura, es decir las lesiones producidas por los fenómenos de deflagación.

Finalmente hemos de hacer mención a que el fenóemno físico de la explosión va a producir unos efectos de destrucción sobre el entorno, los cuales pueden lesionar el organismo humano, tales como el derrumbamiento de materiales etc.

De entre los efectos sobre el entorno destaca el fenómeno de las lesiones provocadas por la vibración de materiales, generalmente metálicos, que puede producir la lesión de tejidos humanos cuando están en contacto con dichos materiales.

Este fenóemno se ha asumido en la literatura en muchas ocasiones como un elemnto más de la explosión, habiendose llegado a hablar de "blast de transmisión por sólidos". No obstante aunque existe la asociación circunstancial, no existe ninguna clase de elemento común en su patogenia, tratándose en realidad de lesiones contusas generadas por mecanismos de vibración.

Este tipo de fenómenos, al igual que las intoxicaciones secundarias a los gases de la explosión o la combustión de los mismos, creemos que pueden ser estudiadas conjuntamente con las lesiones por explosiones, ya que vamos a encontrar estas lesiones superpuestas en el mismo cadáver, pero entendemos que ni su naturaleza física, ni la patogenia lesional ni la morfologia de las lesiones va necesariamente asociada al mecanismo lesivo de la lesión.

Cuadros lesivos en la explosión

La predominancia de unas lesiones sobre otras puede obedecer a multiples factores, desde el tipo de explosión hasta las características del artefacto explosivo causante de la muerte, hecho que ha llamdo la atención en algunos casos de atentados terroristas. Así como la letalidad de la lesionologia puede ser muy variable.

debe tenerse en cuenta la existencia de una diferencia significativa en cuanto al patrón de lesiones, cuando las vísctimas se encuentran en espacios cerrados de cuando se encuentran en espacios abiertos.

Finalmente, respecto a la fisopatologia que desencadena la lesión por explosión, debemos asumir que presenta una complejidad muy superior a la que tratamos de forma sistemática

Lesiones por la onda expansiva

Patogenia de la lesión por onda expansiva o blast injury.

La patogenia del blast es frecuente objeto de controversia. Hay autores, entre ellos B.Knigth que opinan que la lesión provocada por la onda expansiva provoca que en los parénquimas neumáticos (parénquimas o estructuras que contienen aire) se produzca una imposibilidad de absorción de la onda de presión que, en el caso de los parénquimas sólidos es facilmente absorvible, dado que toda la víscera se modifica al unísono.

En lo que si que existe una opinión unánime es en la existencia de unas lesiones primarias que se producen en los tejidos con contendio de gases y cuyo modelo efectivo es el pulmón y un blast secundario que se produce por el violento incremento de la presión arterial en el momento de la exposición a la onda expansiva.

Podemos entender el blast secundario o vascular si imaginamos que la gran dilatación de los espacios alveolares va a hiperinsuflar el pulmón a un grado muy importante, tanto que provocará el violento vaciado por presión de los vasos sanguíenos del lecho capilar pulmonar, y dando así lugar a una rapida expansión de la volemia que se manifestará fisopatológicamente como un pico de presión intraarterial.

Anatomía patología y variantes morfológicas del blast injury

Las lesiones predominates en lo que hemos denominado el blast primario podemos apreciarlas en las estructuras neumáticas como son el pulmón, el oido y el tubo digestivo

La morfologia del blast a nivel pulmonar incluye en primer lugar la aparición de múltiples roturas alveolares de distribución difusa, provocadas por el aumento de presión. La rotura difusa dealveolos va a dar lugar en un segundo tiempo a una hemorragia intraalveolar masiva que va a provocar el aspecto macrsocópico del pulmón uniformemente hemorrágco.

En segundo lugar, la expansión de gases y su mezcla con la sangre extravasada va a dar lugar a la formación de una espuma hemorrágica, que algunos autores denominan como edema hemorrágico, aunque no hay propiamente un fenómeno primario de trasudación de plasma, sino que directamente es el material hemático el que va a mezcalrse con gases dando lugar a esta espuma hemorrágica que suele apreciarse en las principales ramas bronquiales y con mucha frecuencia a nivel de bronquios principales y tráquea

La violenta expansión de aire va a producir en zonas periféricas del pulmón el despegamiento de la pleura visceral, dando lugar a lo que Knith describe como bullas subpleurales, que son espacios pseudoenfisematosos. Junto a estos espacios podemos apreciar también la formación de zonas hemorrágicas subpleurales.

La rapida expansión de los pulmones por la dilatación de los gases que contiene suele provocar que estos lleguen a impactar contra el continente de la caja torácica, por lo cual es frecuente encontrar líneas de contusión pleural que siguen el trazado de los arcos costales

El aspecto del pulmón de blast es incluso radológicamenteidentificable por su densidad, su gran tamaño y la proyección radiológica de fenómenos asociados

A nivel auditivo la rotura timpánica está descrita como un signo característico del blast, pero su aparición es inconstánte puesto que depende, según estudios experimentales de si el sujeto recibe el impacto con la boca abiertao cerrada. Si la boca está abierta, existe una doble salida del aire, por la trompa de eustaquio y por el conducto auditivo externo, pero el tímpano se afecta de forma escasa. No obstante si la boca está cerrada, la trompa de Eustaquio no está completamente abierta con lo que la expansión de aire en el oido medio puede provocar fácilmente el estallido timpánico.

Además de la rotura timpánica es la dilatación gaseosa de oido interno la que psuele provocar las hemrragias dl mismo que, en la mayoría de ocasiones podemos apreciar al observar la fosa craneal media, que deja traslucir dicha hemorragia.

Dentro de la esfera ORL, podemos apreciar también frecuentemente epistaxis en el cadáver procedente de una explosión, dicha epistaxis, en los casos en que no es espumosa y que puede proceder del pulmón en forma casi de hongo de espuma, obedece a sangrados en los senos paranasales. Dichas hemorragias son apreciables mediante el abordaje de los senos frontales desde el punto de serrado craneal

Lesiones en tubo digestivo

En el tracto gastrointestinal, la distribución de lesiones es muy diferente de la del pulmón, obedeceiendo a un orden caprichoso que dependerá del contenido de gas del citado tracto en el memento de recibir la onda. La lesión macroscópica consiste en la formación de equimosis en las serosas y excepcionalmente en las capas musculares. Es muy rara la afectación de la mucosa. Un fenóemno excepcional, pero que en ocasiones puede presentarse es un estallido visceral en un asa intestinal o en el estómago o incluso el esófago

Lesiones intracraneales

Es un hecho que la onda expansiva provoca una hemorragia intracraneal en el espacio de las meninges conocido como aracnoides. Es la llamada hemorragia subaracnoidea que va a lesionar el encéfalo al comrimirlo dentro de la caja del cráneo.

Encontramos dos explicaciones al fenómeno de la hemorragia subaracnoidea en la explosión. En algunos textos se explica en función de que el paso de la onda de presión expansiva entre el cráneo y el encéfalo va a provocar un violento movimiento del segundo y provoca un sangrado de la meninge.

En segundo lugar, podemos encontrar la explicación de este fenómeno en la transmisión de la presión de la onda expansiva a los vasos arteriales, provocando un pico de hipertensión.

Macroscópicamente el hallazgo más frecuente es una hemorragia subaracnoidea difusa por multiples focos de rotura vascular, en ocasiones acompañado de hemorragias a nivel de cápsula interna (interior de la masa cerebral), si bién en estos casos cabe suponer la existencia de una patologia vascular previa.

La afectación del pico hipertensivo en el resto de vísceras es poco expresivo, reduciendose en la mayoría de casos a la aprición de zonas de petequias

El predominio de la lesión cerebral en los casos de blast secundario es lo que ha llevado a muchos autores a denominar este blast secundario o hipetensivo como el "blast cerebral" y algunos estudios lo señalan como la causa primordial de muerte

Fisopatologia derivada del blast injury en sus diferentes formas

En el caso del blast primario, la lesión fundamental es pulmonar, entendiendose que la destrucción de tabiques alveolares y la ocupación de los epacios alveolares por contenido hemorrágico dan lugar a una situación de insuficiencia respiratoria brusca con hipoxia e hipercapnia. En el caso de encontrarse áreas pulmonares en las que reste función de ventilación, tengamos en cuenta que el pulmón se encuentra, aunque sea en segundos, en una situación de presión externa negativa, con lo cual se va a producir una salida de gases hacia la atmósfera, inclusive el oxígeno, dado que el gradiente de presión parcial de gases toma uan dirección masiva de salida.

La hipoxia fulminante en los casos de muerte fulminante y la hipoxia con hipercapnia que van a dsatar el consabido cuadro de acidosis combinada (metabolica por el lactato y respiratoria por la hipercapnia) dan lugar a una muerte muy rápida., en la que incluso se pueden asociar mecanismos bioquímicos de alteración de la hemoglobina por la sobrepresión

La sobrevivencia solamente aparece en aquellos casos en los que la onda explosiva es de muy baja velocidad o presión y en realidad el cuadro que se desata no es propiamente una lesión de blast sino una distress respiratorio del adulto por lesión alveolocapilar difusa.

Respecto a las consecuencias fisopatológicas del blast cerebral son muy difíciles de discriminar de las del pulmonar, por tratarse de fenóemnos que aparecen conjuntamente. Generalmente las hemorragias subaracnoideas, que son el hallazgo macroscópico más llamativo no suelen execder los 15 o 20 gramos totales, con lo que dificilmente pueden definirse como causantes de la muerte. La lesión más destructiva en el encáfalo es la lesión difusa que va a generar un edema cerebral masivo, que, de no adelantarse el cuadro de hipoxia provocado por la lesión pulmonar, pueden dar lugar a la muerte por un cuadro de inhibición de centros bulbares por hipertensión endocraneal. No obstante, los estudios actualmente publicados apuntan a la existencia de fenómenos fisopatológicos más complejos en la lesión cerebral

Lesiones por deflagacion

La liberación de energía en forma de calor en el moemnto de la explsoión es un fenómeno más o menos constante en las explosiones. Salvo los casos de deflagaciones muy lentas en las que realmente puede aparecer la llama como agente lesivo, y que casi están en el margen del fenómeno de la explosión, el agente vulnerante en este caso es la alta temperatura de los gases

Patogenia de la lesion por deflagacion

La producción de un área de gases a alta temperatura por efecto de la explsoión, va a dar lugar a dos efectos diferenciados a nivel del organismo

En primer lugar el contacto directo de los gases de alta temperatura con la superficie del organismo va a adr lugar a lesiones de quemadura

En segudno lugar la exposición de la totalidad del organismo a un foco de altas temperaturas va a dar lugar a un fenóemno de hipertermia muy importante, que habitualmente tratamos con la denominación de golpe de calor o hipertermia exógena extrema.

Anatomia patologíca y morfología de la lesión por deflagación

La quemadura producida por la deflagación asume las características morfológicas propias de la quemadura por gases: se trata de una quemadura superfical y uniforme que no se presenta a se presenta en menor grado en las zonas cubiertas por la ropa, y que es tanto más tenue cuanta más ropa protectora exista en la superficie.

Se aprecia una desaparición del pelo y de los anejos cutáneos y podemos ver una quemadura muy amplia, que reduce prácticamente a carbonilla la epdermis, la cual no es reconocible histológicamente, pero que afecta moderadamente la dermis, que aparece deshidaratada, con lesiones de necrosis por coagulación y afectación de los vasos, los cuales se aprecian pletóricos de una masa informe de hematies dificilmente reconocibles, y apenas afecta el tejido celular subcutáneo.

La práctica deshidaratación de la sangre en el interior de los vasosde la dermis paiplar, va a impedir la formación de imágenes hemorrágicas y la deshidaratción de los tejidos va a producir una fenómeno similar a la momificación, con ausencia de edema.

En estos casos la muerte es tan rápida que no es apreciable la presencia de fenómenos inflamatorios, fenómenos que por otro lado, serían imposibles en el estado circulatorio de la dermis.

La quemadura afecta superficialemnet las mucosas de forma similar, no obstante si la onda de alta temperatura se producee ne el contexto de una explosión, el fenómeno del blast va a impedir la penetración de los gases hacia la profundidad de los orificios respiratorios

Los hallazgos morfológicos internos son consecuentes con una violenta deshidratación con una hemoconcentración importante, que dará lugar aun defecto de perfusión con imágenes de necrosis isquémica de diferentes tejidos, como es el caso de la necrosis tubular renal, la necrosis hepática y las hemorragias submucosas fundamentalmente en tubo digestivo

Esta imágens se va a supeponer en mayor o menor grado con las propias de la hipertermia exóegna, si bién lo rápido de la isntauración dela muerte y lo inespecífico de la morfología de la hieprtermia hacen difícil sistematizar estos hallazgos

Fisopatologia de la lesión por deflagacion

En los casos más habituales de nuestra práctica en los que la muerte es vasi instantánea, el factor fundamental de muerte es la gran hipovolemia que se produce a partir de las mencionadas quemaduras en superdficies corporales superiores al 80 %.

Esta hipovolemia por sí misma es un mecanismo letal relevante, al cual se suma la dificultad de perfusión de induce la hemoconcentración. El mecanismo básico que sería lógico que se desatase sería el deun shock hipovolémico, no obstante, la alta viscosidad sanguínea suponemos que produce una gran dificultad en la irrigación dela microcirculación y del anegamiento de la misma que caracterizan los hallazgos del shock.

Por ello es una hipoxia circualtoria el elemento fundamental de la fisopatologia de la muerte, al cual se suman los efectos fisopatológicos del golpe de calor

Lesiones por agentes asociados a la explosión.

Entendemos como agentes asociados a la explosión como aquellos elementos lesivos que, no perteneciendo de froma directa al mecanismos físico de la reacción explosiva, la acompañan de una forma quasi obligada.

La lesión por metralla

El más característico de estos agentes asociados es la proyección de fragmentos de materiales procedentes de estructuras próximas a la explosión, elementos que genéricamente reciben el nombre de metralla.

Patogenia de la lesión por metralla

El fragmento de metralla tiene un comportamiento de proyectil no balístico, tanto en cuanto a su trayectoria como en cuanto a su efecto sobre los tejidos humanos. El fragmento de metralla comparte con el proyectil balístico su alta velocidad de proyección, es decir una alta energía cinética, desatada por el mecanismos físico de la explosión. No obstante presenta la diferencia de que carece de una trayecto ria estable, en primer lugar porque en su proyección no interviene un mecanismo diseñado para proporcionársela como es el caso del cañón del arma de fuego, y en segundo ligar, presenta una morfología generalmente no aerodinámica.

Morfología de la lesión por metralla

Las características del proyectil no balístico en su interacción con los tejidos humanos van a ser:

1. Una herida de entrada de forma irregular
2. Los márgenes de la herida suelen presentar, a diferencia del proyectil balístico, irregularidades tisulares que pueden recordar a la herida contusa.
3. No existe cintilla erosiva al no haber impregnación de la epidérmis por efecto rotacional del proyectil. El proyectil de metralla no gira sobre su eje. Impacta de forma inerte.
4. Existe una importante contusión en planos superficiales y profundos de la piel, periférica al punto de entrada
5. El fenómeno de cavitación es extremadamente precoz, comenzando prácticamente en la dermis.
6. El halo de contusión es extremadamente amplio en relación con el de un proyectil balístico de peso y velocidad similares
7. El efecto de pérdida de energía por el cambio de densidades en los tejidos humanos es muy alto para el proyectil no balístico. Por lo cual las trayectorias suelen ser cortas y es frecuente que no exista salida
8. En las heridas de salida la acumulación de fragmentos de tejidos procedentes del trayecto de destrucción es muy alta en relación al

proyectil balístico, llegando en su máxima expresión a los fenómenos de arrancamiento de estructuras.
9. La baja velocidad de trayecto del proyectil a tràvés de los tejidos hace prácticamente inexistente la producción de fenómenos de blast secundario a la trayectoria

El principal diagnóstico diferencial, en ocasiones muy difícil de establecer, de la lesión por metralla es con la lesión por proyectil cuya morfología y comportamiento balístico se han modificado por un impacto previo, es el fenómeno comúnmente conocido como rebote y que lo que produce en los tejidos es un impacto secundario.

Partículas de baja densidad: el peepering

Junto con las lesiones por metralla, es frecuente la superposición sobre el cuerpo u las ropas de pequeñas partículas de materiales que recubren o impactan sobre la superficie sin suficiente energía para penetrar. Se trata de materiales de baja densidad, poco peso y pequeño tamaño que aunque sean lanzados por la onda expansiva de la explosión, solamente impactan en la piel, donde quedan alojados formando una especie de tatuaje de granitos de pimienta.

La superficie y densidad de la afectación de la piel por estas partículas aporta datos de la posición que ocupaba el cuerpo respecto al punto de explosión, ya que el grabado de partículas solamente se va a producir en un plano corporal.

Estas partículas de baja masa forma una película sobre el cadáver denomina el fenómeno de "salpimentado" por partículas de la explosión.

La lesión por vibración

En los últimos años de la segunda guerra mundial, se describió un síndrome lesivo que consistía en las fracturas de tejidos óseos en contacto con superficies puestas en vibración por un explosivo.

Los primeros casos se describieron en marinos, que sufrían fracturas fundamentalmente en calcáneo y astrágalo al producirse una explosión en el buque en el que estaban, pese a que físicamente se encontraban fuera del radio de acción de la explosión.

Posteriormente se han descrito múltiples casos en la industria pesada, fundamentalmente en el contexto de grandes explosiones o derrumbamientos que han provocado la vibración de estructuras metálicas como andamiajes.

Patogenia de la lesión por vibración

Inicialmente descrita como blast de transmisión por sólidos, la patogenia de esta lesión obedece al fenómeno de la elasticidad de materiales. Los materiales con un alto grado de elasticidad que se ven sacudidos por una explosión o un impacto de alta energía, pueden no fracturarse, sino que se adaptan, absorbiendo la deformación aunque posteriormente recuperarán su forma original, dando lugar a un conjunto de movimientos ondulatorios que van a configurar la onda de vibración.

Una estructura humana en contacto con una superficie en vibración va a sufrir la deformidad al ser empujada por la deformación del material.

Los factores que van a influir en que dicha deformidad sea lesiva para el organismo van a ser: la amplitud de la deformidad y la velocidad de la misma, esto en el caso de las explosiones, pues en este caso no contemplamos el factor frecuencia de vibración que tiene una importancia específica en los microtraumatismos crónicos.

Por grande que sea la amplitud y velocidad de la onda vibrátil. No puede superar la elasticidad intrínseca de los tejidos blandos de un organismo humano, pero sí que puede superar la elasticidad del tejido óseo, por lo que puede producirse una típica fractura por deformidad.

La lesión calcánea es la clásica de las lesiones por vibración pero este fenómeno puede producirse en cualquier estructura ósea siempre que:

10. La estructura ósea esté ubicada superficialmente y en contacto (solamente separado por los tejidos de cubierta) con el material que transmite la onda de vibración.
11. El peso del organismo esté descansando en gran parte sobre este punto de contacto, es decir que la víctima se encuentra apoyada sobre la estructura ósea (mano, rótula, hombro) que se encuentre en contacto con la onda de vibración

Morfología de la lesión por vibración

La morfología característica de la lesión por vibración clásica es la fractura de calcáneos muchas veces bilateral, y con menor frecuencia puede aparecer como fracturas de astrágalo.

No se prolonga la cadena lesional más arriba de la articulación del tarso, aunque pueden producirse lesiones secundarias por caída del cuerpo al producirse las lesiones en los pies Este elemento puede resultar relevante a la hora de terminar si un cuerpo ha caído desde una altura (típicamente un andamio), sobre los pies, con lo cual se produce una cadena lesional completa, o bien la causa de la caída ha sido una vibración del material que ha provocado una fractura de base de pié y la caída secundaria.

El mismo principio es aplicable a otras estructuras óseas potencialmente afectadas por este tipo de lesión, es decir que la fractura es una fractura por aplastamiento que afecta a los planos más superficiales de la estructura ósea, pudiendo existir fracturas en cadena dentro de un radio muy restringido y no a distancia.

Lesión toxica y pseudotoxica.

Una lesión que mantiene desde hace mucho tiempo una asociación con las explosiones son las lesiones toxicas. Dejando aparte los agresivos químicos, la explosión común libera gases que pueden ser tóxicos en ambientes cerrados.

Pero en realidad el autentico cuadro tóxico en las explosiones es bastante limitado. Se da en situaciones concretas como los incendios postexplosión. Lo mas común en los cuadros respiratorios que aparecen tras una explosión es que se trate de lesiones por blast pulmonar y no de lesiones tóxicas.

Otro fenómeno que debe tenerse en cuenta es la existencia de una pseudointoxicación. Se trata de un fenómeno descrito por médicos croatas en la guerra de los Balcanes de 1992. La pseudointoxicación consiste en el hecho de que el paso de una onda expansiva de alta velocidad a través del organismo puede provocar una distorsión de una amplia masa de moléculas de hemoglobina, dando lugar a una modificación de la forma de la hemoglobina.

Si se modifica la forma de la hemoglobina, se modifica su función. Entonces la víctima hace un cuadro de hipoxia que tiene las características de un tóxico, pero se trata de una modificación mecánica de su hemoglobina.

Capitulo 19

INSUFICIENCIA RESPIRATORIA Y BLOQUEOS VENTILATORIOS

Dentro de la patología forense son frecuentes los casos en los que el sujeto fallece porque no puede respirar. En patología clínica esta situación la producen muchas enfermedades pulmonares o torácicas, pero en patología forense generalmente se va a tratar de situaciones en las que un agente externo impida la respiración.

El organismo entra en insuficiencia respiratoria, y eso es debido a que algo obstruye o bloquea la función respiratoria. Por eso hablaremos de la insuficiencia respiratoria como repercusión general del problema y de bloqueo respiratorio o bloqueo ventilatorio como causa de ese problema.

La función del aparato respiratorio consiste en la captación de oxígeno atmosférico y la eliminación del dióxido de carbono procedente del metabolismo celular. Esta función se realiza mediante el intercambio de gases a traves de la membrana alveolo-capilar de los pulmones. Por ello, la función respiratoria se va medir en relación a la eficacia con la que se produce la captación de oxígeno y la eliminación de residuos, lo cual se mide por los niveles en sangre de oxígeno y de dioxido de carbono.

De esta forma se define la insuficiencia respiratoria como una disminución de oxígeno en sangre o hipoxia que no sea debida a un efecto circulatorio de mezcla de sangre arteriovenosa, por problemas cardíacos o cardiovasculares.

Si se da la situación de disminución de oxígeno en sangre a causa por ejemplo de que el tabique que separa los dos ventrículos del corazón es permeable y se mezcla sangre arterial con sangre venosa, entonces no hablamos de insuficiencia respiratoria.

El estado de insuficiencia respiratoria suele acompañarse de aumento de los niveles de dióxido de carbono en sangre por fracaso en la eliminación.

Se utiliza frecuentemente el termino de asfixia como sinónimo de insuficiencia respiratoria, aunque en terminología forense se suele aplicar más específicamente a los cuadros de insuficiencia respiratoria por bloqueo de la circulación de gases antes de la membrana alveolo-capilar, que es lo que comúnmente se conoce como asfixia mecánica.

Fisiopatología de la insuficiencia respiratoria aguda

Frecuentemente se atribuye la lesión del fracaso respiratorio a la deficiencia de oxígeno y en gran parte es así, pero a la falta de oxígeno o hipoxia se suman muchos otros factores. Unos derivados de la falta de oxígeno y otros de mecanismos compensadores. El conjunto de estos factores va a ser la auténtica fisiopatología de la insuficiencia respiratoria.

La insuficiencia respiratoria aguda, provocada por mecanismos obstructivos o restrictivos pero de muy rápida instauración no es simplemente un problema de hipoxia. Hay una convergencia de fenómenos en cascada que podemos enumerar como:

1. Hipoxia, déficit de oxígeno.
2. Respuesta vascular a la hipoxia: hipertensión pulmonar y efecto shunt masivo[22]. El efecto shunt se produce porque se incrementa mucho el flujo de sangre a pulmones. Como sigue sin captarse oxígeno, la cantidad de sangre es muy alta en relación ala cantidad de aire (que es escasa o ninguna). Por tanto saldrá rápidamente sangre muy poco oxigenada.
3. Respuesta adrenergica general que incrementa diez veces el metabolismo. El sujeto segrega grandes dosis de adrenalina su consumo de oxígeno se multiplica por diez pero sigue sin captar aire.

---

[22] Efecto shunt es la situación en que, por el motivo que sea, se produce una mezcla de la sangre venosa, poco oxigenada, con la sangre arterial. En este fenómeno, desciende dramáticamente la oxigenación de la sangre arterial, con lo que cae la llegada de oxígeno a los tejidos.

4. la hipoxia se acentúa mucho y aparece la hipercapnia, es decir el aumento del dioxido de carbono en sangre: acidosis respiratoria, porque el dioxido de carbono es un acido y eventualmente acidosis metabólica por lactato.
5. Incremento de la difusión de oxigeno en los tejidos. Es decir que en los tejidos se consume mucho mas oxígeno y se agudiza la hipoxia.
6. Lesion a nivel de alveolos pulmonares: congestión, edema septal: la hipoxia se transforma en patrón mixto (obstructivo-restrictivo). Hasta el momento el problema era una obstrucción al paso del aire. Ahora el pulmón se ha lesionado, hay plasma en las paredes de los alvéolos con lo que, aún en el caso de penetrar aire al pulmón, el oxígeno ve obstruido su paso entre el alveolo y los capilares ya que la barrera (el septo) está lleno de líquido.
7. Fracaso en la adaptación neurológica. El cerebro sufre directamente la carencia de oxígeno y empieza a claudicar, perdida de conocimiento y coma.
8. Fracaso en adaptación cardiovascular, la baja concentración de oxígeno en sangre, junto con la acidosis produce un mal funcionamiento del músculo cardíaco. Se producen arritmias ventriculares y finalmente la depresión de función del miocardio y muerte.

Entendiendo esta cadena fisopatológica se puede comprender el porqué de muchas muertes llamadas asfícticas.

Si solamente hubiera un problema de hipoxia, la resistencia orgánica es mucho mayor. En ese caso una estrangulación necesitaría de un espacio de tiempo de presión mucho mas alto de lo que en realidad sucede.

El concepto de asfixia mecánica

Debe conocerse que a lo largo del siglo XX en medicna forense se manejó para describir las situaciones de bloqueo ventilatorio el concepto de asfixia mecánica.

Se definía como asfixia mecánica aquella situación en la que hay una interrupción del paso del aire antes de llegar al punto de intercambio de gases en el pulmón, la membrana alveolo-capilar.

Dentro de estas asfixias mecánicas se separaba un grupo al cual se llamaban sofocaciones, porque se creyó que tenían un sustrato anatomopatológico común.

En el concepto de sofocación se incluían:

— Taponamiento de orificios respiratorios
— Bloqueo por sólidos de la vía respiratoria.
— Respiración de gases inertes o pobres en oxígeno (confinamiento).
— La compresión toraco-abdominal que impide el movimiento respiratorio.

Además de la sofocación, formaban parte del grupo de las asfixias mecánicas la ahorcadura, la estrangulación y la sumersión.

En teoría, el sustrato común que unía todos estos tipos de muerte es el llamado síndrome general de asfixia que consiste en cinco características o puntos:

1. Hemorragias petequiales por fragilidad capilar. Ubicación en mucosas y en serosas. Microscopicamente hemorragias perivasculares.
2. Congestión visceral: hiperhemia de los parénquimas como mecaismo defensivo ante la hipoxia.
3. Edema pulmonar: por incremento de permeabilidad capilar por anoxia. También involucrada hipertensión pulmonar secundaria a hipoxia y acidosis.
4. Cianosis: valorable solamente en el cadaver reciente.
5. Fluidez de la sangre: aumento de la actividad fibrinolítica propia de toda muerte rápida.

Este concepto sigue apareciendo en muchos textos forenses. Pero se debe advertir que se trata de un concepto vacío por dos razones:

— Primera: los componentes del llamado síndrome de la asfixia son en realidad muy vagos. Los puntos 2, 3 y 4 aparecen en más del 80% de las autopsias y con mucha mayor frecuencia en las muertes cardiovasculares. El punto 5 nunca se ha probado experimentalmente, en las descripciones se limita a definirse como que la sangre es mas líquida de lo normal. Finalmente las hemorragias petequiales o petequias pueden tener muchas causas y la hipoxia es una e las mas inconstantes.
— Segunda: en las muertes derivadas de situaciones de asfixia mecánica no se aprecia este síndrome. En ocasiones se pueden ver algunos de sus elementos y casi siempre dentro de una interpretación equívoca. Por contra, en muchas muertes cardiovasculares aparecen estos signos.

Por todo ello, aunque es necesario conocer el concepto por el uso que se le continua dando. No se trata de un concepto correcto y el síndrome como tal no existe.

Causas de insuficiencia respiratoria o asfixia.

Puede ser causa de insuficiencia respiratoria toda noxa que provoque un fallo en el funcionamiento del sistema respiratorio.

Estas situaciones pueden ser muy diversas y las clasificaremos de la siguiente forma:

- **Obstruccion de vias respiratorias.** Son todas aquellas situaciones en las cuales algun obstáculo bloquea físicamente la via respiratoria. El aire no puede penetrar hasta el fondo de los pulmones. Dentro de la patologia obstructiva hay tres grandes mecanismos en patologia forense: la obstrucción de los orificios respiratorios, la oclusión de la via respiratoria desde su interior por materiales de diferente tipo y la compresión del cuello.
- **Restriccion respiratoria.** Son todas aquellas situaciones en las cuales no hay un bloqueo de la via respiratoria, pero alguna cosa impide que se expandan los pulmones. Si no se pueden expandir los pulmones no hay respiración.
- **Hipoventilación de origen central.** El movimiento respiratorio es controlado desde el cerebro. Las lesiones cerebrales pueden producir una alteración de la función respiratoria o incluso el cese de la misma.
- **Defecto de perfusión.** En el pulmón el gas aportado por el aire tiene que pasar entre el alveolo y los vasos sanguíneos, este proceso se llama perfusión del gas. Hay situaciones en las que existe un problema con la perfusión.

Obstrucción de las vías respiratorias.

Obstrucción de la via respiratoria es la situación en la cual un elemento bloquea físicamente la circulación de aire por traquea y bronquios. La obstrucción la puede provocar un solo bloqueo masivo, como es el caso del bolo alimenticio en la tráquea miles de pequeños bloqueos como sucede en el asma o en el enfisema.

La obstrucción de vías respiratorias se puede producir por dos grandes grupos de causas.

En primer lugar la obstrucción de la via respiratoria por causa de patologías intrínsecas de la misma. Las más características de ellas son la bronquitis crónica, el asma bronquial y el enfisema pulmonar. Pueden ocasionar obstrucciones de las vías aéreas algunos tumores o masas pulmonares. Todas ellas provocan una oclusión generalmente parcial, lenta y progresivamente agravada de la via respiratoria.

Existen otras causas de oclusión que tienen un curso agudo como son el edema de glotis o la ocupación de la via pulmonar por sangre en las hemoptisis masivas.

El segundo grupo de causas de obstrucción de la vía aérea son las oclusiones mecánicas de la misma. Las oclusiones mecánicas pueden ser externas o internas. Las oclusiones externas se pueden producir por oclusión de los orificios respiratorios o por oclusión de la via respiratoria a nivel del cuello, característicamente provocada en los mecanismos de ahorcadura o estrangulación. La oclusión intrínseca de la vía respiratoria se produce cuando penetran elementos en la misma, ya sean elementos sólidos como el caso de un bolo alimenticio o líquidos como en la aspiración masiva de agua en la sumersión.

Los bloqueos respiratorios por oclusión mecánica producen una insuficiencia respiratoria aguda conocida como asfixia, y forman un grupo de patologías de caracter violento muy importantes en patologia forense. Estas causas se encuentran incluidas en las clasificaciones clásicas entre las llamadas asfixias mecánicas.

Grandes síndromes obstructivos respiratorios externos.

Se definen tres grandes tipos de síndromes o situaciones oclusivas externas que son:

- La oclusión de los orificios respiratorios externos, es decir nariz y boca.
- La impactación de elementos sólidos en el interior de la vía respiratoria
- La compresión cervical y los síndromes de compresión cervical.

La oclusión externa de los orificios respiratorios

El obstáculo mecánico a la entrada de aire se encuentra en la boca y la nariz, bloqueando el paso del aire.

Las obstrucciones que tienen mayor relevancia forense son las de tipo criminal, cuando la oclusión de nariz y boca se realiza con la mano. o bien cuando se realiza con algún tipo de objeto, como es el caso de una almohada o pañuelo.

En la oclusión de orificios respiratorios no hay movimiento ventilatorio. En los casos en los que el obstáculo es una bolsa de plástico sí que hay movimiento ventilatorio, la bolsa de plástico permite que el pulmón se mueva, lo que sucede es que siempre mueve el mismo aire y se produce la insuficiencia respiratoria pero por un mecanismo de defecto de perfusión.

La bolsa de plástico tiene mas similitudes con el confinamiento que con el bloqueo.

Esta situación aparece en algunos suicidios en los que se realiza el bloqueo con una almohada o similar y se ata con un cinturón o cuerda. Es mas frecuente encontrar formas accidentales en que la víctima privada de consciencia cae de frente y sus orificios respiratorios quedan bloqueados por algún elemento maleable como arena, barro, etc.

Hallazgos de autopsia

En este tipo de casos es bastante típico encontrar erosiones alrededor de los labios y nariz, generalmente son superficiales, solamente arrancan la capa mas superficial de la epidermis por fricción de los objetos que han hecho la compresión.

En el caso de que la lesión se haya producido por las uñas del agresor, ya puede estar afectado el corion en forma de lesiones excoriativas que al deshidratase en el cadáver tienen un aspecto muy llamativo.

Pero los hallazgos mas definitorios son las equimosis o hematomas laminares por compresión en la cara interna de los labios y en la musculatura orbicular del espesor del labio. También deben buscarse estas hemorragias, bajo la piel en los alrededores de la espina nasal y con menos frecuencia en la base de las aletas nasales.

La impactación de sólidos en vía respiratoria

Es la que se produce cuando hay una ocupación de la vía respiratoria por un sólido.

La situación mas frecuente es la ocupación por el bolo alimenticio, una masa sólida que queda impactada generalmente en las cuerdas vocales o en ocasiones por debajo de las mismas.

La carne es el tipo de alimento que con mas frecuencia se encuentra como elemento obstructivo.

Fuera de los casos en los que hay una ocupación por el bolo alimenticio o por un objeto, se deben tener en cuenta los casos criminales.

Lo mas frecuente es la introducción de un objeto en la boca de la víctima en forma de mordaza. Lo mas frecuente es un fragmento de ropa o tejido. En ocasiones este bolo que se introduce para evitar la resonancia de la boca, se desliza hacia la parte posterior y bloquea la epiglotis y laringe, provocando un bloqueo respiratorio.

El hallazgo de autopsia principal es la detección del cuerpo extraño en la parte central de la vía. Pero además de ello es posible encontrar lesiones inflamatorias en las cuerdas vocales discretamente hemorrágicas. En los casos en que la oclusión ha sido completa pueden apreciarse pequeñas hemorragias en la mucosa traqueal.

Bloqueos intrínsecos

En el contexto de los bloqueos de via respiratoria alta hay que tener en cuenta la posibilidad de que el bloqueo proceda de alteraciones agudas en la laringe.

El mas característico es el edema de glotis. Generalmente es una lesión que se presenta en un cuadro de anafilaxia (alergia fulminante). Pero es tanto o mas frecuente el bloqueo por flemones o abscesos epiglóticos o laríngeos. Estos son procesos infecciosos que se extienden desde la raíz de un molar o desde infecciones situadas en la boca y cuello. tenemos reportados varios casos en los que debutaron con clínica fulminante de bloqueo ventilatorio sin pródromos de fiebre.

La aspiración.

Una entidad que frecuentemente se discute en patología forense es la de la aspiración de contenido gástrico.

La existencia de contenido alimenticio procedente del estómago es bastante común, apareciendo en prácticamente la mitad de las autopsias. En algunas ocasiones este contenido procede de la llamada aspiración agónica, es decir que durante la agonía hay una emisión de vómito que puede pasar a vía respiratoria.

Mas frecuente todavía es que lo que reproduzca es un paso de contenido gástrico a la vía respiratoria post mortem, y esto es efecto de la manipulación para el transporte del cuerpo.

Para que se produzca una auténtica insuficiencia respiratoria por contenido alimenticio, el vómito tiene que ser masivo y penetrar muy profundamente en las vias respiratorias, haciendo una oclusión completa del árbol bronquial. Esta circunstancia solamente puede darse en personas con un nivel de conciencia muy bajo, tanto que anule el reflejo de la tos.

Otra situación diferente es que se produzca efectivamente una aspiración que es desbloqueada por la tos, pero en pacientes relativamente deteriorados, la aspiración, que contiene ácido y enzimas digestivas, puede lesionar los bronquios terminales y espacios alveolares, provocando una reacción inflamatoria intensa y un síndrome de distress respiratorio o bien una sobreinfección del mismo que formará una neumonía.

La compresión cervical y síndromes de compresión cervical.

Dada la extensión de esta tipología, se ha considerado preferible exponerla como un capítulo aparte, pero debe tenerse en cuenta su relación general con los bloqueos ventilatorios.

Restricción de la respiración.

El mecanismo de restricción de la ventilación es cuando diminuye la superficie repiratoria util, porque los pulmones no se pueden expandir aun cuando las vias respiratorias estén abiertas. En este sentido tenemos la situación inversa a la anterior, En la obstrucción es la via respiratoria la que está tapada, en la restricción la lesión radica en la estructura pulmonar no en las vias de ventilación.

Las lesiones por gases irritantes que generan un intensa reacción inflamatoria en el pulmón son casos foreses típicos. Tambien cualquier lesión que produzca un edema importante en el pulmón como el que se produce en la reacción adversa a opiaceos, como reacción a la sumersión o bién en la enfermedad de la altura.

Cuando los pulmones se encuentran comprimidos desde fuera y no se pueden expandir la situación es también de restricción, lesiones que producen hemotorax (sangre en cavidad pleural) o neumotorax (aire a presión). Tambien la deformidad del torax por politraumatismos con fracturas costales múltiples o el aplastamiento de la caja torácica.

Toda esta gama de mecanismos confluyen en un hecho: el pulmón no puede expandirse, está restringido y por tanto el organismo entra en insuficiencia respiratoria.

En la práctica forense son muy importantes las situaciones de compresión toracoabdominal por fuerzas externas a la caja torácica y la insuficiencia respiratoria por imposibilidad de expansión de los pulmones en las fracturas costales múltiples que dan lugar a una pérdida de presión negativa intratorácica en la situación conocida como bolet costal.

En este grupo se ubica también la falta de expansión por inmovilidad de la musculatura respiratoria, esta situación se produce de forma aguda en la tetanización de algunas formas de electrocución o la propia de la toxina tetánica y de forma crónicas en enfermedades neurológicas degenerativas como la esclerosis en placas.

El patron restrictivo clásico en patología forense viene representado por los cuadros de compresión torazo-abdominal. Esta situación se produce cuando una fuerza comprime tora y abdomen y no permite movimientos respiratorios. Al existir esta fuerza no hay expansión pulmonar y el sujeto fallece.

La compresión torazo-abdominal es frecuente en los derrumbamientos con caida de edificios y estructuras y mas raramente en atropamientos del tronco en accidentes de tráfico.
Los relatos históricos consagraron la leyenda de que la compresión de tórax y abdomen era utilizada por delincuentes para proveer de cadáveres a las facultades de medicina. No obstante por mas que uno o dos sujetos se sientes sobre el torax y abdomen de una víctima adulta, es difícil que lleguen a hacer tal gardo de presión como para provocar un bloqueo ventilatorio por restricción.

Una variante del mismo tema es el que se argumenta en nuestros días en relación a la asfixia posicional. En algunos casos se ha manifestado la tesis de que un sujeto colocado de cara al suelo y con las manos atadas a la espalda puede hacer una asfixia por la sola posición de su cuerpo.

La asfixia posicional es una tesis sugestiva pero no hay datos que ratifiquen su existencia. De hecho, los pocos datos auténticamente experimentales que se han obtenido no ratifican que se pueda llegar a una hipoxia significativa.

Hipoventilación neurológica.

Este grupo incluye todas aquellas causas que provocan un fracaso del funcionalismo respiratorio por afectación de los centros vegetativos a nivel del sistema nervioso central.

La regulación de la respiración se realiza mediante un núcleo controlador situado en el bulbo raquídeo. Las lesiones que afectan a este núcleo dan lugar a una disfunción respiratoria severa o directamente el cese de la respiración.

Se trata de una forma común de insuficiencia respiratoria que aparece en el curso de las patologias que producen hipertensión endocraneal, desde tumores a hemorragias espontáneas o traumáticas. O bién puede aparecer en aquellas patologias que cursan con destrucción directa de la masa encefálica, característicamente en nuestro campo en los traumatismos craneo-encefálicos.

En la práctica forense, la insuficiencia respiratoria de causa encefálica es un mecanismo de muerte frecuente en los traumatismos craneo-encefálicos.

Fracaso respiratorio por alteración de perfusión

En este grupo incluimos todas aquellas situaciones en las cuales no se produce suficiente perfusión de gases entre el alveolo y la sangre existiendo una vía aérea libre y una movilidad y capacidad de expansión pulmonar correcta.

Esta situación puede obedecer a tres cuadros fundamentales.

En primer lugar que la respiración se produzca **con un gas no útil para la respiración.**

Situación que se conoce en patologia forense como confinamiento. La respiración en una atmósfera que contiene una presión parcial de oxígeno igual o inferior a la de la sangre no puede producir intercambio de gases, llegándose a situaciones como al bajar la concentración de oxígeno atmosférica por debajo de 10-11 % a producir una muerte por anoxia fulminante.

En condiciones de baja presión de oxígeno atmosférico, por debajo de aproximadamente el 24 % del volumen de aire respirable, puede darse progresivamente una situación de deficiencia de difusión, pues a menor gradiente esta se enlentece. Es la causa de la insuficiencia respiratoria en situaciones de confinamiento.

Esto sucede progresivamente hasta llegar a un máximo alrrededor del 11 % de contenido de oxígeno, situación en la cual se puede llegar a invertir el flujo, dando lugar a las muertes fulminantes que se han descrito en pozos o espacios cerrados con bajo o nulo contenido en oxígeno.

En segundo lugar, puede haber una alteración por **lesión de la membrana alveolo-capilar,** como es el caso de la fibrosis intersticial o la agresión de los alveolos por gases o tóxicos. Aquí lo qe sucede es que el aire llega al alveolo y el oxígeno tiene que perfundir hasta el plasma sanguíneo y los globulos rojos a través de la pared del alveolo. Si la pared del alveolo sufre una alteración relevante, le va a ser más dificil al gas atravesarla, y el organismo empieza a tener menos oxigeno.

Los fenómenos caracterizados por aumento del espesor de la barrera alveolocapilar como el edema septal o la fibrosis intersticial, podrían dificultar la difusión del O2, respirando aire ambiente (síndrome del "bloqueo alveolocapilar").

En tercer lugar puede darse esta situación por **un descenso del aporte sanguíneo pulmonar**, bién sea por desviación de la perfusión por un efecto shunt o bién por un descenso más o menos importante de la perfusión pulmonar en el caso de los embolismos pulmonares, los cuales cuando son masivos suelen provocar el fracaso ventricular derecho, pero cuando son parciales y continuos provocan un defecto de perfusión pulmonar con fracaso de la función de oxigenación.

Confluencia de mecanismos.

Todos estos mecanismos pueden darse de forma aislada, aunque lo más frecuente es la combinación de mecanismos obstructivos y restrictivos u obstructivos y de fracaso de perfusión etc, de tal modo que se suman sus efectos para producir el síndrome biológico de la insuficiencia respiratoria.

Capitulo 20

LA COMPRESIÓN CERVICAL Y SÍNDROMES DE COMPRESIÓN CERVICAL.

En el campo de la insuficiencia respiratoria de origen externo es frecuente que la primera imagen que se evoca es la del ahorcado o el estrangulado. La situación en la que un lazo oprime el cuello y no deja respirar.

Sin embargo, la ahorcadura y la estrangulación son fenómenos más complejos que la simple compresión de la tráquea. Se trata de fenómenos en los que se comprime toda la estructura del cuello, que es el nexo entre el tronco con la mayoría de sistemas orgánicos y el cerebro. En este punto crítico la compresión va a tener efectos catastróficos más allá de la sola compresión traqueal y por ello estas situaciones son un capítulo aparte.

¿ Que es el cuello?

Antes de abordar un tema como es el de las compresiones cervicales, es conveniente entender correctamente en qué consiste el cuello. Y para estudiar las lesiones cervicales no podemos ceñirnos al concepto común, sino que debemos entender mejor el concepto quirúrgico del cuello.

En términos quirúrgicos, el cuello es todo el desfiladero de estructuras que suben desde los órganos torácicos hasta el suelo de la boca, si bién en algunos casos también deberiamos incluir la boca en el concepto de cuello.

El cuello se divide en tres zonas, como tres niveles ordenados de abajo hacia arriba:

Zona 1: es la parte mas baja del cuello que tiene continuidad con las estructuras del torax, de hecho empieza detras de la parte superior del esternón y llega hasta el nivel de un cartílago que es el cricoides. El cricoides es el cartílago que hay debajo de la prominencia de la nuez de Adán. Es decir que el nivel 1 termina un poco por encima de la inserción de los músculos esternocleidomastoideos que dan esa apariencia triangular a la base del cuello.

La zona 2 es la franja central del cuello va desde esa línea que hemos definido, unos dos dedos por encima del margen superior del esternón, hasta los ángulos de las mandíbulas. En el concepto común que urjtilizamos en el leguaje cotidiano, la zona 2 es lo que llamamos cuello.

La zona 3, al igual que la zona 1, no la apreciamos claramente en la visión instintiva. Es la zona que va desde el ángulo de las mandíbulas hasta la base del cráneo. La zona 3 es la región en forma de tubo que sube desde el nivel de las mandibulas y pasa por detrás de las estructuras de la cara hasta llegar a la base del cráneo. Y es en esta zona donde en algunas patologías debemos incluir la boca o al menos la parte posterior de la boca.

Concepto de compresión fatal del cuello.

El cuello es un blanco instintivo de la auto y heteroagresión por tratarse de una región anatómica por la que circulan muy superficialmente varias estructuras vitales: la via respiratoria, el paquete vascular cervicolateral, que es la fuente principal de irrigación del encéfalo, los trayectos nerviosos cervicolaterales y el raquis cervical (la columna vertebral del cuello)

Desde un punto de vista anatomopatológico y fisiopatológico se diferencian dos grandes síndromes de compresión cervical, en ambos casos hay una fuerza centrípeta que comprime el cuello pero con los siguientes patrones:

— Cuando la compresión del cuello se realiza mediante una fuerza que es tangencial al eje del cuello. Se trataría de una compresión pero que provoca un estiramiento longitudinal de los tejidos. Es lo que se llama ahorcadura
— Cuando la compresión del cuello es concéntrica, la fuerza que estrecha los tejidos del cuello actúa de fuera hacia adentro pero siguiendo una línea de fuerza horizontal, perpendicular al eje del cuello. Esta situación es la que se llama estrangulación.

Para comprender correctamente los hallazgos de autopsia y la patología de estas formas de compresión, es importante no partir del concepto policial de ahorcados o estrangulados según la parafernalia externa, sino que el elemento médico determinante es la dirección que sigue la fuerza del lazo o de la compresión.

Por eso ahora, si repasamos con cierto cuidado el concepto quirúrgico de cuello, podemos definir que :

En la ahorcadura la compresión y las lesiones por compresión se situan en la zona 3 del cuello y ejercerá una fuerza de tracción sobre la zona 2 y sobre la zona 1.

En la estrangulación, la compresión se va a realizar sobre la zona 2 del cuello, puediendo haber algunas lesiones en sus límites pero no ejerce ninguna clase de tracción sobre las zonas 1 ni 3.

La compresión longitudinal o ahorcadura

Ya se ha definido que ahorcadura es un mecanismo que produce una compresión del cuello en una dirección vertical, elongando sus estructuras. La forma más típica es el ahorcado, el cuerpo que pende de un punto fijo, sobre el cual ejerce tracción el propio peso del sujeto. Por lo tanto el elemento lesivo de importancia es la tracción.

Clásicamente se puede encontrar una clasificación de las posiciones de ahorcaduras en los siguientes grupos

1. en función de como se encuentre el cuerpo,
2. la posición del nudo

Según la posición del cuerpo puede existir una suspensión completa o incompleta, es decir que el cuerpo cuelgue completamente del lazo (suspendido por el cuello) o bien que exista una suspensión del cuerpo en la que haya algunos puntos de apoyo.

Lo que plantea la posición del cuerpo es un problema de fuerzas y dirección de las mismas. En una suspensión completa, todo el peso del cuerpo es fuerza de tracción, en una forma incompleta no es así, parte del peso se recuesta en otros puntos. La fuerza en una ahorcadura no tiene que ser excesiva, con la fuerza de un tercio del peso corporal e incluso menos ya es suficiente para provocar la muerte.

Otra cuestión es la dirección de la fuerza. En la suspensión completa, la fuerza de tracción es puramente longitudinal al eje del cuello. En la suspensión incompleta puede ser así, como es el caso de ahorcados parcialmente sentados, arrodillados, en cuclillas etc. Pero en ocasiones la dirección de la fuerza puede horizontalizarse, cuando la víctima está en posiciones mas recostadas.

La posición del nudo en la ahorcadura.

Además de longitudinal, la compresión del cuello en la ahorcadura no es homogénea. Para ahorcar el cuerpo pende del lazo o al menos tracciona el lazo y eso necesariamente implica que hay una parte del lazo que va a hacer una presión máxima y su punto diametralmente opuesto que no va a hacer ninguna presión.

Por su propia forma, en un lazo, el sector que no va a hacer ninguna compresión del cuello es el nudo. El punto donde se sitúa el nudo puede incluso no marcarse en la piel. Por el contrario en el punto diametralmente opuesto tenemos la máxima fuerza.

Vemos así que la compresión que produce la ahorcadura sobre el cuello no solamente es longitudinal sino que es además una compresión focal, en un arco de máxima presión que se situa en la base de la zona 3.

Etiología médico-legal de la ahorcadura.

La etiología clásica de la ahorcadura en nuestro medio es la suicida. Junto con la precipitación es un de los medios suicidas mas frecuentes.

No obstante, existen ahorcaduras accidentales en diferentes contextos, desde juegos, accidentes o maniobras de tipo erótico.

Finalmente hay ahorcaduras causadas por otras personas, es decir homicidas. Se trata de situaciones en que la víctima tiene una pérdida de consciencia o cualquier otra situación que le produzca indefensión. En general suelen ser casos en los que se quiere simular un suicidio.

Fisiopatología de la ahorcadura

Existen diferentes procesos fisiopatológicos mortales en los síndromes de tracción cervical.

En la ahorcadura el cuello es comprimido y elongado. El punto de compresión mas frecuente está debajo de la mandíbula con lo que el bloqueo respiratorio se produce apretando la base de la lengua contra el paladar. Hay pues un componente hipóxico.

Al elongar y comprimir el cuello se produce un bloqueo de las arterias carótidas, a los lados de la vía respiratoria, con lo que disminuye notablemente el flujo de sangre hacia cerebro. Pero además, al elongarse el cuello, se estiran las vértebras cervicales, hasta el punto que se cizallan las arterias vertebrales. Si se produce este fenómeno el bloqueo circulatorio a cerebro es total. Este es el componente isquémico.

El componente isquémico es frecuentemente la causa de la muerte, pero además es el que explica la pérdida de consciencia tan rápida que se produce en el ahorcado. Este componente isquémico no es igual en la estrangulación, pues por mucho que apriete un lazo horizontal no puede bloquear las arterias vertebrales.

En los casos en los que hay una aceleración, por ejemplo producida por un salto, pueden llegarse a observar lesiones vertebrales con fracturas y luxaciones cervicales.

Cuando aparecen estas lesiones existe invariablemente una lesión medular con contusión medular por tracción. La lesión medular es más alta que el punto de suspensión por lo cual podemos llegar a encontrar lesiones a nivel de tronco cerebral.

Estas lesiones son ocasionales en la práctica diaria pero son comunes en las ahorcaduras por ejecución en las cuales se tiende el lazo en el cuello del reo y se abre una trampilla con una caída libre del cuerpo.

La muerte en estos casos es de naturaleza totalmente neurológica y suelen estar ausentes los hallazgos característicos de la compresión del cuello o de la hipoxia cerebral difusa que predominan en los otros casos.

Hallazgos en la autopsia

El diagnóstico necrópsico en la ahorcadura se va a realizar a a partir de varios grupos de hallazgos anatomopatológicos:

El surco

El surco es la señal que deja el lazo en los tejidos superficiales del cuello, es una contusión por presión sostenida. Por regla general suele tener una dirección oblícua, ascendente, discontinuo, es decir con una zona libre que se corresponde con la localización del nudo.

Es necesario señalar que existen variaciones en función de la posición de la víctima. La profundidad del surco estará en función del material utilizado (cuanto más rígido sea el lazo, más profundo es el surco y viceversa).

El centro del surco a poco consistente que sea el lazo, está compuesto por una línea de piel deshidratada. En el punto donde hay contacto y donde está la máxima presión, la piel tiene la consistencia y aspecto del pergamino (que de hecho es piel deshidratada. A los lados de esta línea de máxima presión ya aparecen otros fenómenos. Puede haber cierto rozamiento con el lazo que dará lugar a una línea más o menos amplia.

Pero las zonas en contacto directo con el lazo van a estar comprimidas, hay que alejarse aproximadamente un centímetro para vez zonas donde no ha habido una presión directa que ha vaciado los vasos sanguíneos y se pueden encontrar acúmulos de sangre.

En la mayoría de ocasiones la sangre no sale de los vasos no forma equimosis. Porque aunque la compresión del lazo sea bastante intensa, se produce de forma paulatina y no traumatiza el tejido.

En algunos casos sí que pueden encontrarse zonas de la periferia del surco o labios del surco, donde se producen pequeñas hemorragias en la piel o en los tejidos subcutáneos.

En el interior del cuello

Dentro del cuello van a aparecer las lesiones propias de la tracción del cuello. En la base de la lengua se produce una intensa presión, que puede también afectar las glándulas submaxilares. Es posible que aparezcan pequeñas lesiones en estos tejidos, pero no es muy frecuente. Debe recordarse que estamos en la zona directamente comprimida por el lazo y en ese punto la presión bloquea efectivamente la salida de sangre.

Las lesiones hemorrágicas van a estar en la musculatura del cuello, en las arterias del cuello y tórax, en el esqueleto laríngeo[23] y en los discos intervertebrales de la columna.

---

[23] El esqueteo laríngeo es la cadena de estructuras de hueso y cartílago con que se inicia la via respiratoria se inicia en la base de la lengua con el hueso hioides y continua hacia abajo con los cartílados que forman la prominencia de la nuez.

En la musculatura del cuello suelen aparecer pequeños desgarros por la tracción que con mayor frecuencia se sitúan donde están las inserciones o anclajes de la musculatura. hay que buscarlas en las inserciones de la clavícula o esternón. o irse a buscar los anclajes en la mandíbula o en la parte inferior del cráneo, en las inserciones de los músculos del cuello en el peñasco óseo por debajo del las orejas.

También pueden aparecer ocasionalmente hematomas en los vientres de los músculos, pero es menos frecuente.

La intensidad de las lesiones musculares guarda una relación directa con dos elementos de la ahorcadura: con el peso corporal de la víctima y con el recorrido que ejerza el cuerpo desde la posición inicial hasta la suspensión.

La influencia del peso de la víctima es un hecho facilmente comprensible pues el peso corporal es el elemento de fuerza activo que produce la compresión del cuello.

A mayor peso corporal hay una mayor cantidad de lesiones musculares y estas son más llamativas. También es un factor importante en la intensidad de las lesiones el recorrido que describe el cuerpo desde la posición inicial hasta el momento de la suspensión. Si el sujeto se coloca el lazo en la misma posición en la que queda suspendido, no hay aceleración del cuerpo y las lesiones musculares son mucho menores que si el sujeto salta desde una determinada altura, con lo cual el cuerpo se acelera y en el moemnto en que se produce la suspensión efectiva existe una tracción violenta

Un tercer factor que hay que tener en cuenta respecto a la cantidad e intensidad de lesiones en los planos musculares del cuello del cadaver es el tiempo que el cuerpo ha permanecido suspendido, valoración que debe hacerse mediante el cronotanatodiagnóstico y la hora en que se produce el descolgamiento del cadaver.

Cuanto más tiempo se prolonga la suspensión va a ser mayor la cantidad y volumen de lesiones que apreciemos, pero debemos tener en cuenta que muchas de ellas van a tener características postmortales puesto que se han producido por tracción mecánica después de haberse producido la muerte.

Por ello es frecuente que encontremos en el cadaver del ahorcado lesiones musculares postmortales combinadas con focos de lesión vital sin que ello tenga que corresponderse a que la ahorcadura se ha producido postmortalmente.

En las arterias de cuello y tórax, ya desde hace muchos años que está descrita la lesión por tracción de las arterias, cuando lo que se rasga es la capa interna de la arteria o endotelio, recibe el nombre de signo de Amussat. Es importante tener en cuenta que los lugares de mayor tracción de una arteria son los lugares donde se divide y mas todavía en los puntos donde la arteria tiene alguna anomalía o lesión como una placa de arteriosclerosis.

Por este motivo es mas frecuente encontrar los pequeños desgarros en el recorrido de la arteria dentro del tórax, cercano a la salida de la aorta que en el recorrido del cuello.

Los desgarros suelen ser roturas transversales al eje longitudinal del vaso y son lesiones típcas de tracción, recibiendo el nombre de **signo de Otto** en la tunica interna de la yugular y **signo de Amussat** en la tunica interna de la carótida.

La lesiones en la via respiratoria son lesiones por tracción en el esqueleto laríngeo, generalmente ubicadas en las fascias entre los anillos y estructuras cartilaginosas así como en los haces musculares entre el hueso hioides y el cartílago tiroides y entre cartílagos tiroides y cricoides.

Tengamos en mente la estructura del esqueleto laríngeo como una serie de anillos de cartílago que están interconectados por tubos de tejido elástico. Al producirse una tracción vertical en el cuello (ahorcadura) lo que hace es estirar el esqueleto, no comprimirlo. De forma que las estructuras "duras" de la via respiratoria es muy raro que tengan lesiones. En cambio, los segmentos de tejido elástico que interconectan estas estructuras cartilaginosas sí que van a presentar lesiones

Se observan en ocasiones edema y pequeños infiltrados de sangre en la submucosa de la glotis y zona periférica de las cuerdas vocales, que también se forman por tracción.

Lesiones raquídeas. Se pueden apreciar igualmente lesiones por infiltrados hemorrágicos a nivel de las inserciones o márgenes entre los discos intervertebrales y los cuerpos vertebrales).

Estas pequeñas hemorrágias pueden observarse tanto en la columna cervical como en otros puntos, siendo frecuente su hallazgo a nivel de raquis lumbar.

Todas estas lesiones que aparecen en el síndrome de tracción longitudinal del cuello presentan las mismas características de intensidad según el peso del cadáver, la existencia de aceleración de la suspensión y el tiempo de suspensión.

¿DE QUE MUERE EL AHORCADO?

La causa de muerte más frecuente en la ahorcadura es el bloqueo de la circulación cerebral. Si el lazo comprime las dos arterias carótidas y al estirarse la columna vertebral se pinzan las arterias vertebrales, en cuestión de segundos el encéfalo se encuentra con que ninguna de sus cuatro arterias nutricias le aporta sangre.

El cerebro entra directamente en hipoxia pero por isquemia, por falta de sangre, mucho más rápida que la hipoxia por falta de aire. Por eso generalmente el ahorcado pierde el conocimiento muy rápidamente y este es un factor a tener en cuenta en la producción de ahorcaduras accidentales.

Cuando la compresión del cuello no bloquea de forma completa el aporte arterial y algunos vasos siguen enviando sangre al cerebro, es cuando aparecen cuadros distintos de la encefalopatía hipoxico—isquémica. Entonces sí que el bloqueo ventilatorio va a instaurarse y se van a producir muertes mas propias de la insuficiencia respiratoria.

La compresión concéntrica o estrangulación.

El segundo gran grupo de situaciones de compresión del cuello es la estrangulación,

En la estrangulación, a diferencia de la ahorcadura, la presión del lazo va a ser perpendicular al eje del cuello y la fuerza de compresión no se va a extender a lo largo de las estructuras del cuello. Muy al contrario, en la estrangulación la fuerza ejercida va a situarse en una franja bastante estrecha y va a presionar el cuello de forma centrípeta, desde la periferia hacia el centro.

Por esto hemos definido ya desde el principio del capítulo que las lesiones de la estrangulación se sitúan en la zona 2 del cuello. En su franja central.

El elemento mas resistente del cuello a este tipo de fuerzas es la musculatura. Las masas musculares del cuello son bastante robustas y son suficientemente elásticas para verse poco afectadas por una compresión concéntrica.

Pero en el cuello, entre los haces musculares, discurren una serie de desfiladeros biológicos por los que pasa la vía respiratoria, y los tramos de arterias, venas y nervios que comunican la cabeza con el tronco. Estas estructuras son las que se ven comprimidas en la estrangulación.

TIPOS DE ESTRANGULACION

Estrangulación con un lazo.

Cuando se estrangula el cuello con un lazo, este ejerce una fuerza de presión concéntrica, continua y uniforme. Esta forma de compresión no tiene relación con la compresión asimétrica y longitudinal de la ahorcadura. En la estrangulación por lazo se cierran todos los desfiladeros del cuello bloqueándose la vía respiratoria así como los desfiladeros vasculares de los laterales del cuello. El resultado es la hipoxia general combinada con una isquemia relativa de la irrigación cerebral.

En este caso la isquemia es relativa porque la compresión del cuello va a bloquear la circulación por las carótidas pero no va a bloquear las arterias cervicales. De todas formas el sufrimiento encefálico va a participar en la muerte ya que el bloqueo de las carótidas supone una disminución masiva del flujo de sangre que no va a compensar las arterias vertebrales.

La lesión característica del lazo es el surco. A diferencia de la ahorcadura, el surco es continuo y presenta una presión uniforme. Dará lugar a un surco apergaminado de ubicación horizontal y que da una vuelta completa al cuello.

La franja de piel comprimida por el lazo se va a deshidratar. En el interior del cuello las lesiones por compresión pueden llegar a los vientres musculares mas superficiales.

El esqueleto laríngeo no necesariamente se va a lesionar de forma clara. El lazo horizontal produce una franja de compresión horizontal que se puede traducir mas como una impronta que propiamente una lesión tipo fractura. La afectación en la estrangulación con cable o lazo

La estrangulación con las manos.

En la estrangulación manual la compresión es horizontal y es centrípeta pero es extremadamente irregular, La presión del cuello por los dedos puede producirse en la totalidad del cuello o solamente en el compartimiento anterior. El compartimiento anterior es el que forma la garganta, el tracto por el que baja la vía respiratoria.

Si actúan unas manos relativamente grandes o fuertes sobre un cuello comparativamente más delgado, van a poder abarcar prácticamente toda la circunferencia del cuello y se producirá una compresión concéntrica de todas las estructuras.

Pero es diferente cuando las manos hacen presa en la garganta o en la nuez. En estas estrangulaciones la presión es muchísimo mas localizada y ya no hay una presión circular sobre todo el cuello sino una presión concéntrica pero asimétrica que aprieta la vía respiratoria contra la pared muscular que la rodea.

En la estrangulación manual, las lesiones principales van a aparecer en la piel, donde se van a combinas las equimosis producidas por la presa de los dedos y ocasionalmente erosiones por las uñas del asesor. Y más que en la piel, la deformación asimétrica del esqueleto laríngeo por los dedos va a producir las típicas lesiones de fractura del hueso hioides y fracturas cartilaginosas de la glotis.

Una consecuencia directa de la compresión del esqueleto laríngeo es la formación de equimosis o hematomas en la región interna, a la altura de las cuerdas vocales, con grados diversos de reacción inflamatoria y edema.

Las hemorragias en el espacio laríngeo junto con la reacción inflamatoria que provocan es un factor importante de cierra de la via respiratoria.

Estrangulación con el antebrazo.

La estrangulación antebraquial consiste en comprimir el cuello de la víctima con el antebrazo. La forma mas típica es hacer una poderosa pinza con el brazo y el antebrazo dejando la via respiratoria en contacto con el hueco del codo. De esta forma hay una enorme presión sobre el total del cuello pero mas específicamente sobre los canales laterales por los que discurren arterias y venas.

Inicialmente la estrangulación antebraquial es una presa que tiene como primer objetivo provocar isquemia cerebral relativa. No directamente la muerte. Solo cuando la presión es muy intensa llega a afectar la via respiratoria pero la compresión es sobre todo por los lados por lo que las lesiones del esqueleto laríngeo son mucho menos aparatosas que en la estrangulación manual.

Estrangulación con objeto rígido

En el extremo de las posibilidades de la estrangulación se sitúa una forma un poco atípica por lo que se refiere a la definición textual de estrangulación, que es la estrangulación mediante un objeto rígido.

Se trata de una forma de agresión en la cual se aplica un barrote u otro objeto rígido, contra la parte anterior de la garganta y se comprime frontalmente. Esta maniobra requiere que la víctima no pueda retroceder por lo que se realiza o bién de frente, con lo que la víctima será empujada contra una pared por ejemplo, o bie´n desde la espalda y entonces la víctima no puede retroceder porque está bloqueada por el pecho del agresor.

Un objeto rígido generalmente va a provocar una intensa compresión frontal en una franja del cuello que es donde se aplica la fuerza. En esta clase de compresión la barra rígida empuja el esqueleto laríngeo y lo comprime contra la columna vertebral. La presión es muy intensa.

Cuando la nuez de Adán es comprimida de esta forma se abre como un libro, generalmente hay fracturas en los cartílagos y hemorrágias o al menos edema, en la mucosa a la altura e las cuerdas vocales y por debajo de las mismas.

En la mayoría e los casos se hay una lesión en la piel en el punto de contacto con el objeto, pero no siempre. Si en el contacto del cuello con la barra esta no lleva velocidad, puede suceder que la señal externa sea escasamente aparente o incluso inexistente.

Etiología de la estrangulación.

Al igual que la ahorcadura la vamos a encontrar generalmente dentro de casos de suicidio, la estrangulación es una maniobra homicida por excelencia.

Existen estrangulaciones accidentales y suicidas. Episódicamente aparecen casos en los que de manera accidental o de forma dispuesta por la víctima, el cuello es rodeado por un lazo fijado y por diferentes mecanismos se produce una compresión concéntrica del mismo.

Pero en la mayoría de casos la estrangulación es homicida.

Se trata de un mecanismo típico que en muchas ocasiones está vinculados a homicidios de tipo sexual o sádico.

Aún así, la estrangulación es una forma bastante extendida de agresión. Puede aparecer tanto en homicidios premeditados como en agresiones o peleas no preparadas.

Lo problemático de la estrangulación para el forense es que en ocasiones se sospecha por el examen externo, al apreciare surcos o hematomas en el cuello, pero en otras ocasiones, las lesiones son escasas y debe buscarse con cuidado para ser localizadas.

La estrangulación desde la sala de autopsias.

Hasta este punto se ha tratado la estrangulación desde su mecanismo de producción, desde fuera pero todo eso no es conocido cuando se empieza una autopsia.

A la hora de la autopsia el diagnóstico de estrangulación va a tomar forma desde dos posible situaciones.

En la primera situación, la más común, nos encontramos con un cadáver con signos mas o menos evidentes de violencia. El cadáver presenta lesiones de lucha.

En ese contexto dentro de la inspección general de la autopsia, los hallazgos de lesiones en el cuello se intepretan de forma dirigida. Se detectan las lesiones y queda por responder si se trata de lesiones por presa (agarre) en el cuello, lo que sería una estrangulación fallida o bién se trata de lesiones de estrangulación. La diferencia entre ambas posibilidades la va a dar el pulmón. Si se trata de un pulmón moderadamente pesado con abundante edema intersticial (en el microscopio) y con características del pulmón de bloqueo ventilatorio, se podrá establecer el diagnóstico de estrangulación.

Una segunda posibilidad es cuando el cadáver no presenta evidentes signos de violencia. Entra en un servicio de patología como causa de muerte desconocida y hasta presuntamente natural.

En este tipo de casos, lo que va a suceder es que durante la rutina de la autopsia se van a detectar algunas anomalías en el cuello. Ante la existencia de lesiones en las estructuras del cuello se abre la posibilidad, entre otras de que sea una estrangulación, en este sentido se va a orientar el estudio de pulmones y la disección dirigida de todas las estructuras en el cuello. Esto será lo que lleve al diagnóstico.

De esta forma debemos entender que en la estrangulación, el hallazgo que levanta las sospechas y que orienta el diagnóstico son las lesiones en el cuello. A partir de que tenemos estas lesiones se confirmará la causa de muerte con el estudio pulmonar.

En los casos en que las lesiones en el cuello sean ténues o poco apartosas, es conveniente excluir la existencia de intoxicaciones por alcohol u otros tóxicos sedantes, situación que puede explicar una muy baja o nula resistencia de la víctima.

Las lesiones en el cuello versus los artefactos.

Una cuestión que aparece con frecuencia en la literatura forense es la discriminación entre lesiones reales y artefactos en el cuello que pueden dar lugar a confusiones en el diagnóstico.

En el cuello hay una serie de artefactos reconocibles que aparecen en muhas autopsias. El mas común es la lividez o hipostasis que aparece en la parte posterior de la faringe, muchas veces rodeando el esófago. Se trata de una lividez muy característica que no debe dar problemas a cualquier profesional con una mínima formación y experiencia en autopsias.

Otros artefactos típicos son los que a veces se producen en la intubación durante las maniobras de reanimación que a veces pueden plantear algunas dudas pero tambien son reconocibles.

Finalmente el tercer grupo de artefactos son las malformaciones de los cartílagos de la via respiratoria o del hioides. En ocasiones se pueden plantear dudas cuando las astas del hueso hioides no se han unido al cuerpo o presentan diferentes grados de deformidad.

Establecer diferencia entre una malformación y una lesión puede dar mas o menos trabajo pero no es un problema complejo.

LA MUERTE POR ESTRANGULACIÓN.

En la ahorcadura hemos explicado que el mecanismos de muerte predominante es la isquemia cerebral.

En el caso de la estrangulación lo mas frecuente es encontrar un mecanismo de insuficiencia respiratoria y en muchas ocasiones un mecanismo mixto.

Por las características que hemos explicado, en la estrangulación se produce un bloqueo del desfiladero anterior de cuello, no circula el aire y por lo tanto empieza una insuficiencia respiratoria.

Por otro lado, aunque no haya un bloqueo tan fulminante como en el caso de la ahorcadura, la compresión de las arterias del cuello en la estrangulación va a provocar un disminución muy importante de la cantidad de sangre que va al cerebro.

Un tercer elemento que es previsible que intervenga es la compresión del nervio vago. El nervio vago o neumogástrico baja por los laterales del cuello, por el desfiladero que atraviesan las arterias y venas. Este nervio pertenece al llamado sistema vegetativo, la parte del sistema nervioso que regula el funcionamiento visceral.

El nervio vago, cuando es irritado o estimulado, produce bradicardias, baja el ritmo cardíaco. En la estrangulación se produce una intensa estimulación del vago. Si en un cuadro, como es el caso de la estrangulación, la víctima necesita de toda su potencia cardiovascular para intentar sobrevivir, tiene una gran descarga de adrenalida que induce una intensa taquicardia.

La estimulación del vago va a reducir de forma muy importante el ritmo cardíaco, con lo que restringe la capacidad de supervivencia de la víctima y colabora con la restricción de la ventilación y la hipoxia cerebral en que se produzca la muerte.

Capitulo 21

LA SUMERSIÓN.

El concepto de sumersión.

Diferencias entre cadaver sumergido y muerte en el agua.

Cuando se estudia un cadaver procedente de un medio líquido, existe una cierta tendencia a clasificarlo automáticamente como sumergido. Sin embargo debe diferenciarse la muerte producida dentro del agua de la muerte producida a causa de la inmersión en agua.

Existen toda una serie de signos o fenómenos que se producen como consecuencia de la permanencia de un cadaver en el agua, independientemente de la causa de la muerte.

Por lo que se refiere a las muertes causadas por la sumersión en un medio líquido, existen distintos tipos de muerte. En un primer lugar se pueden clasificar en muertes precoces y muertes tardías. Es decir que no siempre que hay una muerte por sumersión se trata de una muerte inmediata por ahogamiento.

Pero ¿que es el ahogamiento?. Inicialmente se tiene la percepción de que la entrada de agua en las vias respiratorias bloquea el paso de aire y la persona fallece exactamente igual que si la obstrucción la produce un bolo alimenticio o cualquier otro obstáculo.

Pero a lo largo del siglo XX la muerte por mecanismo de sumersión ha sido objeto de bastantes debates y se han ido alternando teorias. En la muerte por sumersión se unen múltiples fenómenos lesivos, que pueden variar de importancia según los casos. Esto ha llevado a considerar la sumersión como una forma aparte de los mecanismos de insuficiencia respiratoria.

La muerte por sumersión implica un mecanismo múltiple y la sumersión se sitúa en el límite de la insuficiencia respiratoria. Lo curioso es que a dia de hoy, fundamentalmente por lo que se conoce a través de la experiencia en reanimación de personas sumergidas, el déficit de oxígeno ha vuelto a cobrar protagonismo como causa de la muerte y elemento lesivo primordial en la sumersión.

El cadaver sumergido.

No debemos confundir una cadaver sumergido con una muerte por aumersión. Una persona puede fallecer en el agua por muchas causas además de ahogarse.

Pueden haber muertes por traumatismos anteriores a la caida al aguda o en el agua, pueden darse muertes naturales en bañistas y toda una gama de posibilidades.

Tenemos que conocer que hay una serie de lesiones del cadaver sumergido que son simplemente or estar en el agua, independientemente de la causa de muerte.

Lo mas llamativo en estos cadáveres es la maceración de la epidermis, aunque el término maceración no sea lo mas preciso. La piel de un cadaver en el agua se dilata y toma un color blanco, arrugado y poroso. Esto comienza en las partes dode la piel es mas gruesa, como en los dedos, pero a lo largo de los días se exteinde por toda la epidermis.

La extensión y características de este fenómeno es utilizado para ahecrse una idea aproximada del tiempo que ha estado un cadáver en el agua.

En segundo término, el cadaver sumergido, está en movimiento, el cuerpo se mueve por efecto de las corrientes de agua y se mueve también por los cambios de densidad que le induce la formación de gases en las cavidades.

Al estar en movimiento un cuerpo en el agua las livideces suelen estar dispersas y traspuestas y además un cadaver en movimiento se va a golpear contra toda clase de estructuras como rocas o embarcaciones, va a erosinonrse por contactos con el fondo etc. Este conjunto de lesiones postmortales son características de un cadaver sumergido y ocasionalmente plantean dificultades diagnósticas con traumatismos pre mortem.

La fauna marina va a provocar lesiones en el cuerpo al alimentarse del mismo, tanto peces como crustáceos pueden provocar estas lesiones.

Patogenia de la muerte en el agua

La muerte por sumersión puede adoptar diferentes formas. La mas común es la sumersión húmeda, la situación en la cual la persona ve invadadida en mayor o menor medida su via respiratoria por agua.

Por otro lado tenemos la sumersión seca. Este nombre se la da a la muerte personas en el agua, motivada por el agua, pero en las que no hay penetraciónde agua a las vias respiratorias bién porque los reflejos defensivos cierran la via respiratoria o bién porque se da una forma de muerte por inhibición que comentaremos posteriormente. La sumersión seca es un porcentaje pequeño de casos aunque relevante a efectos de destración en la autopsia.

Pero en el caso de la sumersión húmeda, que es la mayoría de casos ¿que factores cofluyen para provocar la muerte?
Básicamente tenemos tres mecanismos letales: La falta de aire (y por tanto de oxígeno), los fenómenos cardiovasculares y la hipotermia.

La hipoxia

Considerado el fenómeno principal de la muerte por sumersión. El razonamiento básico es que la penetración de agua en la via respiratoria impide respirar, lo cual es esencialmente correcto.

En una sumersion entra agua en la via respiratoria y la bloquea, y además este agua lesiona el arbol traqueobronquial y el pulmón, lo cual aumenta críticamente el bloqueo al paso del oxigeno con lo cual se producirá la muerte.

Y la primera cuestión que conviene aclara es ¿cuanta agua es necsaria para ahogarse?

Más allá de la idea intuitiva de ahogarse, la investigación en el tema de la muerte por hipoxia durante la sumersión ha tenido como uno de sus principales problemas el de la cantidad de agua necesaria para provocar este bloqueo.

En este punto debe diferenciarse entre dos formas de ahogamiento, el primario, en el cual la persona se ahoga en el agua y el secundario en el cual el sumergido traga agua y el cuadro letal aparece mas tarde.

En la forma primaria, se considera como letal la aspiración de un volumen de líquido de 2,2 ml por kg de peso. este es el volumen letal que podría dar lugar a una ocupación real del espacio ventilatorio.

Es decir que una persona de 70 kg puede morir cuando entra en sus pulmones un volumen de 154 ml.

En minutos tras la aspiración de 2,5 ml por kg el shunt intrapulmonar pasa del 10% al 75%. El shunt intrapulmonar es la cantidad de sangre que pasa por el pulmón y no se oxigena.

Esto aproximadamente quiere decir que la cantidad de sangre que no se oxigena al pasar por el pulmón pasa del 10% (nivel normal por espacio muerto del pulmón) al 75%, nivel letal.

En la forma secundaria, no es tanto el efecto obstructivo del agua en los pulmones, sino que el elemento letal es la afectación del surfactante pulmonar. El surfactante es la sustáncia que mantiene la tensión superficial (y por tanto la forma) de los alveolos y su alteración provoca el colapso de los mismos.

En la forma secundaria la muerte se produce por un mecanismo de lesión pulmonar aguda que puede ser relativamente rápido pero que puede aparecer hasta doce horas después del episodio de aspiración de líquido.

En términos médicos a una persona que sobrevive a una situación de inmersión se llama cuadro de casi-ahogado o pseudo-ahogado. En el 10% de los casi ahogados la glotis se cierra de forma refelja y no hay paso de aguda a los pulmones, pero en el restante 90%, sí que entra agua en los pulmones y se produce el cuadro llamado de pseudo ahogamiento húmedo. Va a ser en este grupo en el cual puede aparecer el ahogamiento retardado o secundario.

Lesión pulmonar en sumersión.

Además del efecto mecánico de ocupación de espacio que tiene el agua. Tanto la penetración de agua dulce como de agua salada al pulmón va a provocar alteraciones.

Hay alteraciones obstructivas, desde la propia agua, hasta el broncoespasmo que intenta proteger la via respiratoria y la cierra como en un ataque de asma. De la mucosa va a producirse mucha mucosis bronquial, también como factor de protección. Por otro lado, se va a acumular líquido en los tabiques alveolares, con lo que se va a dificultad la perfusión del oxígeno.

Fenomenos cardiovasculares

fenomenos cadiovasculares plasmáticos

El segundo mecanismo implicado en la muerte en la sumersión es el que se atribuye a mecanismos cardiovasculares. Esencialmente se postula que la penetración de líquido a los pulmones supone ponerlo en contacto con los capilares del pulmón, habiendo una alteración de las propiedades químicas de la sangre que dá lugar:

— a un aumento muy rápido del volumen plasmático. Aumentan bruscamente los litros de sangre circulante y lo hace penetrando por pulmón. Esto provoca una sobrecarga del volumen de líquido que ha de bombear el corazón y específicamente el ventrículo derecho, provocando un fallo de bombeo.
— A un cambio de la composición de electrolitos de la sangre. Los electrolitos como el potasio, el sodio, el calcio etc, son fundamentales para el funcionamiento de las células y específicamente de la contracción de las células muscularesdel corazón. El resultado es igualmente un fallo de la bomba cardíaca.

Los trabajos sobre la causa cardiaca en la muerte por sumersión se remontan a 1902 con la hipótesis de que en los ahogados existía una dilución de la sangre del ventriculo izquierdo respecto del derecho. Esta hipótesis todavia se comtempla en algunos textos de patologia forense.

Estos fenóemnos cardiovasculares existen y son esencialmente correctos pero conviene mantener cierta reserva respecto a ellos como mecanismo de muerte.

Los fenómenos cardiovasculares de expansión de plasma y alteraciones de los electrolitos se han observado en diferentes experimentos. Por tanto están corroborados por experiencias de laboratorio. Ahora bién, en la asistencia a víctimas de ahogamiento, los problemas de osmolaridad plasmática y los cambios hemodinámicos son mínimos, en asistencia de emergencias el cuadro vital es el ventilatorio y de la mayor o menos hipoxia va a depender la supervivencia.

Fenómenos cardiovasculares inhibitorios.

Como fenómeno cardiovascular hay un mecanismo muy importante a tener en cuenta. Se trata de la reacción vagal o parasimática. La laringe y el interior de la via respiratoria superior es una cavidad interna del organismos recbierta por una mucosa. Algunas cavidades internas, como es la via respiratoria tienen una rica inervación vegetativa.

Esto supone que la estimulació o irritación de estas fibras vegetativas va a provocar reflejos vegetativos (reflejos nerviosos del sistema vegetitavo. Y un reflejo típico de la irritación maasiva de vias aeraeas es la bradicardia, la brusca bajada de pulsaciones cardíacas que lleva apérdida de conocimiento. En el caso mas extremo de las bradicardias está la situación en que la inhibición de la frecuencia cardíaca es tan intensa que se llega al paro cardíaco.

Este fenómeno ha recibido diferentes nombres, como inhibición en el agua, o hidrocución. Se trata de un mecanismo de muerte conocido pero dificilmente demostrable. Una muerte provocada por un mecansimo tan funcional no deja lesiones y no se puede demostrar en la autopsia. La muerte por inhibición s epuede suponer y ser la explicación razonable pero no demostrarse positivamente.

La hipotermia

La hipotermia es el tercer factor vinculado a la muerte en la sumersión. La base de esto es que un cuerpo en un medio líquido pierde calor. Pero la superficie de la piel de una persona no llega a los 2 metros cuadrados, en esta superficie la pérdida de calor es lenta. El tiempo que se tarda en llegar a la muerte depende de la temperatura del agua.

Cuando el agua penetra en la vía respiratoria y digestiva se amplia mucho la superficie por la que se pierde calor. La superficie de contacto con el aire de los pulmones es de más de 90 metros cuadrados, por lo que la pérdida se hace mucho mas rápida y se llega a la muerte.

Pero aunque la superficie de contacto se limite a los dos metros cuadrados escasos de la piel, la pérdida de calor en un medio líquido es muy rápida y muy importante

patogènia de la hipotermia

La Patogénia en el agua puede tener varios mecanismos letales. Se distinguen dos:

Hipotermia absoluta: disminución de temperatura corporal a menos de 30 grados. Cuando la pérdida de calor hace que el cuerpo baje de los 30 grados los sistemas orgánicos no funcionan. A esta temperatura comienzan a producirse arritmias, y el corazón llega a no contraerse. La hemoglobina se modifica y cada vez le cuesta mas ceder oxígeno a los tejidos etc. Lo vemos mas extensamente en el estudio de las lesiones por frio.

Reflejos hipotérmicos: Las vías respiratorias, como muchas mucosas internas del cuerpo humano, están muy inervadas, determinados estímulos provocan respuestas del sistema nervioso vegetativo. Un estímulo fuerte y agudo de frío en la vía respiratoria puede provocar una respuesta del sistema nervioso vegetativo que dará lugar a constricción de los vasos sanguíneos, bradicardia (Disminución de pulsaciones) y apnea (detención del mecanismo de respirar)

Estos reflejos son protectores del cuerpo pero si son muy intensos o persistentes son letales. Si la bradicardia frena tanto la frecuencia cardíaca que la llega a parar o es tan lento que no bombea eficazmente sangre, la persona fallece.

Hay una cosa que llama la atención respecto a la relevancia de la hipotermia en el contexto de la sumersión. Y es que las personas que son recuperadas de una sumersión tienen un intervalo de tiepo mas largo en que es posible una reanimación que en situaciones de paro cardíaco común. Y esta peculiaridad es debida a la hipotermia. Cuando se suma la hipotermia al mecanismo de sumersión, de hecho actúa como un mecanismo protector del cerebro ante la hipoxia.

Causas concurrentes

La hipotermia, la hipoxia y las alteraciones cardiovasculares son mecanismos potencialmente letales en la persona que entra en sumersión.

La muerte se debe a la concurrencia de estos mecanismos.
Según las diferentes circunstancias en las que se produzca la sumersión, va a predominar un mecanismo sobre los otros en mayor o menos medida.

Otras complicaciones en la sumersión.

Coagulación intravascular diseminada.

En situaciones de semi ahogamiento en aguda dulce, además de la alteración del surfactannte que puede llevar a un colapso pulmonar tardío, otra complicación es la coagulación intravascular diseminada.

Esta situación consiste en que se introduce una intensa coagulación en la microcirculación, allí se van a consumir rapidamente plaquetas y factores de coagulación hasta el punto de que bajan sus niveles y el paciente empieza a sangrar. Encontramos entonces hemorrágias en muchos focos.

No debe entederse en la mayoría de casos como causa de la muerte, pero debe conocerse porque en ocasiones en el ahogado tardío se encuentran hemorragias que aparentemente no tienen explicación.

Insuficiencia renal.

La lesión cerebral por deficiencia de oxígeno, o encefalopatia hipoxica, es el foco de atención principal en la autopsia del sumergido Y es cierto que es el factor determinante de la muerte, ya sea en la misma sumersión o muera de forma tardía tras recibir asistencia médica.

Pero en la evolución de un episodio de ahogamineto es frecuente la insuficiencia renal. No se conoce bién la causa.

Problemas en la autopsia del ahogado.

Demostrar el mecanismo.

Hemos visto que en los episodios de ahogamiento estáninvolucrados una serie de reflejos, como es espasmo bronquial, los reflejos vegetativos que disminuyen la frecuencia cardíaca etc.

Los mecanismos funcionales no se pueden demostrar en la autopsia, se pueden suponer como explicación racional.

En los casos en los que hay una lesión pulmonar extensa, con mucho edema pulmonar, aspiración de cuerpos extraños (fundamentalmente microscópicos) y lesiones en las paredes de los alveolos, no hay problema en demostrar el emcanismo de muerte ya tendremos la lesión pulmonar extensa y la lesión cerebral por hipoxia.

En este sentido debemos también comentar que en la literatura forense encontraremos con relativa frecuencia la observación de que la sumersión no produce unos cambios micrópicos específicos. Esto es cierto, la sumersión no provoca una lesión pulmonar completamente diferente de cualquier otra. Pero no debemos confundirlo conque la observación microcópica no tenga valor. Si el conjunto de hallzgos en la autopsia son propios de una sumersión, los hallazgos en la microscopía pulmonar tienen valor.

El problema aparece en los casos en los que el componente funcional es importante. Los casos que hemos mencionado de hidrocución y otras formas de muerte refleja. Esto no puede demostrarse y el diagnóstico se realizará por exclusión de otros posibles mecanismos.

Demostrar la sumersión.

Fundamentalmente en los casos en los que las lesiones son escasamente aparentes, es un problema forense típico el demostrar la sumersión, es decir que el sujeto entro vivo en el agua y que se produjo una inersión en el líquido.

El principio fundamental de todas las demostraciones de sumersión es: ¿que puede haber en el medio líquido que habitualmente no esté en el organismo humano? y ¿como demostarr que este elemnto o sustáncia no ha entrado despues de la muerte?

Un clásico de este tipo de investigación son las diatomeas. Las diatomeas son una algas, pequeñas estructuras microscópicas, que viven en las aguas. Las diatomeas, como algas, no pertenecen a la biología del ser humano, ni como estructura ni como organismos comensales.

Por lo tanto, se considera que el hallazgo de diatomeas en tejidos no facilemnte accesibles, como vísceras macizas o la médula ósea, implica que estas se han debido de absorver del medio ambiente. Y una absorción intensa a estos tejidos solamente se puede producir en vida.

En la demostración de una sumersión por diatomeas hay dos tipos de problemas:

En primer lugar que las diatomeas están presentes en todas las aguas. Esto implica que a lo largo de actividades como la natación, ya se pueden absorver algunas cantidades de diatomeas.

Por tanto, en el ahogado esperaremos encontrar hallazgos mas voluminosos. Pero no en todos los ahogados hay una absorción tan importante como para ser claramente signitficativa.

Desgraciadamente en aquellos ahogados en los que se ha producido una violenta y voluminosa absorción de agua, son aquellos en los que menos necesitamos la prueba, ya que tenemos las lesiones pulmonares. En cambio en aquellos en los que hay una mínima o inexistente lesión pulmonar y se plantea la duda, la absorción de diatomas es también pequeña.

Capitulo 22

LESIONES POR CALOR

Dentro del los agentes físicos el calor es muy importante. Al hablar de lesiones por calor generalmente se tiende a pensar en la quemadura como representante típico de estas lesiones. Pero hay muchas formas de lesión por calor.

Siempre hemos de considerar que el cuerpo humano, tanto en sus tejidos periféricos como en la totalidad del organismo, necesita mantenerse en una franja de temperaturas para funcionar correctamente o incluso para, mantener su estructura.

Los tejidos humanos tienen una capacidad limitada de resistencia al calor. El contacto con una fuente de calor a unos 60 grados ya va a lesionar los tejidos formando una quemadura. También una temperatura menor pero prolongada enel tiempo va a producir una lesión de quemadura.

La quemadura es el efecto del aumento local de temperatura, o mejor dicho del aumento de temperatura por contacto.

Una situación diferente al aumento local de tempartura es el aumento general, cuando es la temperatura de todo el cuerpo la que aumenta situación que se llama hipertermia o golpe de calor según la situación. En este caso no estamos tratando de la resistencia de la estructura del tejdio a la temperatura, sino que el problema es la capacidad de funcionamiento del cuerpo humano a temperaturas altas.

Una imágen útil para entender este concepto de función en relación con la temperatura nos la da el fenómeno de la fiebre. La fiebre sabemos que es un mecanismo de adaptación dentro del síndrome inflamatorio sistémico. Al aumentar la temperatura corporal se acelera el metabolismo, y muchas funciones biológicas del cuerpo empiezan a realizarse de forma mas rápida.

Concretamente en le caso de las infecciones, los leucocitos o glóbulos blancos van a trabajar para combatir la infección, de forma mucho mas efectiva a 38 grados que a 37. Pero sabemos que pasado un límite de fiebre hacia los 39,5 o 40 grados, esta hipertermia reactiva se va a convertir en un elemento mas perjudicial que efectivo, va a haber un mal funcionamiento de algunos órganos y los mas conocido es el cerebro, donde el mal funcionamiento producido por lafiebre alta dará lugar a convulsiones.

Lesió local por calor: la quemadura.

Concepto de quemaduras

Las quemaduras son lesiones por la alta temperatura aplicada sobre los tejidos del organismo. La alta temperatura lesiona los tejidos en diferentes grados, según la cantidad de calor aplicada y el tiempo de actuación del mismo sobre las cubiertas cutáneas o mucosas.

Así podemos encontrar quemaduras importantes por una aplicación mínima en el tiempo de un objeto candente o de una llama. O podremos encontrar lesiones similares por la aplicación durante largo tiempo deunobjeto caliente o de una radiación.

Estrictamente, debajo de la idea de quemadura, el fenómeno biológico que se describe es la coagulación de proteínas. Las protienas son grandes moléculas que forman la mayor parte de la arquitectura de un organismo vivo así como múltiples estructuras funcionales. Una proteína es una especia de ovillo en tres dimensiones, con una foma espacial definida.

Cuando una proteína es sometida al calor, se pliega sobre si misma, pierde su forma convirtiendose en una masa amorfa, esto es lo que se llama coagulación.

En realidda el concepto de coagulación de proteinas es perfectamente adecuado en los primeros grados de quemadura, cuando la materia orgánica es destrucida pr la acción del fuego, va mas allá de la coagulación, se llega a la destrucción completa de la materia orgánica que es la carbonización.

Gravedad de las quemaduras

Los grados de quemadura en que clasificamos las lesiones superficiales son cuatro: Hablamos de quemadura de primer grado cuando lo que existe es un enrojecimeinto generado por la apertura de capilares en la zona y el edema. En el cadaver es difícil a veces apreciar quemaduras de primer grado por causa de la redistribución de líquidos y de la sangre.

La quemadura de segundo grado es aquella en la que se produce la separación de la piel con la formación de una ampolla de líquido seroso.

En la quemadura de tercer grado, se ha destruido la piel, por lo que no hay ampolla y lo que vemos es el tejido subcutáneo lesionado por el calor.

Hablamos de quemadura de cuarto grado en el caso de encontrarnos con lesiones en las que se aprecia carbonización hasta planos musculares o más profundos. Según el grado de carbonización y la profundidad de los tejidos aferctos, algunos autores en medicina forense hablande seis grados de quemadura. No obstante, a nosotros nos resulta operativa y didáctica esta clasificación en cuatro grados, por lo que la hemos mantenido.

Los grados de quemadura son útiles para medir la profundidda de la quemadura y la destrucción de los tejdios lesionados. No obstante, lo que mas condiciona la gravadedad de las quemaduras es su extensión, es decir qué amplitud corporal afectan.

Las quemaduras intensas pero pequeñas son un problema local. Pueden ser muy destructivas pero no necesariamente críticas.

La extensión de las quemaduras

Para hacernos una idea de la gravedad que supone la extensión de las quemaduras es útil recordar el siguiente concepto:

La piel es un órgano que recubre la superficie del organismo y lo aisla del medio ambiente. Habitualmente no tenemos esta consideración de la piel como órgano en sí mismo, en el campo no médico no supone una concepto similar al del hígado o los pulmones. Pero sin embargo lo es.

El problema de las quemaduras es que si llegan a lesionar, y por tanto anular la función, de una zona amplia, se produce una apertura del organismo hacia el exterior. Además de ello, la piel es un órgano bastante rico en sangre y la pérdida de sangre y plasma que se produce al destruirse una parte amplia de piel es muy grave.

La extensión de las quemaduras se mide en porcentaje de la superficie corporal. Y como toda medición tiene un sistema de medidas.

Para hacernos una idea básica, la palma de la mano de una persona suele tener la dimensión de un 1% de la superficie corporal. Esto es orientativo y poco práctico, salvo en superficies pequeñas, por esto se utiliza la llamada regla de los 9 que define:

— cabeza, 9% de superficie corporal
— cara anterior del torso 18%.
— Cara posterior del torso 18%
— Brazos: 9 % de superciie corporal cada uno.
— Piernas 18 % de superficie corporal cada una.

El restante 1% en algunos protocolos de quemados lo atribuyen al cuello y otros al periné.

De todas maneras, la utilidad de este tipo de medidas es poder hacer una valoración aproximada pero correcta, no es necesaria una exactitud matemática.

La muerte puede producirse con un 30% de superficie corporal quemada, siendo mas frecuente a partir de un 40% y de aquí en adelante el pronóstico es peor.

CAUSAS DE MUERTE POR QUEMADURAS

Pero ¿de que muere la víctima de quemaduras?. Las posibilidades son múltiples. Pero en primer lugar lo que debemos diferenciar es la muerte secundaria a quemaduras de la muerte que sucede en el contexto de un incendio. No se trata de los mismo, ya que muchos, de hecho la mayoria de los fallecimientos en los incendios no se producen directamente por fuego.

De las varias causas de muerte producidas por quemaduras tenemos en primer lugar la hipovolemia por pérdida de líquidos. No se trata de una simple evaporación, la pérdida de la capa de la piel produce que los líquidos corporales no tengan contienen pero sobre todo la piel está muy irrigada, la quemadura en sí ya produce una pérdida de líquido importante, pero la reacción inflamatoria que desata va a secuenstrar una enorme cantidad de plasma.

La cantidad de plasma que secuentran las quemaduras es tan grande que, en el caso de quemaduras extensas, deja al paciente sin recursos y entra en lo que se llama shock hipovolémico.

Junto con el shock hipovolémico hay autores que definen la existencia de un shock primário, de tipo neurógeno. Este shock primario sería debido a que con el intenso calor hay una enorme dilatación de los vasos sanguíneos. Si grandes cantidades de vasos se dilatan, por simple mecánica de fluidos, cae en picado la presión en la circulación sanguínea y, al entrar por debajo de un umbral crítico se va a producir el shock.

- Caso típico de muerte por quemaduras sería: *Shock hipovolémico por plasmorragia masiva por quemaduras extensas en el 50% de superficie corporal por deflagación de llama.*

Secundariamente a estos efectos directos, van a empezar a producirse complicaiones, algunas deellas inmediatas.

Si hay una pérdida masiva de líquido, y sobre todo de plasma, y cae en picado la tensión arterial, no habrá persión para introducir sangre en el riñón. Si falla esta presión el riñón se lesiona en la forma conocida como necrosis tubular aguda y perderçá su función, es decir entrará en insuficiencia renal aguda.

- En este caso sería un diagnóstico típico : *Insuficiencia renal aguda por necrosis tubular por hipovolemia aguda por quemaduras extensas por vapores a alta temperatura.*

Por otro lado y no menos importante, la concentración de plasma y la pérdida de materail biológico con las quemaduras, van a producir cambios muy importantes en la composición del plasma. El plasma humano necesita de un ajustado equilibrio de sustáncias como el potasio, el sodio, el fosfato etc para un correcto funcionamiento de los órganos. Una quemadura muy extensa rompe este equlibrio y puede dar lugar a alteraciones letales en las concentraciones de plasma.

- Por ejemplo podríamos encontrar: *Fibrilación ventricular por hipokaliemia*[24] *por alteración electrolítica masiva por quemaduras extensas.*

---

[24] Hipokaliemia queire decir disminución del nivel de potasio en plasma. El potasio es necesario para mantener el ritmo cardíaco y su deficiencia puede provocar trastornos de ritmo o arritmias. Una de las arrirmias mas peligrosas es la fibrilación ventricular.

Una tercera complicación frecuente en el gran quemado es la hemorrgai digestiva. En muchos tipos de pacientes críticos se producen ulceras agudas en estómago y en ocasiones en intestino. Estas son conocidas como hemorrágias de estrés y pueden producir sangrados masivos.

Y finalmente, como cuadro general, debe recordarse que la víctima que ha sufrido quemaduras extensas ha perdido gran parte de su piel, ha perdido su aislamiento del medio con lo que la infección va a ser especialmente peligrosa. De hecho las infecciones son la segunda causa de muerte en grandes quemados, tras el shock hipovolémico inicial.

En algunos casos, las quemaduras pueden no ser críticamnete extensas pero pueden afectar a la vía respiratoria. La penetración de aire a alta temperatura por traquea y bronquios provocará extensas quemaduras que pueden afectar:

— En primer lugar a la glotis y las cuerdas vocales, produciendo un edema reacctivo inflamatorio que puede llegar a cerra la vía.
— En segundo lugar, aunque mucho mas raro, pueden llegar a lesionar los bronquios pumonares y pulmones.

- Ejemplo típico sería la: *Insuficiencia respiratoria obstructiva por bloqueo de la via respiratoria por edema de glotis secundario a quemaduras por inhalación de gas a alta temperatura.*

Características de diferentes tipos de quemaduras

Quemadura por llama La quemadura producida por llama es ascendente, es decir que enel punto más bajo de la quemadura esta es más homogénea y más grave. A medida que asciendela quemadura se aprecia más irregular y de menor gravedad.

Quemadura por gases La quemadura por gases tiene como particularidad que se trata de una quemadura homogénea y que, generalmente, respeta las partes del cuerpo cubiertas por los vestidos.

Quemadura por vapores En esta se produce un fenómeno inverso a la anterior, es decir que hay una quemadura homogénea pero que impregna los tejidos y suele ser más grave la quemadura en la zona cubierta por vestidos.

Quemaduras por contacto El contacto con objetos incandescentes produce quemaduras cuya morfología remeda la forma del objeto agresor. Dentro de este grupo son muy características las quemaduras de cigarrillos, que aparecen en patología forense como torturas o maltrato.

Quemadura por líquidos La quemadura por un líquido es inversa a la de llama en el sentido de que l líquido suele producir su quemadura más intensa en el punto de contacto y, posteriormente, desciende formando regueros en los que las lesiones por quemadura pueden ser paulatinamente de menor intensidad.

FENOMENOS CAUSADOS POR EL FUEGO EN EL CADAVER

El fuego es sumanete destructivo. En el contexto de incendios de grandes dimensiones y de altas temperaturas se destruye el cadaver.

Pero incluso cuando no hay una destrucción importante del cadaver, el fuego genera una serie de modificaciones en el cuerpo que pueden provocar confusiones. estas modificaciones son independientes de la causa de la muerte, es decir que existen tanto en el caso de que la víctima haya fallecido en el incendio como si no ha sido así.

La relevancia de estos fenómenos es que producen confusiones en la investigación. Los mas característicos son:

1—Actitud de pugilista o retracción
2—Estallido craneal y de otras cavidades
3—Hematoma extradural por efecto del calor

La actitud del pugilista.

Todos tenemos la experiencia de que la materia orgánica se retrae sobre si misma cuando es consumida por el fuego.
Con un cuerpo sucede lo mismo, el cuerpo se pliega sobre si mismo tomando una posición parecida a la fetal, independientemente de la posición que tuviera anteriormente el cuerpo. dado que lo mas llamativo es la lexión de los brazosdelantedel cuuerpo y una leve inclinación de la cabeza hacia adelante, a la posición del cadaver carbonizado se la ha llamado posición del pugilista o del boxeador.

Estallido craneal y de otras cavidades.

Cuando un cuerpo se ve expuesto a alta temperatura se produce una apretura de sus cavidades, dado que el contenido interno se expande y las cubiertas (las paredes) se retraen. En el caso del cráneo esto es mas acusado porque el cráneo es una caja de hueso que no tiene ninguna clase de elasticidad. Cuando se produzca la deformidad craneal por la alta temperatura se va a romper, con lo que en la autopsia se van a apreciar fracuras.

La relevancia de la fractura craneal y de cavidades no está en la dificultad para reconocerlo, está en que pueden rovocar confusiones con fracturas o heridas.

Hematoma extradural por el calor.

El calor intenso va a provocar que el interior del cráneo aumente su temperatura de forma muy apreciable. Un efecto muy importante de esto es que se va a formar una masa de sangre deshidratada y compactada en el espacio de las meninges conocido como epidural. Este no debe confundirse con una autentico hematoma epidural que revelaría un impacto en el cráeo antes de la muerte.

Una de las diferencias mas sencillas de observar entre el hematoma extradural o epidural inducido por calor y el provocado por un traumatismo es que el rimero tiene forma de sábana, es plano y homogéneo, hace un molde del cráneo por dentro, mientras que el hematoma traumátco tiene forma de lente o pelota.

Lo que no es útil para discriminar entre un hematoma traumático y un hematoma por el calor son sus características de composicióin, etc, y no son útiles porque un hematoma provovcado por un impacto también se va a modificar por la alte temperatura y por tanto va a tener la misma estructura que un hematoma por calor.

Lesiones generales por calor: la hipertermia o golpe de calor.

Tal como se explica anteriormente, una coas es la aplicación directa del calor sobre el tejdio, la quemadura, y algo diferente es el aumento general de temperatura corporal. La hipertermia es lesiva para las células humanas que empiezan a afectarse de forma severa a partir de 42 grados de temperatura.

El aumento de temperatura corporal se llama hipertermia. La hipertermia leve la experimentamos generalmente como fiebre. Pero cuando este aumento de temperatura daña el organismo es cuando hablamos propiamente de hipertermia.

La hipertermia en el organismo puede ser producida por mecanismos internos, ya hemos hablado de la fiebre, pero son mas frecuentes las alteraciones que producen las lesiones en algunas zonas del cerebro.

Otras hipertermias son de origen tóxico. Las causa una sustáncia que, por diferentes vías aumenta la temperatura corporal.

Finalmente tenemos la hipertermia completamente exógena, es decir quella que porcede del calor del ambiente.

El cuerpo humano dispone de diferentes mecanismos para regular su temperatura interna. En general, incluso en paises o lugares cálidos, el organismo debe eliminar calor porque aunque sea a bajo ritmo, el organismo produce calor por su metabolismo, su actividad muscular etc,

La adaptación al calor implica siempre formas en la cuales aunque la temperatura ambiente sea alta, se puedan dar las condiciones locales para que se libere calor del organismo humano al medio.

Las situaciones de hipertermia exógena comienzan con aquellas situaciones en las cuales el organismo no puede liberar calor al medio, y en la mayoría de casos penetra calor del medio hacia el organismo, es decir que se invierte el flujo de calor.

Hay todo un abanico de posibles cuadros médicos derivados de una hipertermia. Pero el que tiene un interés relevante en patología forense es el llamado golpe de calor porque se trata de un cuadro potencialmente letal.

Antes de entrar en la descripción del golpe de calor debemos tener en cuenta que no es lo mismo golpe de calor que el síncope por calor o desmayo por calor. En el síncope por calor lo que causa el cuadro es la baja presión arterial por la dilatación de los vasos sanguíneos y la pérdida de líquido por sudoración. Es un cuadro de hipotensión, desde luego generado por el calor, pero no inducido por un aumento de temperatura interna del cuerpo. En estos síncopes la temperatura corporal es normal.

EL GOLPE DE CALOR.

Este síndrome se produce cuando la temperatura corporal sube por encima de los 40—42 grados según el texto, es más frecuente cuando el calentamiento ha sido rápido y no ha dado tiempo al sujeto a adaptarse y es muy frecuente que la humedad ambiental sea alta.

El golpe de calor se puede producir con temperaturas ambiente de unos 30 grados. Pero es muy importante la acumulación de factores que dificultan la aclimatación, como se ha mencionado una alta humedad ambiental, ausencia de corriente de aire etc.

También es un factor importante si hay una actividda física intensa que ha generado calor corporal. Este factor discrimina entre dos formas de golpe de calor: la forma activa, en la cual el sujeto ha hecho un ejercicio intenso a alta temperatura y la forma pasiva en la cual el sujeto ha permanecido pasivo y el aumento de temperatura ha sido exclusivamente generado por factores externos.

En ambos casos la tasa de muerte está en torno al 70—75%. Lo que los diferencia es la rapidez de instauración del cuadro. En la forma activa la patología se desata en horas, mientras que en la forma pasiva lo habitual es que exista un perido prodrómico de alteraciones de unos días.

Igualmente que en el caso del frio, hay factores que favorecen el golpe de calor, como el hipertiriodismo, la diabetes o las enfermedades cardiovasculares. Las lesiones cerebrales que afectan al hipotálamo también son factores favorecedores de un golpe de calor. También hay toda una serie de sustáncias tóxicas capaces de inducirlo como es el cas de las anfetaminas y los alucinógenos.

Curiosamente (ya que también favorece la hipotermia) el alcohol favorece la aparición de un golpe de calor.

En lo que se refiere a condiciones personales, los obesos y los ancianos están mas expuestos, Los obesos por tener mayor aislamiento térmico y por tanto mas dificultad en refrigerar su temperatura visceral y los ancianos por defit de mecanismos biológicos de acomodación.

En la patogenia del golpe de calor vamos a tener dos factores confluyentes:

1. Hay una afectación celular generalizada. Vamos a encontrar puntos de disfunción de muchos órganos y tejidos (afectación multiorgánica)
2. La alta temperatura va a generar una alteración de la circulación sanguínea, baja presión etc, que en parte se deriva de la afectación multiorgánica pero también se retroalimentan una a la otra.

Es decir, si hay una lesión directa por el alto calor sobre las células del corazón (miocardiocitos) estos van a tener dificultades de contracción, con esto se afecta la circulación sanguínea, llega menos sangre y en peores condiciones, con lo que se alteran todavía mas las células. Y este ejemplo se da en muchos tejidos.

El resultado final es que falla la circulación, hay fracaso ventilatorio (baja el oxígeno y aumenta la acidosis), entrará en fallo renal, en fallo hepático, se producirán alteraciones de coagulación y todo ello va a conformar un fallo generalizado.

El sistema cardiovascular responderá con aumento de gasto cardíaco con taquicardia y vasodilatación que posteriormente se transforma en una caída de gasto cardíaco y de la tensión arterial hasta llegar a la situación de shock y fracaso general de la circulación.

Hay una lesión renal generalmente producida por hipotensión, es decir una insuficiencia renal prerrenal por caída de la presión arterial. En los casos de golpe de calor activo, puede haber un daño renal adicional por proteínas musculares.

En el cerebro hay una afectación global por una irrigación deficiente, baja la presión arterial y a las neuronas llega menos sangre y menos oxigenada. Además de esto hay lesiones en núcleos de neuronas directamente inducidas por el aumento de temperatura. Las neuronas cerebrales son mas sensibles a la hipertermia que otras células del organismo.

En otros órganos como es el caso del tubo digestivo, lo que aparece son los signos de mala irrigación sanguínea que definimos como shock, por lo cual la mucosa está mal irrigada, se forman úlceras etc. En el hígado hay un efecto lesivo de la deficiente irrigación pero hay una lesión de las células del hígado por el calor.

En un pequeño porcentaje de casos de golpe de calor, aproximadamente entre uno de cada 10 y uno de cada 20, a las 48 o 72 horas del pico de hipertermia (es decir del golpe de calor, aparece una lesión hepática masiva similar a la de un tóxico. Mueren en masa las células hepáticas (necrosis hepática masiva) y el paciente entra en insuficiencia hepática pudiendo ser la causa de la muerte.

Aunque la víctima de un golpe de calor no llegue a tener un nivel de lesión tan relevante como para llegar a la insuficiencia hepática, siempre hay una lesión hepática en el golpe de calor, y una consecuencia de esta lesión es que se alteran las proteínas que controlan la coagulación sanguínea. Este hecho, junto a otros fenómenos como la alteración de la agregación de plaquetas en la hipertermia, produce el efecto de hemorragias múltiples. Las células del recubrimiento de los vasos sanguíneos están lesionadas y esto lleva a una coagulación intravascular diseminada.

En estos contextos de alteraciones de coagulación en víctimas de lesiones severas, una de las afectaciones mas importantes es en los pulmones. En el pulmón, además de un edema poco específico porque suele traducir el estado de shock del paciente, frecuentemente hay focos de hemorragia. Y aparecen frecuentemente trombosis y tromboembolismos pulmonares que pueden ser otra de las causas de la muerte

Otro tejido que suele estar sistemáticamente lesionado en el golpe de calor son las glándulas suprarrenales, en las cuales aparecen hemorragias aunque es difícil sabre si estas hemorragias se sitúan en el contexto de una hemorragia generalizada o bien son una lesión específica.

HALLAZGOS DE AUTOPSIA

La sospecha del golpe de calor puede venir de las circunstancias en las que se ha encontrado el cadáver o bien, cuando ha recibido asistencia médica, pueden haber datos clínicos que lo orienten.

En los casos en los que la sospecha proviene de las circunstancias de hallazgo del cadáver, se puede valorar un esfuerzo físico reciente, como es el caso de deportistas. En general, para esperarse un golpe de calor se parte de la base de unas temperaturas ambientales altas. Pero no son necesarias grandes temperaturas, sino que con temperaturas ambientales constantes de unos 30 grados, ya pueden aparecer muertes

Una primera observación en la autopsia es la alta temperatura del cadáver respecto a la hora de la muerte. No obstante esta es una observación variable, teniendo en cuenta que puede haber sido atendido, refrigerado tanto en vida como postmortem.

Un dato que aparece también frecuentemente es que en el momento en que el paciente entra en golpe de calor, desaparece el sudor y la piel está seca. esto no siempre es así, es cierto que sucede en la mayoría de casos de golpe de calor pero en personas de edad avanzada. La existencia de sudoración no excluye el golpe de calor.

Es un hallazgo característico pero no exclusivo, la aparición de necrosis en el miocardio sin una alteración coronaria ni otra causa que lo justifique. En el golpe de calor hay una extensa necrosis miocárdica que afecta a todos los territorios coronarios. Y esta necrosis está producida por daño directo.

Cuando existen patologías previas como arteriosclerosis coronaria o incluso infartos previos, debe interpretarse cuidadosamente puesto que sus efectos se van a superponer. También en el golpe de calor se favorecen las trombosis, tanto coronarias como en otros puntos, fundamentalmente porque el calor favorece la agregación plaquetaria.

Posiblemente la demostración histológica de lesión en varios territorios coronarios va a ser un elemento diferenciador, ya que la cardiopatía isquémica por causa coronaria es mas frecuente que se limite a una zona del miocardio.

La muerte cardiovascular es la mas frecuente en el contexto del golpe de calor.

Las hemorragias multifocales, la insuficiencia respiratoria por lesión pulmonar difusa, el fallo hepático masivo y el tromboembolismo pulmonar pueden ser hallazgos en la autopsia y frecuentemente causas de muerte.

La necrosis tubular aguda es frecuente. Y es mas relevante el hallazgo de depósitos de mioglobina, procedente de la destrucción de músculo esquelético (rabdomiolisis) en los casos de golpe de calor activo.

Capitulo 23

LESIONES PROVOCADAS POR EL FRIO

De forma similar a la comentada en el calor, el frío puede ejercer múltiples acciones sobre un organismos humano. Los mamíferos, entre otras formas de vida, somos animales que necesitamos mantener una temperatura estable para que exista un correcto funcionamiento de nuestro organismo.

La actividad bioquímica de nuestro cuerpo funciona de forma adecuada en una franja de temperatura de unos 35 a 37 grados. Por debajo de estas cifras hay un funcionamiento defectuosos, las reacciones químicas y los fenómenos fisiológicos se enlentecen, al enlentecerse empiezan a ser poco funcionales y finalmente llegan a fallar.

Igual que en el caso del calor, la acción del frío se puede dar sobre un segmento del cuerpo, por ejemplo una extremidad. Con lo cual no va a bajarla temperatura total del cuerpo sino solamente de una parte. Esto va a provocar una lesiones concretas que llamamos lesión por frío.

Otra cuestión diferente es cuando la bajada de temperatura es total, toda la temperatura corporal disminuye, con lo que no se tratará de un problema que afecta a unas estructuras anatómicas sino al total del organismo. Es la hipotermia.

Lesiones locales por hipotermia

la lesión local por el frío, es aquella que se produce cuando la baja temperatura solamente afecta a un segmento del organismo. Sin que se produzca un descenso de la temperatura general del cuerpo.

Una parte del cuerpo como puede ser un brazo o una pierna quedan expuestos a una baja temperatura sin que baje la temperatura corporal, se va a producir una lesión específica a la que llamamos lesión por hipotermia.

Las lesiones locales por el frío son más frecuentes en aquellos puntos de la anatomía que están más expuestos al medio ambiente y tienen peor irrigación sanguínea, como los dedos, las orejas, o a la nariz.

Por frecuencia, lo mas lesionado por el frio son los pies, y en concreto los dedos de los pies es donde van a producirse las lesiones por congelación. Es poco frecuente la lesión del pié entero.

Con un poco menos de frecuencia se lesionan las manos y también en este caso las lesiones suelen ser en los dedos. De hecho es muy raro, aproximadamente en el 1% de casos, que haya lesiones por congelación mas allá de los dedos.

La nariz y las orejas, pese a que los recogemos en los textos de patología como zonas blanco de la congelación, en realidad son muy escasamente afectadas. Forman un 2 o un 3% de los casos. Esto es comprensible porque la circulación sanguínea del dedo es muy delgada, son vasos muy finos y circula por un territorio estrecho. En cambio nariz y orejas tienen una base mas ancha y una circulación por vasos mas anchos.

En ocasiones el hábito de pensar en la nariz y las orejas como puntos preferentes de congelación lleva a errores en la autopsia. A veces al examinar el cadáver se aprecian los tejidos de la nariz y las orejas algo mas densos y de una coloración llamativa y por eso se anotan como lesiones por congelación. Pero en realidad lo único que hay en muchos de esos casos es una reacción inflamatoria ante la lesión por frio, o simplemente un aumento de sangre como mecanismo de compensación.

PATOGENIA DE LA LESIÓN POR FRIO.

Existen diferentes explicaciones sobre la patogenia de la lesión por frio. Como en la mayoría de los procesos biológicos lo mas probable es que se trate de un conjunto de factores.

La forma básica de lesión local por frio es la que se inicia con un vasoespasmo, es decir la contracción de las arterias, lo cual produce que haya menos irrigación sanguínea, la sangre circula mas lento y se produce isquemia en los tejidos.

La acción directa de a una baja temperatura frío sobre un punto del organismo va a afectar en primer lugar a la circulación, provocando una vasoconstricción[25].

Si la vasoconstricción continua por no ceder el estímulo del frío, va a aparecer un enlentecimiento de la circulación con una hipoxia relativa distal a los vasos. La lesión endotelial resultante de esta isquemia dará lugar al trasudado de plasma, lo cual aumentará la presión interna del tejido y por tanto su irrigación, empeorando así el cuadro isquémico.

En los casos en los que, tras una situación de vasoconstricción sostenida por causa del frío, se produce un rápido calentamiento de la zona, van a producir una vasodilatación rápida, con aumento del volumen sanguíneo en la zona, pero si los endotelios vasculares se han llegado a lesionar por la isquemia, aunque sea escasa, esto va a generar un edema muy importante, que va a ser factor continuador de la isquemia por aumento de la presión intersticial del tejido

En los casos en que la vasoconstricción, o el edema, produzcan un enlentecimiento sostenido de la circulación, pueden producirse trombosis por estasis de los pequeños vasos venosos, dando lugar a un empeoramiento del fenómeno de isquemia de la extremidad o superficie afecta.

Es decir : la lesión fundamental que provoca el frio es un deficiente aporte de sangre puntos del organismo por restricción de la circulación de sangre.

Esta restricción de la circulación de sangre en primer lugar es provocada por el espasmo de los vasos. Cuando por el enlentencimeinto de la circulación en los vasos se pueden formar trombos de sangre, es un factor de bloqueo de la circulación. Cuando en el tejido que se ha quedado mal irrigado se empieza a formar edema, este edema aumenta la presión interna del tejido, con lo que dificulta todavía mas el paso de sangre por los tejidos y aumenta la isquemia.

De forma directa sobre las células, el frio, al enlentecer su metabolismo causa un desequilibrio en la membrana, suficiente para facilitar la salida de agua de la célula, es decir que la célula se deshidrata. El agua sale al espacio extracelular y

---

[25] vasoconstricción quiere decir que los vasos, y especialmente las arterias. que tienen músculo en sus paredes, se contraen y cierran. Esto tiene como consecuencia que se reduce la circulación de sangre por ese vaso y aumenta la presión.
En el caso de la lesión por frio predomina la disminución de circulación sobre el aumento de presión.

en este espacio, con temperaturas muy bajas puede formar cristales de hileo en el tejido dando lugar a lesiones mecanicas y por compresión de las células.

La formación de cristales de hileo en el espacio entre células es un tema debatido. Se trata de un fenómeno observado en investigación, en laboratorio, pero no en la práctica cotidiana. Esto es normal, yaque cuando un tejido se procesa para su observación microscópica se calienta y la temperatura de conservación de un cuerpo y a la que se hace la autopsia no es de congelación. Por tanto no es esperable que el fenómeno de cristalización pueda ser apreciado en la práctica

Pero tengamos además en cuenta que si la célula se vacia de líquido, la composición de su citoplasma también se altera, hasta el punto de que puede ser incompatible con el normal funcionamiento y la vida misma de la célula

En tercer lugar, en los vasos lesionados por la isquemia, se producen trombos que ocluyen el vaso sanguíneo y aceleran de forma muy importante la necrosis isquémica de los tejidos. Curiosamente parece que la trombosis no se produce tanto en el enfriamiento de los tejidos sino que se origina fundamentalmente cuando empieza a recuperarse la temperatura, en el proceso de recalentamiento. Cuando la sangre está a muy baja temperatura está deshidratada y aumentas u viscosidad, lo cual lleva a una dificultad circulatoria, pero a baja temperatura no se organizan trombos. Es en el momento en que vuelve a aumentar la temperatura que se producen las trombosis, porque los vasos están lesionados y ya se puede poner en marcha el proceso de coagulación.

Pero con el recalentamiento en vida no solamente se puede poner en marcha el mecanismo de la coagulación. De los vasos lesionados en los tejidos va a salir plasma que va a formar edema, especialmente agravado porque al aumentar la temperatura también se desatará una reacción inflamatoria severa.

Vemos por tanto que en el recalentamiento de un tejido o miembro va a desatarse toda la reaccitividad vital que la baja temperatura tenía atenuada y entonces aparecer una lesión que puede tener la apariencia de tardía, pero en realidad la lesión ya existía, solamente que la baja temperatura había inactivado los procesos de reacción vital.

El resultado final de todos estos procesos define que en una lesión local por frio se distinguen tres espacios o tres zonas:

   1- La zona mas distal, la mas destruida en la que han actuado de forma mas potente los fenómenos de lesión celular por frio e isquemia.

2- Una zona intermedia en la que hay una lesión directa mas moderada pero en la que hay una intensa reacción inflamatoria y trombosis lo cual va a llevar a la muerte del tejido igualmente aunque a un ritmo algo mas lento,

3- La zona conservada, que es la zona fronteriza con los tejidos no lesionados, es decir con los tejidos sanos. En esta tercera zona hay una reacción inflamatoria moderada. En los casos de supervivencia esta zona de tejido se recuperaría. Mientras que las dos zonas mas distales se terminan perdiendo por necrosis. Son las partes que, en los casos de supervivencia deben amputarse quirúrgicamente porque el daño es irreversible,

La franja que marca la zona conservada es lo que los cirujanos definen como franja de eliminación, la zona que delimita el tejido recuperable del que no lo es y, por tanto, el nivel por donde es necesario amputar.

Grados de lesión por frio.

Igual que en el caso de las quemaduras, las lesiones por frio se clasifican en grados que reciben una nomenclatura similar a las de las quemaduras

La lesión de primer grado es simplemente hiperhemica, enrojecida y suele presentar un cierto grado de edema aunque sin tensión en el tejido. Estas lesiones en el cadáver se aprecian simplemente como cambios de color que muy frecuentemente son tomadas por lividences o simplemente pasan desapercibidas pues la hiperhemia aislada en un cadáver desaparece por efecto de la redistribución de sangre.

La lesión de segundo grado ya presenta un edema notable, el dedo o la extremidad está francamente aumentada de tamaño. Mientras que lo que se aprecia es solamente un aumento de tamaño o hinchazón se va a calificar de segundo grado superficial.

Hablamos de segundo grado profundo cuando el edema es mas marcado hasta el punto de que se concentra y forma flictenas, es decir ampollas. A veces su aspecto puede recordar al de las quemaduras, pero no es lo normal. La flictena por frio contiene líquido pero teñido de sangre.

El tercer grado en la lesión por frio ya no presenta un aspecto hinchado, sino mas bién endurecido y retraido, con un color oscuro que puede ir desde un franco azul de cianosis hasta un pardo mas o menos oscuro. Es ya la necosis del tejido. Esta zona afectada está infartada.

Factores añadidos.

A la acción del frío se pueden sumar otros factores, por ejemplo son lesiones típicas:

Cuando al frio se suma la presión, por ejemplo del calzado. En este caso, el pié no solamente tendrá una mala irrigación por la distribución de la circulación de la sangre sino que también habrá una mala irrigación por la presión del calzado. La consecuencia es una lesión por isquemia.

En otras ocasiones, a los elementos de frio y presión se suma por ejemplo la humedad. Esta combinación de factores es la causante del llamado pié de trinchera" que se describió durante la primera guerra mundial. Con el frío y la presión hay una mala circulación, con la humedad se macera el tejido que se está infartando, lo cual todavía aumenta el grado y la extensión de la lesión.

Una parte de la anatomía que se ha infartado, no tiene posibilidad de respuesta inflamatoria, es un fragmento de cuerpo muerto, por ello es fácil que se produzca un crecimiento bacteriano incontrolado que es lo que se conoce como gangrena.

La gangrena no es exclusiva de los tejidos infartados por el frío. Puede aparecer en cualquier tejido desvitalizado (muerto), independientemente del origen de la necrosis.

Lesiones generales por hipotermia

El hombre es un organismo homeotermo que precisa para mantener su actividad biológica estar en una franja de temperatura interna, fuera de la cual existen alteraciones funcionales en los sistemas orgánicos.

La baja temperatura exterior, si no existen medidas de protección, produce la pérdida del calor orgánico por unos mecanismos puramente físicos.

No hay una cifra de temperatura exterior claramente definida a partir de a cual se produzaca hipotermia, como dice Bernard Knigth la temperatura aérea no necesita ser tan baja como se pensaba anteriormente, cuando la congelación profunda fue considerada esencial para la producción de lesiones.

Las temperaturas aéreas por debajo de 10ºC probablemente son bastante inferiores para causar la hipotermia en las personas vulnerables, y los factores modificadores tienen una importancia fundamental.

Factores que modifican la pérdida de calor.

La pérdida de calor es mucho más rápida cuanto mayor sea superficie expuesta a una baja temperatura, por ello es más rápida la pérdida de calor si los tejidos entran en contacto con un cuerpo frío que si simplemente hay una baja temperatura ambiental.

La máxima velocidad en la pérdida de temperatura se da cuando el organismo es sumergido en agua fría, lo cual puede dar lugar a una muy rápida pérdida de calor porque prácticamente toda la superficie del organismos se convierte en un punto de pérdida de calor.

Además del enfriamiento producido por el agua o el medio líquido en general un elemento que hace perder muy rápidamente calor a un cuerpo es el viento. Un cuerpo a baja temperatura pero resguardado del viento tendrá una pérdida de calor corporal mas o menos uniforme, pero si está expuesto al viento, la pérdida de calor será exponencial.

Factores de la constitución o salud del individuo.

Además de los fenómenos ambientales o del medio, existen factores que dependen de la constitución del sujeto.

El grosor del tejido celular subcutáneo protege de la pérdida de calor. En los casos en los que hay poco tejido, por enfermedades, desnutrición, envejecimiento etc, hay mayor vulnerabilidad a la pérdida de calor.

La musculatura atrófica es también un factor a tener en cuenta, con una masa muscular atrofiada se reducen los mecanismos de defensa frente al frio.

Se citan característicamente algunas enfermedades como predisponenetes a la pérdida de calor, como es el caso del hipotiroidismo. También hay intoxicaciones como la intoxicación por alcohol en la que la pérdida de calor se acentúa de forma muy importante.

En lo que se refiere a patologías, hay que tener en cuenta dentro del la patología forense al politraumatizado. Los sujetos que sufren lesiones de entidad y específicamente aquellos que sufren un politraumtismo son frecuentemente víctimas de hipotermia.

Patogenia de la hipotermia

Un organismo humano tiene una serie de mecanismos para compensar la pérdida de temperatura. Los más importantes son la vasoconstricción periférica y la actividad muscular. Los cuerpos humanos no disponen de un aislamiento térmico del medio tan eficaz como otras especies.

La primera reacción delante del frío es la vasodilatación, enviar mucha sangre a un territorio para calentarlo de la misma forma que actúa un radiador. Pero esta es una respuesta local y que está muy limitada. Cuando hay una auténtica pérdida de temperatura corporal, la vasodilatación periférica no funciona y lo que hace un organismo humano es cerrar la circulación periférica.

La utilidad de bloquear la circulación periférica es dejar mínimamente irrigada la superficie corporal y mantener la irrigación mas interna. De esta forma crea una zona de aislamiento que le permite sobrevivir de forma puntual.

La redistribución del calor no soluciona hipotermias intensas, por lo que la solución está en producir calor mediante la actividad muscular. El calor se producirá involuntariamente por el mecanismo de los escalofríos. También puede aumentar la producción de calor aumentando su metabolismo (quema de calorías), pero esto es una adaptación a medio plazo.

El proceso de hipotérmia.

Cuando baja la temperatura corporal lo que sucede es que la actividad biológica del organismo comienza a enlentecerse. La respiración celular, la producción de energía y el metabolismo en general se van a volver mas lentos. Esto es sostenible hasta un cierto punto, pero hay un punto crítico en que la velocidad del metabolismo ya no puede sostener la actividad biológica.

En este punto debemos comprender que en el caso concreto de la hipotermia, estamos en un supuesto en el que se llega a interrumpir o a descender de forma crítica la actividad biológica pero no hay una lesión concreta. Precisamente no hay una lesión concreta porque la disminución de funcionalismo protege la estructura. Las células hacen algo así como quedar suspendidas en el tiempo.

Esta propiedad de la hipotermia es lo que produce que una persona en hipotermia pueda ser teóricamente recuperada mas allá de lo que puede ser en otras formas de muerte. Por eso la reanimación en los casos de hipotérmia es mas larga que en otros supuestos.

Ahora bien, la protección que brinda la hipotérmia no es definitiva ni indefinida. En el momento en que el enlentecimiento del organismo pasa de un punto crítico no hay retorno, se ha traspasado el umbral crítico.

Uno de los problemas que plantea la reanimación es que no conocemos claramente cual es el umbral crítico. Ni tampoco si este umbral crítico esta en la temperatura, en el tiempo o en ambos.

Tipos de hipotermia

Se pueden definir tres formas o tipos de hipotermia, en los que el elemento que las define es el tiempo, pero no se trata exactamente de cuanto tiempo ha estado el cuerpo perdiendo calor, sino de los fenómenos que se han desencadenado.

Tenemos así la hipotermia: aguda, subaguda y crónica.

En la hipotermia aguda hay una exposición al frio intenso y la bajada de temperatura del cuerpo es notablemente rápida. Por ejemplo una persona que cae en agua a muy baja temperatura. En este caso los mecanismos de compensación o protección se ven desbordados antes incluso de que tengan tiempo de ponerse en marcha. Sería una hipotermia pura.

En la hipotermia subaguda es la situación en que la víctima ha tenido tiempo de instaurar sus mecanismos de defensa, actividad muscular vasoconstricción etc, y finalmente estos se han visto desbordados. Este sería el cuadro clásico o académico de hipotermia, aquí se van a dar todos los mecanismos fisiopatológicos descritos. Esta es la hipotermia que se dá en personas que quedan a la interperie como los excursionistas perdidos. En estos casos hay que valorar también la existencia de lesiones y traumatismos como factores de hipotermia.

La hipotermia crónica es aquella en la que hay una pérdida de calor ligera pero persistente en el tiempo. Se trata de una forma de hipotermia insidiosa que se instaura a lo largo de días o semanas. Es la propia de los enfermos crónicos o los ancianos. También en los alcohólicos, si el consumo de alcohol es regular y frecuente.

En el hipotermia crónica debe tenerse en cuanta también que determiados tratamientos farmacológicos favorecen la hipoetremia. El ejemplo mas característico son las benzodiacepinas como el diacepan o valium.

Además de los ancianos, un caso característico en el que aparece la hipotermia crónica es el en toxicómano de lara evolución. El caso tipo es el sujeto desnutrido, con baja grasa croporal y escasa musculatura, enfermedades crónicas y consumo continuado de diferentes toxicos entre los cuales abundan las benzodiacepinas.

Grados de hipotermia

Se considera hipotermia cuando el cuerpo humano está por debajo de 35 grados centígrados de temperatura central, pero es una hipotermia leve hasta bajar a 32 grados.

Por debajo de los 32 grados de temperatura corporal se define que hay hipotermia severa.

Es importante matizar que cuando hablamos de temperatura corporal hablamos de la temperatura central, la que tiene las cavidades internas, no la superficial. es importante porque puede haber hasta 10 grados de diferencia. La temperatura central en urgencias médicas se mide en el esófago u otra técnica similar, pero no hablamos de la temperatura axilar.

Afectación del organismo por la hipotermia.

Un elemento fundamental en este punto es el estudio de como mata la hipotermia.

El efecto de la hipotermia es sobre todos los tejidos, pero tiene especial relevancia en aquellos órganos y sistemas que son fundamentales para la vida inmedaita: cardiocirculatorio, cerebral y pulmonar

En el sistema cardiovascular, inicialmente el efecto es estimulante, pero cuando disminuye la temperatura corporal se empieza a enlentecer su funcionamiento. Se enlentece la frecuencia cardíaca, lo que se llama bradicardia. Al latir el corazón mas lento, disminuye el gasto cardíaco, es decir el volumen de sangre que bombea el corazón por minuto.

Vemos entonces que la circulación es menos eficaz por enlentecimiento de la bomba cardíaca. A esto se suma que el volumen de plasma se reduce con lo que a medida que baja la temperatura corporal hay algo menos de sangre y circula mas lentamente. Hay varias causas de esta è´rdida de volumen de sangre, una de ellas es el aumento de diuresis (diuresis por frio), otra es el hecho de que el sodio pasa de plasma a los espacios exterores a los vasos sanguíneos y el sodio arrastra agua. Por esto hay edema (acumulo de líquido en el tejido) y disminución de volumen de sangre.

En principio esta situación es soportable porque al haber una baja temperatura las células del cuerpo también tienen un metabolismo, es decir un funcionamiento mas letárgico.

Pero la situación se agrava por debajo de los 30—32 grados, cuando el ritmo cardíaco no solamente se enlentece sino que pierde coordinación y aparecen las arritmias. Especialmente por debajo de 28 grados puede aparecer ya la arritmia conocida como fibrilación ventricular, que supone la pérdida absoluta de coordinación de las fibras musculares del corazón. Y esto supone ya lla ausencia de bombeo cardíaco.

En el caso de no entrar en fibrilación ventricular, que será causa de edema en el pulmón, la bradicardia se hara progresivamente mas lenta hasta llegar a cero, es decir a la asistolia o paro efectivo de la contracción muscular del corazón.

Por lo que se refiere a la alteración de cerebro y médula, la situación es algo diferente. Es cierto que hay un progresivo deficit de función en las neuronas, pero la baja temperatura disminuye mucho el consumo de oxígeno de las neuronas, con lo que las protege de la falta de oxígeno. Por eso el concepto de muerte cerebral en la hipotermia es escurridizo. Hay una caida de función, pero no una lesión estructural hasta que el proceso está mucho mas avanzado.

En el caso de los pulmones, o del sistema respiratorio en general la situación es también de una baja función, pero como las células del organismo tienen un funcionamiento mas lento, una reducción de la frecuencia respiratoria y del volumen de gases de hasta un 50% no tiene consecuencias sobre el organismo.

Curiosamente, la hipoxia, es decir el déficit de oxígeno, cuando se produce de forma más aguda es cuando se recalienta al paciente demasiado rápido. Si la temperatura corporal sube rapidamente y la frecuecia respiratoria y el funcionamiento en general del pulmón no le ha dado tiempo de adaptarse, nos encontramos conque los tejidos del cuerpo van a aumentar rapidamente su consumo de oxígeno y su producción de dioxido de carbono, pero el pulmón no ventila suficientemente rápido.

Con la progresión del enfriamiento, lo que sucede en los pulmones es que se deshidratan y las mucosas y se produce una espesa capa de mucosidad para proteger la via respiratoria. La falta de expansión de los alveolos, junto al taponamiento de la via aerea llevan a la compresión del tejido pulmonar que se llama atelectasia y esto supone que: de seguir en estado de enfriamiento, el pulmón ya no es capaz de ventilar efizcazmente.

En el cao de mantenerse en equilibrio y que haya una supervivencia de horas o dias o incluso en fase de recuperación, el problema va a aparecer porque las condicienes que se han explicado son ideales para el desarrollo de una infección respiratoria. El pulmón hipotérmico tiene muy escasa capacidad para defenderse de infecciones y pueden ser estas las que provoquen la muerte en una hipotermia crónica, durante o tras la recuperación.

Otros fenómenos de la hipotermia.

Ademas de estos tres grandes sistemas, ya hemos mencionado que todos los sistemas orgánicos están afectados por el proceso de hipotermia. hay alteraciones endocrinas, renales, digestivas etc.

Para nuestro objetivo creemos que merecen destacarse solo algunos fenómenos:

— Hay una disminución de secerción hormonal en la hipotermia. De entre estas es característica la insulina. Al bajar la secreción de insulina, es frecuente que en el paciente hipotérmico exista una hiperglucemia y puede ser útil la detección de un aumento exponencial de cuerpos cetónicos en la autopsia en una persona sin antecedentes de diabetes y con sospecha de muerte por hipotermia.
— Es habitual una alteración de la función renal durante la hipotermia y, aunque no es frecuente, en casos extremos llega a la necrosis tubular aguda.
— En la hipoetermia, la médula ósea queda casi inactiva, con lo que la reposición de células de la sangre está comprometida, Esto es un fenómeno de escasa relevancia forense. Lo que sí que conviene tener en cuenta es que a baja temperatura, incluso en hipotermia leve, el funcionamiento de los glóbulos blancos se vé muy limitado, es por esto que muchas infecciones pueden iniciarse y expandirse de forma muy rápida con el enfrimiento.
— En el sistema gastrointestinal es frecuente la mención a la pancreatitis en el contexto de la hipotermia. Incluso Bernard Knigth en su obra " Forensic Pathology" lo considera un dato a tener en cuenta en la autopsia de la hipotermia. El problema es que no hay una relación clara. Debe tenerse en cuenta que hay una serie de casos en los que la pancreatitis es mas atribuible al alcoholismo que a la hipotermia, o a la existencia de cálculos biliares. este tema no está resuelto.
— Otro fenómeno mencionado por el citado autor son las hemorragias gastrointestinales por pequeñas ulceras, que se llaman ulceras de Wischnevsky. Estas no son lesiones únicas de la hipotermia, sino que están vinculadas a diferentes situaciones de liberación de hormonas de estres. Por ejemplo en accidentes vasculares cerebrales.

Casuística de la hipotérmia. La hipotermia en la autopsia:

En la casuística forense la hipotermia aparece en dos formas.

Hay una forma evidente de hipotermia que engloba los tipos más agudos y devastadores que generalmente se sospecha por las circunstancias del caso. Se trata de la hipotermia que afecta a personas sin techo, accidentes de montaña, alcohólicos en intoxicación etílica etc. En estos casos en que el cuerpo es encontrado a la intemperie la sospecha de hipotermia suele plantearse desde el levantamiento del cadáver.

En estos casos, además, existen algunos hallazgos en la autopsia que pueden orientar hacia la hipotermia.

Uno de los mas llamativos aunque poco valorados, es la coloración clara de las lividezes y diversas manchas rojo claro en la piel. Esto obedece al hecho de que, a baja temperatura se produce una modificación de la hemoglobina en el sentido de que le cuesta mas ceder el oxígeno y la sangre está mas oxigenada.

Esta coloración con mucha frecuencia hace pensar en las intoxicaciones por monóxido de carbono o por cianuro.

Hay que tener en cuenta que este fenómeno no es necesariamente un fenómeno vital. En algunos cadáveres, el proceso de refrigeración produce esa coloración y aspecto de las lividezes y la aparición de manchas rosadas en otros puntos de la superficie del cuerpo.

Pero en una parte importante de la población, en ancianos y enfermos crónicos durante los meses de invierno hay un porcentaje significativo que están en situación de hipotermia, incluso estando hospitalizados. Estas hipotermias en la mayor parte de casos leves y subagudas o crónicas generalmente no son tenidas en cuenta en la autopsia.

En lo que se refiere a la autopsia, la hipotermia se orienta con bastante facilidad en los cadáveres que pertenecen al primer grupo. es decir cuando hay una muerte en la cual el cuerpo se encuentra a la intemperie en una época o un lugar con baja temperatura ambiental, se piensa en la hipotermia como hipótesis de trabajo.

En las hipotermias cuyas circuntáncias son menos aparentes, generalmente van a quedar infradiagnosticadas. esto es porque la persona va a fallecer por complicaciones de la hipotermia y esas van a ser detectadas en la autopsia y serán la causa de la muerte.

De hecho debe tenerse en cuenta que, como promedio, cuando una persona es encontrada en hipotermia y sometida a tratamiento médico, la mortalidad en el sujeto sano está en torno al 6 o 7%, en tanto que en pacientes con patologías previas la mortalidad es del 75%. Por esto, ante la relativa inocuidad de los hallazgos de autopsia puramente de hipotermia, van a destacar más los hallazgos de las enfermedades previas o las complicaciones.

¿ Anatomia patológica de la hipotermia?

En muchos tratados se discute la existencia o no de unos signos de hipotermia en la autopsia. El problema es complejo porque en la hipotermia, como hemos visto, lo que hay es un cese progresivo de función pero más una conservación que un elemento estructuralemnte agresivo.

Por eso la naturaleza misma de la hipotermia es que no genera lesiones específicas ni llamativas.

Se atribuye en ocasiones a la hipoetrmia un conjunto de hallazgos como son la hemorragia digestiva alta de escaso volumen, la pancreatitis, el edema pulmonar etc, ya se han comentado anteriormente. La verdad es que es muy discutible atribuir estos hallazgos a la hipotermia y su utilidad práctica escasa, dado que al ser inespecíficos no se pueden defender como prueba de la causa de la muerte.

Lo que puede ser orientativo para el patólogo forense es la detección, fundamentalmente microscópica, de los fenómenos fundamentales que se producen en la génesis de la hipotermia:

- en primer lugar el edema en puntos distales secundario a la lesión descrita por vasoconstricción. No una muestra de edema, sino la aparición de este fenómenos en diferentes puntos característicos.
- en segundo lugar, suponiendo que se hayan producido trastornos enla microcirculación, puede ser util la demostración de trombos en varios puntos con la existencia de pequeños infartos periféricos. En este contexto sí que puede tener cabida el estudio de la mucosa gástrica por ejemplo.
- en tercer lugar la deshidratación de los tejidos.
- en algunos casos es muy útil la determinación de elevación de cuerpos cetónicos siempre que no exista una enfermedad en la víctima que los pueda explicar. Es decir que tienen valor cuando son inexplicables.

No obstante, estos signos tampoco tienen una gran especificidad y su único valor es la imágen de conjunto que en pocas ocasiones esta presente.

La existencia de fenómenos de necrosis por congelación o lesiones locales por frio asociadas a la hipotermia son poco frecuentes, pero en el caso de apreciarse suelen ser los hallazgos en los que se apoya con mas solidez el diagnóstico de muerte por hipotermia.

Capitulo 24

LAS LESIONES PROVOCADAS POR LA ELECTRICIDAD

La lesión por corriente electrica

La corriente electrica basicamente consiste en el paso de electrones desde un punto co mayor carga hasta un punto de menor carga.

La lesión eléctrica en el organismo humano se produce cuando el cuerpo actúa como conductor de este paso de corriente eléctrica generalmente mediando entre un conductor y una toma de tierra, lo que provoca que la corriente eléctrica circule por el organismo.

El organismo humano es un buen conductor de la corriente eléctrica al tener una composición muy alta de agua y electrolitos.

Pero la corriente eléctrica no circula libremente de forma igual por todos los órganos y tejidos sino que se conduce de forma preferente por los vasos sanguíneos. La composición hidroelectrolítica del plasma sanguíneo lo hace un excelente condutor de la electricidad y la estructura y distribución de los vasos hacen que sea a través de estos donde se produzca el camino más fácil entre un punto de entrada de la corriente eléctrica y la salida de la misma.

El paso de la corriente electrica ya es lesivo por si mismo, pero es poco frecuente que se presente aislado. En la electrocución se desatan fenómenos asociados, el más típico de ellos es el desprendimiento de calor que va a dar lugar a una complejidad variable de lesiones.

En situaciones de alta intensidad de corrinete eléctrica como es el caso del rayo o grandes descargas industriales se van a sumar mas efectos lesivos, por lo que la lesión electrica puede presentarse de forma aislada pero frecuentemente dentro de un complejo de lesiones o síndrome de electrocución.

En muchas ocasiones, en el contexto de una fulguración[26] apareceran lesiones de hiperpresión, como la hemorrágia vítrea, la rotura timpánica e incluso fracturas craneales. Son lesiones que recuerdan el blast explosivo aunque tanto el contenxto de la muerte como las características específicas de las lesiones van a presntar diferencias entre ambos cuadros.

Por ejemplo una lesión bastante característica que se da en las muertes por acción de un rayo o fulguración es la leqión de las córneas, lo que sucede es que esta solamente va a ser observada in situ, en el lugar de los hechos y cuando la inspección es precoz, ya que a la que pasan unas horas, la deshidratación corneal va a distorsionar completamente esta lesión.

Estructura de la lesión electica. Entrada, trayecto y salida.

La lesión inducida por la corriente eléctrica en el organismo vamos a dividirla en tres apartados. Hablaremos de la lesión de entrada como la que se produce en el punto de contacto entre el conductor y el organismo, de un trayecto, como hemos dicho a través de los vasos sanguíneos y de una lesión de salida que es la que se produce en el lugar en el cual hay contacto con el suelo o con el objeto que actúe como polo de menor carga eléctrica para que se establezca la diferencia de potencial a través del cuerpo humano.

Lesion de entrada.

La lesión de entrada ocupa el espacio que incluye desde el punto de contacto de la piel con el conductor hasta los vasos sanguíneos más próximos a traves de los cuales se canaliza la corriente eléctrica.

---

[26] Se utiliza el término fulguración para definir el cuadro de lesiones que produce la interacción de un cuerpo humano con un rayo.

En todo el espesor de tejidos afectados vamos a encontrar una lesión propia del paso de corriente eléctrica que denominamos como marca eléctrica. Debe tenerse en cuenta que la marca eléctrica no es una lesión especial, es una variante de una quemadura.

Secundariamente, dado que el paso de corriente eléctrica, fundamentalmente a partir de un conductor metálico, despernde calor, va a aparecer junto con la marca eléctrica una quemadura térmica.

Es característico de la marca eléctrica que afecte de forma homogénea a todos los tejidos incluidos en su paso. A diferencia de la lesión térmica la cual pierde intensidad desde el foco central de quemadura hacia la periferia del mismo, en la quemadura eléctrica no hay diferentes grados de intensidad lesiva con lo que se diferencia muy claramente el tejido sano del tejido afecto por el paso eléctrico, hecho por el cual se refiere la limpieza de los márgenes y la delimitación de los mismos en la marca eléctrica.

El paso de la energía electrica produce una necrosis por coagulación de la zona afecta hasta llegar a vasos sanguíneos, por los que hemos dicho que se vehiculiza. Por ello es una lesión muy poco o nada hemorrágica que va a tener una coloración clara, blanca o amarillenta. El tejido afecto por esta necrosis no se revasculariza, por lo que toma la forma de una placa que posteriormente se desprende por descamación.

La importancia de la destrucción de los tejidos por la energía eléctrica va a depender de la intensidad de la corriente, el tiempo de contacto y la irrigación de la zona de contacto.

Cuando una descarga penetra a través de una zona muy bién irrigada, la cantidad de vasos sanguíneos de la misma le dan una gran capacidad de absorción de energía electrica, por lo que las lesiones no son tan importantes como en el caso de tratarse de una zona mal irrigada en la cual la corriente eléctrica tiene que canalizarse hacia pocos vasos aumentando el daño tisular.

No obstante si la intensidad de corriente es muy importante o el tiempo de contacto es muy prolongado, la lesión tisular será mucho mayor, pues la energía electrica llegará a destruir los vasos más próximos con lo que el paso de corriente ampliará su área hasta encontrar nuevos vasos en los que canalizarse. Esto puede llegar en casos extremos a la destrucción amplia de tejidos blandos que se puede apreciar en algunas lesiones eléctricas.

Conjuntamente y también periféricamente a la marca eléctrica aparecerá la antes mencionada quemadura térmica que tiene las características antes descritas al hablar de ellas.

En el punto de entrada de la corriente eléctrica se pueden observar otros elementos periféricos derivados de la interacción entre el condutor y la epidermis con el paso de la corriente eléctrica.

Así describimos la existencia de cuerpos extraños en la lesión que proceden del agente conductor. Frecuentemente se trata de elementos metálicos, en cuyo caso estos cuerpos extraños reciben el nombre de metalizaciones. Las metalizaciones pueden presentar diversos patrones de distribución, bién en forma de múltiples pequeñas inclusiones sobre o alrrededor de la marca eléctrica
dando un aspecto macroscópico brillante, o bién pueden presentarse, en los casos en que la temperatura del conductor es mas alta, inclusiones de hasta 1 mm de diámetro incrustadas en la epidermis lesionada.

Otros elementos no metálicos forman pigmentaciones también por inclusión de corpúsculos en la lesión. Generalmente se trata de microgotas de plástico o pigmentos de la pintura o materiales que recubren el conductor.

La inclusión de cuerpos extraños en la marca eléctrica caracteriza a la lesión de entrada, permitiendo su diagnóstico diferencial con el punto de salida.

La lesión de salida.

En el punto de salida de la corriente eléctrica, característicamente en los pies aunque puede estar en cualquier punto apoyado sobre el suelo o un conductor, se produce un efecto similar.

La corriente eléctrica llega a través de los vasos sanguíneos y produce una lesión entre estos y el punto epidérmico de contacto por el que se produce efectivamente la salida. De esta forma si el el punto de contacto es aplio, por ejemplo la planta de ambos pies, existe una distribución de la energía eléctrica en una zona más amplia que en la entrada por lo que la leisón de salida va a ser mucho menos evidente o incluso inaparente.

En el caso de que el punto de contacto por el que se produce la salida sea muy pequeño, el paso de toda la corriente de salida se producirá por este punto con lo que va a producir una marca eléctrica de características similares a la antes descrita.

Existen situaciones en las cuales este fenómeno se da inversamente y se trata de los casos en los cuales la entrada de la energía electrica es difusa sobre un área amplia de la superficie corporal. esto puede suceder en algunos accidentes industriales en los que se genera un gran arco voltaico pero mucho más frecuentemente en las electrocuciones por electricidad ambiental, es decir por rayos, episodio que ya hemos mencionado de fulguración.

En estos casos se produce una entrada difusa de corriente eléctrica al organismo por un área muy amplia produciendose una entrada multifocal que va a predominar en los puntos en los que existan vasos subyacentes, por lo cual no va a ser una lesión homogénea sino que se trata de una lesión difusa e irregular de forma arborescente que se denomina "marca del rayo", y que consiste en el revelado de la red vascular que subyace al área de entrada de la energía electrica. la llamada marca del rayo no es una autentica quemadura ni propiamente una lesión.

En estos casos de entrada de grandes intensidades de corriente, el punto de salida, aunque sea toda la superficie del pié, va a ser comparativamente pequeña, por lo cual se va a producir una importante lesión de partes blandas que en ocasiones puede adoptar la forma de un estallido por la velocidad y la violencia con que se produce la salida.

El trayecto de la corriente elctrica

Entre los puntos de entrada y salida de la corriente eléctrica hemos referido que esta se propaga por los vasos sanguíneos. A lo largo de su vía de propagación, característicamente va presentar dos mecanismos lesivos. En primer lugar va a existir un efecto inmediato de interacción fisiológica con los mecanismos orgánicos que se basan en estímulos bioeléctricos y en segundo lugar va a existir una lesión de los endotelios de los vasos que atraviesa, que puede ser responsable de las lesiones retardadas de la electrocución.

El mecanismo de interacción es generalmente el responsable de las muertes inmediatas en los electrocutados. Los sitemas que tienen un funcionalismo bioelectrico, como el ritmo cardíaco o la transmisión nerviosa pueden ser alteradas o anuladas por el paso de la corriente eléctrica.

La alteración de funcionalismo cardíaco es frecuente en las electrocuciones pues el corazón, como encrucijada de los trayectos de los vasos es prácticamente paso obligado del trayecto de la corriente eléctrica cuando esta atraviesa el organismo desde una extremidad superior a otra o bién desde una extremidad superior a una extremidad inferior.

Otro punto de interacción fatal se produce por el paso de la corriente eléctrica por el tórax, produciendose una alteración de la contracción muscular con tetanización e la misma. En esta situación, la inmovilidad de la caja torácica produce una insuficiencia respiratoria aguda por un fenómeno de trastorno restrictivo masivo de muy rápida instauración.

Lesiones cardíacas por la electricidad

La electricidad tiene un efecto directo sobre el corazón que es facilmente comprensible. El corazón es una bomba de músculo que mantiene un ritmo y una coordinación en fución de un estimulo que es de tipo electrico. A fin de al cabo lo que detectamos en un electrocardiograma son cargas eléctricas en movimento.

Cuando una descarga eléctrica cruza el corazón, es comprensible que se altere el funcionamientlo del mismo.

Sabemos que los voltajes bajos de corriente lo que hacen es inestabilizar el impulso electrico cardíaco y por tanto lo mas frecuente es que produzcan arritmias. La mas característica y severa de las cuales es la llamada fibrilación ventricular.

Por contra, si lo que se produce es una descarga de alto voltaje, lo que se va a provocar es una anulación del impulso eléctrico la descarga que pasa por el corazón va a dejar a cero la actividad eléctrica, lo que va a provocar el paro de la actividad cardíaca.

Aunque se ha calificado de lesiones, debe tenerse en cuenta que los trastornos que acabamos de mencionar son funcionales. Son alteraciones del funcionamiento del corazón.

No obstante, estas alteraciones debe conocerse porque pueden efectivamente ser la causa de la muerte. En ocasiones la muerte no es inmediata, mas o menos la mitad de las víctimas de una descarga eléctrica tienen durante unos días alteraciones del electrocardiograma. En un porcentaje pequeño pero que deb ser tenido en cuenta, puede aparecer una arritmia maligna varias horas después de la electrocución. Esta seír una forma diferida de muerte por electrocución, lo que sucede es que no es demostrable salvo que el paciente esté hospitalizado.

Lesiones estructurales en el corazón

Aunque hemos explicado que la descarga eléctrica al pasar por el corazón lo que provoca es una alteración funcional, esta alteración de la función tuiene que obedecer a una lesión. Sabemos por modelos experimentales que el paso de electricidad por las células musculares provoca una lesión que se llama electroporación.

Y conocemos que la electrocución induce lesiones en la musculatura cardíaca que son difusas, es decir pequeños focos de células lesionadas distribuidas de forma extensa. Estas lesiones son las que explican las alteraciones del electrocardiograma que se pueden ver en supervivientes de un episodio de electrocución, y que son alteraciones en ocasiones similares a las que produce un daño en el miocardio del tipo que produciría un infarto.

Lo cierto es que, tras un episodio de electrocución, en un número elevado de casos en la ecografía cardíaca se puede observar una falta de movilidad, un movimiento menos extenso y algo anómalo del ventriculo izquierdo que denota una lesión muscular.

En algunos casos es posible detectar lesiones en los marcapasos naturales del corazón, los llamados nodo auricular, el nodo auriculo-ventricular y una estructura conocida como haz de Hiss que es la que canaliza el impulso de contracción hacia la musculatura de los ventriculos. Lo que se han demostrado son lesiones en las células que forman el nodo auricular o atrial.

En muchos textos se hace referéncia a la relación entre electrocución y el infarto de miocardio. Es un tema poco estudiado pero es cierto que estadísticamente las víctimas de electrocución tienen mayor número de infartos como complicación sobreañadida.

En los casos en los que se atribuye el infarto como secundario a la electrocución, no se ha encontrado una trombosis coronária. Lo que se encuentra en estos casos es una lesión de la capa media de las arterias coronarias.

Las arterias cornarias, como todas las arterias, tienen un recubrimiento interno o endotelio y el centro de la pared de la arteria está formado por bandas de músculo liso. Es en este punto donde se han encontrado las lesiones en los casos de electrocución. Una lesión de la pared arterial puede provocar el espasmo de la misma y el cierre de su luz, lo cual disminuye su calibre y es lo que produce la falta de irrigación de la musculatura del miocardio que puede llevar a un infarto.

Como curiosidad, de las tres arterias coronarias principales es la coronaria posterior, también llamada coronaria derecha, en la que se han encontrado de forma más sistemática estas lesiones de necrosis de la capa media artreial. Esto concuerda con el hecho de que en los infartos de miocardio que se han relacionado con la electricidad, predominan los infartos de cara posterior.

Lesiones pulmonares y alteración de la respiración.

Aunque el pulmón es un organo muy ricamente vascularizado, es decir que tiene muchos vasos sanguíneos, no hay una evidencia clara de que exista ninguna lesión específica sobre el pulmón en la electrocución.

No habiendo lesión estructural del pulmón ni de las vias respiratorias, las alteraciones de la respiración que se detectan en algunos casos de elctrocución proceden del bloqueo de la mecánica respiratoria mas que de una lesión pulmonar.

En esta afectación de la mecánica interviene el bloqueo o contracción del diafragma además de la musculatura intercostal. Este bloqueo puede persistir posteriormente al contacto con la corriente eléctrica y ello produciría una inmovilización torácica. Por decirlo de una forma un tanto heterodoxa es como si la musculatura de la pared torácica. músculos respiratorios accesorios y diafragma quedasen "aturdidos" durante un tiempo tras recibir el paso de la descarga eléctrica.

En los mecanismos que contribuyen al fallo de la mecánica respiratoria hay que considerar también la lesión de centros nerviosos, en concreto de los centro del bublbo raquídeo donde reside el control de la respiración.

Lesiones en otras vísceras y estructuras

Otras lesiones en vísceras provocadas por la electrocucion son poco frecuentes en la practica médica habitual, pero comparativamente mas frecuentes en patologia forense. Las mas relevantes son las lesiones abdominales, estas lesiones van a provocar un malestar inespecífico que va a desencadenar un shock en horas o días, shock que puede ser mortal.

Debajo de este cuadro puede haber una necrosis hemorrágica de la vesicula biliar o incluso del pancreas. También pueden producirse lesiones en intestino, tanto delgado como grueso y en la vegiga urinaria.

En la autopsia encotraremos úlceras de estres y un cuadro de sangrado o a veces una peritonitis. El diagnóstico no es complejo, lo complicado es demsotrar su relación con una descarga eléctrica en los dias anteriores.

Donde se produce una lesión bastante extensa en las electrocuiones de gran intensidad es en la musculatura estriada, en los músculos va a producirse una intensa rabdomiolisis (destrucción del tejdio muscular), y sus productos pasarán a la sangre, provocando una lesión renal secundaria.

Finalmente es imprtante tener en cuenta la existencia de problemas de trombosis post electrocución. La electricidad viaja por los vasos sanguíneos y su recubrimiento interno o endotelio vascular, va a sufrir diversos grados de lesión por el paso de la corriente eléctrica. Si hay una lesión del endotelio hay dos complicaciones que pueden aparecer: uno, que se forme un coágulo dentro del vaso (trombosis) y dos, que el vaso se rompa y se produzcan hemorrágias.

La lesión de endotelios vasculares que supone el mecanismo más típico de muerte de aparición tardía, produce fenómenos de trombosis y de hemorragias que pueden aparecer días más tarde de la electrocución.

Lesion cerebral en la electrocución

El tema de la lesión cerebral o de la lesión neurológica siepre se ha planteado en el contexto de la electrocución. Es innegable que hay una lesión cebral y en general neurlógica por la descarga eléctrica, lo que ya es mas dudoso es la existencia de todo un conjunto de lesiones intracraneales incluyyendo hemorragias meníngeas que en muchos textos se recogen en los capítulos sobre electrocución.

En este sentido hay que conocer que toda una serie de estudios forenses sobre la electrocución proceden de las autopsiaa de ejecutados en la silla eléctrica. En esta forma de ejecución, el cuero cabelludo era el punto de entrada de la corriente eléctrica, y por esto es explicable que en el paso de la corriente eléctrica hacia los vasos que se produce en la entrada, se produjesen esas hemorragias meníngeas.

En la electrocución que habitualmente vemos como accidente doméstico o laboral, no se dá ese tipo de entrada por lo que no aparecen lesiones intracraneales llamativas.

Quemaduras y electrocución.

Las quemaduras son lesiones muy frecuentes en el contexto de una electrocución.

La quemadura térmica (no la marca eléctrica), aparece en diversos puntos del electrocutado como consecuencia de la liberación de calor por la descaga eléctrica. Debe tenerse en cuenta que en la producción de una arco voltáico llegan a provocarse temperaturas superiores a los 1000 grados.

En estos casos, las quemaduras son extensas y de diversas formas. Predominan en los puntos donde la piel está húmeda, como es el caso de las axilas y pueden aparecer en diferentes puntos del cuerpo formando quemaduras de forma redondeada. Y finalmente las quemaduras por combustión de la ropa.

La muerte por electrocución.

La muerte por electrocución se puede producir popr diversas causas. La mayoria de casos fallecen como consecuencia de las alteraciones cardíacas (arritmias cardíacas) y, en segundo lugar por las quemaduras. Mas a distancia en algunos casos se producen muertes por bloqueo de la respiración y finalmente hay un grupo de fallecimientos que son secundarios a la lesión cerebral.

Las arritmias letales matan en el momento de la descarga, pero en los supervivientes de una electrocución, en las primeras 24 horas post episodio pueden aparecer arritmias malignas que provoquen la muerte.

Hay un mecanismos de muerte al que se hace mención frecuentemente en la electrocución que es el de la insuficiencia respiratoria por restricción de la respiración. En la electrocución sostenida, es decir cuando la víctima queda "enganchada" durante un tiempo prolongado a la funte de electricidad, la musculatura queda bloqueada y no hay movimiento respiratorio. Si la situación de electrocución se prologa en el tiempo y no se produce una muerte cardíaca, puede darse un mecanismo restrictivo de la respiración.

En ocasiones se interperta que el mecanismo de muerte en la electroción es la insuficiencia respiratoria por la presencia en el cadaver de abundante espuma en la traquea y bronquios, espuma que puede llegar a salir por la nariz y boca del cadaver. La espuma bronquial, salvo en el caso de los ahogados no tiene una relación directa con la insuficiencia respiratoria, la mayoría de veces que se aprecia espuma por nariz y boca, sucede cuando la causa de la muerte ha sido una arritmia cardíaca que ha provocado un intenso edema de pulmón.

Capitulo 25

PATOLOGÍA POR TÓXICOS

Patologia Toxica

ssDentro de las lesiones y muerte que se definen como violentas estan la patologia mecanico—traumática y la patología tóxica.

La patología tóxica es mas compleja y difícil de detectar y manejar porque en la mayoría de cuadros tóxicos, los hallazgos y la clínica son muy parecidos o iguales a los de las enfermedades comunes, es decir a la patología natural.

Se describió en el capítulo dedicado a las lesiones que el tóxico causa una lesión química en las células y que la muerte o degeneración de estas, así como la adaptación del organismo, va a provocar la enfermedad o muerte de causa tóxica.

Los límites de la lesión tóxica como lesión violenta son extremadamente difusos. Todos pueden estar deacuerdo en que la intoxicación por un raticida es un fenómeno violento.

Pero una intoxicación alcohólica ya empieza a ser difusa, podría tener parte de violenta en cuanto a su resultado, si es fatal, pero en casos menos graves se consideraría mas bién una intoxicación alimentaria.

Y finalmente las lesiones producidas en los tejidos por las grasas poliinsaturadas procedebtes de nuestra alimentación, no tendrían consideración de lesiones tóxicas en absoluto, ni es calificable la arterisocelrosis como una lesión violenta.

Por todo esto, puede tenerse en cuenta que en el campo de la toxicología, los conceptos entre lo natural y lo violento son mas equívocos que en otros campos, y esto se traduce en la investigación e informes forenses.

Bases de la toxicologia forense

Para entender correctamente los textos de patología y toxicologia forense, hay una serie de conceptos que deben ser correctamente comprendidos y que son los que se intentan desarrollar en el presente capítulo.

Los principales conceptos son:

1. Los tóxicos son compuestos químicos, es decir moléculas, ajenas al organismo que tienen que entrar en el mismo y distribuirse. Estas moléculas serán transformadas por el organismo y en la mayoría de casos eleiminadas. Todos estos procesos se engloban en el concepto de toxicocinética
2. Para que una sustancia sea definidad como tóxica tiene que hacer un daño. La forma en la que una molécula ajena lesiona las células o unas determinadas células del organismos se incluye en el concepto de toxico—dinamia. Cuando se habla de toxico dinamia se está hablando excatamente de patogenia de una lesión tóxica.
3. Una vez provocada la lesión en las células o en el tejido, esa lesión va a tener unas repercusiones que van a dar lugar a una sintomatología, unos signos, y una manera de presentarse como enfermedad, urgencia médica o muerte. Esto es la fisiopatología de la intoxicación.
4. Las alteraciones producidas por la molécula tóxica van a dar lugar a alteraciones en las células y los tejidos que componen uno o mas órganos. Esto puede ser solamente en cuanto a su funcionamiento (funcional) o puede haber cambioos en su aspecto (morfológicos) y es la base de la anatomía patológica de las intoxicaciones.
5. Para el publico en general y en muchas ocasiones para los propios profesionales, existen ideas extendidas que no son correctas. Es relevante para el estudio de la toxicología aclarar estos conceptos, lo que se expone en el apartado de interpretación toxicológica.

Toxicocinética

Las moléculas tóxicas se ha defionido que, como toda otra sustáncia del entorno tiene que entrar en el organismo y finalmente en una u otra forma serán eliminadas, aunque en algunos casos puedan quedar incorporadas o parcialemnte incorporadas.

Este circuito a través del organismo es lo que se describe como toxicocinética. Y para su estudio se divide en cuatro fases que son:

— Las formas de entrada que se conocen como absorción.
— Los mecanismos por los que se distribuye el tóxico por los tejidos, que justamente se estudian como distribución.
— Los cambios que sufre la molécula tóxica en los tejidos y cñelulas del organismo, que forman la metabolización o biotransformación del tóxico.
— Las formas en que el tóxico o los productos transformados del mismo son eliminados, que es la excreción.

Se ha aplicado este circuito a la molécula toxica, pero este ciclo es aplicable a cualquiera de las sustáncias de nuestro entorno, nutrientes, fármacos, sustancias lúdicas etc.

El interés que tiene este conocimiento en la toxicología forense es que si se conoce el circuito que sigue un tóxico, se pueden ir a buscar las lesiones que delatan o al menos sugieren su paso por determinados órganos, y sobre todo porque se irán a buscar muestras de esos tejidos o fluidos para la analítica toxicológica.

Absorción de toxicos

Las principales vías de penetración de un tóxico al organismo son las siguientes:

— La via digestiva.
— La via respiratoria.
— La via cutaneo-mucosa.

La via digestiva: es la mas frecuente, ya que es una de las formas naturales de incorporación de sustáncias del medio al organismo. Para comprender mejor algunas cuestiones es importante tener en cuenta que cuando una sustáncia ha entrado en el tubo digestivo, pasano a estómago, luego a instetino etc., todavía está fuera del organismo. La penetración de un tóxico (como la de un alimento), se produce a partir de esta molécula atraviesa la barrera mucosa y entra propiamente.

Cuando una sustáncia es irritante, o lesiona la mucosa del estómago o intestino, y es eliminada mediante el vómito o en forma de deposición de diarrea, en realidad no ha llegado a absorverse, nunca entró en el organismo.

Para penetrar a traves de la muscosa digestiva influye de forma significativa si se trata de moléculas hidrosolubles (que se disuelven en agua) o liposolubles (que se disuelven en grasas o aceites). Las moléculas liposolubles se absorven de forma mucho mas fácil.

También influye el hecho de que se trate de sustáncias ácidas o alcalinas. Las sustancias acidas se aborven mejor en estómago, pero pasan poco tiempo y es un órgano relativamente pequeño. En cambio las sustancias alcalinas se absorven mejor en intestino, que comparativamente es mucho mas grandes y absorve un volumen mucho mayor de sustáncias.

Independientemente de la capacidad para penetrar o no de una sustáncia dependiendo de sus propiedades químicas, lo que es muy relevante es si esa sustáncia se icopora a uno de los mecanismos que tiene el tubo digestivo para tomar sustáncias del tubo e incorporarlas al interior. Esto es, si se incorpora a los mecanismso de la digestión.

La vía respiratoria. La segunda forma natural de incoprorar elementos del medio al cuerpo es la respiratción. El arbol respiratorio es una estructura desarrollada para la captación e incorporación de gases al organiso, esencialmente oxígeno, así como para la eliminación de gases no útiles.

También el la via respiratoria se pueden absorver moléculas que no tengan la forma específica de gas, como es el caso de los vapores o de los aerosoles. Un aerosol está definido por una nube de partículas que tiene muy poca densisdad y flotan en el aire o en un gas.

Para llegar a entrar por los alveolos, una partícula deberá tener como máximo una micra, pero debe considerarse que partículas de hasta cinco micras se van a depositar en la via respiratoria (traquea y bronquios) y pueden llegar a atravesar la barrera de la misma o bién quedarse en la boca y ser deglutidas con la saliva.

Igual que en el tubo digestivo, la via respiratoria hasta los alveolos es externa, es en realidad superfie de contacto del organismo con el exterior. El arbol respiratorio es una superficie de contacto enorme. La suiperfice de los pulmones es similar a la de dos pistas de tenis. Este es el motivo por el que las sustáncias que se absorven por la respiración alcanzan niveles en sangre tan rápidamente casi como si entraran directamente por punción en vena.

La via cutaneo—mucosa incluye toda la superficie corporal que nos separa del medio ambiente. Por un lado tenemos la piel, una capa de células gruesa y relativamente impermeable. Por otro lado tenemos las mucosas, recubrimientos celulares mucho mas delgados y no tan resistentes, pero q ue secretan sustáncias (moco), que se extiende por su superficie actuando de aislante.

Que un tóxico atraviese estas barreras y entre a la circulación sanguínea va a depender fundamentalmente de la naturaleza química del mismo.

Por la piel penetran sustancias que consisten en moléculas pequeñas y fundamentalmente que se disuelvan en grasas (liposolubles). La piel es impermeable, luego las sustancias disueltas en agua (hidrosolubles), es muy difícil que puedan atravesarla. En cambio la membrana de las células está formada por grasas, por lo que una sustáncia que se disuelva en las mismas va a atravesarla mucho más facilmente.

Los tóxicos que característicamente atarviesan la piel son los insecticidas, los hidrocarburos y el benceno.

Una situación diferente es cuando el tóxico es un agente irritante o caústico o bién va asociado a un irritante o caústico. En este caso la piel es lesionada y pierde su capacidad de aislar e impermeabilizar

En las mucosas la absorción de sustancias cambia respecto a la piel. Las mucosas son esencialmente permeables ya que generalmente son superficies absortivas. La capa de moco protege al tejido pero solo relativamente, en las mucosas como la nariz, la boca o la mucosa genital la absorción es sumamente fácil.

Por ejemplo en nariz y encías es una vía de entrada característica para drogas de abuso. O por ejemplo algunos fármacos se colocan debajo de la lengua porque la absorción por mucosa va a ser mucho más rápida y efectiva que la absorción digestiva.

Finalmente, aunque propiamente no se trata de absorción por piel, debe tenerse en cuenta la absorción llamada parenteral, absorción parenteral es la que se produce cuando la sustáncia se inyecta mediante una aguja, ya sea a los tejidos internos (intramuscular) o directamente al plasma sanguíneo (inyección intravenosa).

En el caso de la inyección intravenosa, no existe proipamente absorción, la sustáncia salva artificialmente todas las barreras y entra directamente en sangre iniciando su cinética con la distribución.

Distribución y Metabolismo de un toxico.

Cuando la sustancia toxica llega a la sangre consideramos que ya se ha absorvido y comienza una nueva fase que es la distribución.

La sangre es un fluido complejo que contiene una gran diversidad de sustáncias y células. Así pues, una molécula tóxica tiene diferentes posibilidades de incorporarse a la sangre y "viajar" por ella por todo el organismo.

Hay sustáncias que pueden disolverse sin más en el plasma, son las sustáncias hidrosolubles. Otras se van a adheriri a proteinas del plasma como la albúmina y algunas sustánias pueden tener afinidad por algunas células de la sangre.

La sustancia disuelta o suspendida en la sanggre va a distribuirse por todos los tejidos y órganos, el daño que va a poder hacer dependerá en primer lugar de que la sustánia haga el proceso inverso, es decir que pase de la sangre al tejido y en segunddo lugar de si la sustáncia es o no tóxica para ese tejido.

Pero antes de entrar en los mecanismos de lesión hemos de considerar que toda sustancia que se incorpora a la sangre no es para permanecer inalterada circulando. Las sustancias que componen la sangre pasan por una serie de filtros que las adecuan para su aprovechamiento o su eliminación. Esto es lo que se llama metabolismo o biotransformación de los tóxicos y el lugar característico donde tiene lugar es en el hígado.

El hígado es una enorme glándula de aproximadamente un 2,5% del peso corporal y una de sus principales funciones es la biotransformación de todas las sustáncias que circulan por la sangre.

Una transformación típica que puede servir de ejemplo es la transformación de las sustancias liposolubles. En general las sustáncias liposolubles no se disuelven en agua sino en grasa, por tanto en plasma se unirán a grasas como pueden ser las membranas celulares o ácidos grasos etc. Al pasar por los sinusoides del hígado (los sinusoides son lo laberintos de capilares que rodean las células del hígado), esta sustáncia será detectada y la célula hepática la modifica, la rompe o le añade alguna modificación de manera que se transforme en una molécula hidrosoluble. es decir uan molécula soluble en agua y a poder ser de pequeño peso molecular.

Una molécula pequeña y soluble en agua es perfecta para ser eliminada por la orina.

Pero como todo en medicina, la transformación de una sustáncia puede tenr una vertiente negativa.

Un ejemplo de esto es cuando la sustancia original es poco o nada tóxica y con la biotrasformación puede convertirse en una sustancia mucho mas toxica.

Y una segunda posibilidad, que es frecuente, es que en el proceso de transformación de la sustancia, efectivamente se desactive pero se lesionen las células hepáticas.

Eliminación de tóxicos

Una vez que la molécula tóxica ha sido modificada ya puede ser eliminada del organismo.

La eliminación puede producirse a traves de cualquier secreción orgánica, desde la orina hasta las lágrimas, pasando por el sudor, la leche o la saliva.
Otra forma de eleiminación es cuando la transformación la ha convertdo en una molécula gaseosa, con lo cual se va a eleiminar con la respiración.

La forma mas frecuente, con diferencia, de sustáncias en nuestro organismo es mediante la orina. La orina se forma por un complejo sistema de filtración en los riñones y su función es la eliminación de las sustánias que sobran del metabolismo. Junto con los elementos que se eliminan por ser derivados del funcionamiento habitual del organismo será por la vía que se eliminan sustáncias tóxicas.

Esto implica que, al igual que decíamos que el hígado es el gran protagonista de la transformación, el riñçón es el protagonista de la eliminación. Cuando queremos is a buscar la presencia de muchas sustáncias en una autopsia iremos a buscar la orina.

En la sangre vamos a encontrar los tóxicos que están circulando en el momento de la muerte, pero hay muchas intoxicaciones en las cuales el daño ya está hecho, la persona fallece pero el tóxico ya ha sido eleiminado de la sangre. Es en estos casos en que podemos buscarlo en la orina.

En el proceso de eliminación, el riñón está filtrando sustáncias y realizando un complejo sistema de selección de lo que devuelve a la sangre y lo que deja en la orina. La eliminación renal no es un simple filtrado pasivo, sino un complejo sistema de filtros y tubulos en los que se va modificando y formando la orina.

Este es un punto delicado porque muchos tóxicos, al ser procesados por el riñón van a provocar lesiones renales, pueden incluso destruir el riñon.

El segundo gran sistema de eliminación es el que hemos mencionado para moléculas gaseosas o volátiles y es el pulmón. En el intercambio de gases que se produce en la respiración, se adquiere oxígeno y se deja escapar el dioxido de carbono y todas las sustáncias que puedan formar gases o vapores. Por ejemplo hay que tener en cuentaque en la respiración se pierde diariamente una cantidad respetable de agua e forma de vapor.

En el pulmón la difusión de gases es mas pasiva y así como es frecuente la lesión pulmonar por tóxicos al penetrar y tomar contacto con las estructuras respiratorias, es muy poco frecuente que hayan sustánccias que lesionen el pulmón al ser eliminadas ya que el pulmón las manipula poco.

Mecanismos múltiples de eliminación.

Hemos de tener en cuenta que hay sustáncias que pueden ser eliminadas por varias vias. Un ejemplo típico es el alcohol etílico. El alcohol es metabolizado en el hígado y es eliminado tanto por la orina como por el aliento. Por eso en la autospia buscamos el alcohol en sangre y en orina, pero en el sujeto vivo es más práctico determinar la presencia y cantidad de alcohol en el aliento.

Otras vias de eliminación.

Ya hemos mencionado que, dependiendo de sus características muchas sustáncias son eleiminads por cualquier forma de secreción corporal, vamos a reparas algunas de ellas que pueden ser útiles para la detección de tóxicos:

Eliminación digestiva: hay algunas sustáncias que van a ser eliminadas siendo incorporadas a las heces. Igual que en el caso del riñón, el proceso que sigue el contenido intestinal hasta formar las heces es activo, se van tomando sustáncias que se absorven y se secertan sustáncias que son añadidas al bolo fecal. Por ejemplo es muy típico que los metales, entre otras vías, se eliminen por heces siendo añadidas al bolo fecal en la parte final del intestino grueso. En este proceso los emtales van a dañar la mucosa intestinal produciendo un tipo de úlceras que pueden ser muy sospechosas al ser observadas en la autopsia.

Dentro de la eliminación digestiva hay que prestar una espcial atención a la bilis. La bilis es un producto hepático que sirve para digerir las grasas en el intetino. Y la bilis que fabrica el hígado se concentra en la vesícula biliar paraser vertida al intestino cuando se produce la digestión. Hay tóxicos que, por su composición química son incorporados a la bilis y al ser esta un concentrado tenemos muchas posibilidades de encontrarlos en esta.

Ya hemos mecionado que los tóxicos pueden ser eliminados también por el sudor, la leche, la saliva etc, lo cual es conveniente conocer para explicar algunas intoxicaciones pero no son fluidos que en una búsqueda de tóxicos en la autopsia tengan una gran relevráncia.

Toxicos incorporados

En muchas ocasiones hay tóxicos que no son eliminados del organismo, sino que son incorporados a estructuras y tejidos, ya que su forma química los hace incorporables.

El ejemplo que nos va a ser mas útil de cara a la autópsia es el pelo. En la formación y crecimiento del pelo corporal hay sustáncias que son incorporadas entre los materiales de contrucción. Es el caso por ejemplo de las drogas de abuso, el arsénico y otros metales, que van a incorporarse a la estructura del pelo. Esto facilita por ejemplo la analítica de drogas en el pelo, la cual tiene la particularidad de que, como el pelo tiene un crecimiento regular, según a la distáncia que se encuentre la sustáncia del punto de nacimiento del pelo, puede hacerse una hipótesis bastante acertada del tiempo que hace de una intoxicación o la continuidda de esta en el tiempo.

También el pelo es útil en los casos de cadáveres muy descompuestos. El pelo no se pudre, se degrada poco y conserva algunas sutáncias durante muchos años después de la muerte.

Existen multitud de fenómenos similares, hay tóxicos que se incorporan al hueso, tóxicos que quedan incoprorados al tejdio graso etc. En geenral se trata de estructuras o tejidos estables que tienden a permanecer relativamente poco activos y que acumulan sustáncias en su estructura.

Con respecto a la acumulación en el tejido graso, exsten formas de intoxicación que puden derivar en situaciones complejas de recionstrir a partir de una autopsia. Por ejmplo algunosinsecticidas pueden ser acumulados durante años en el tejdio graso sin provocar acciones perjudiciales relevantes porque las dosis de ingesta son muy bajas. Pero cuando la persona sufre una pérdida importantede tejdio graso, por ejemplo por una enfermedad o un tratamiento dietético, pasan a sangre y entonces esa sustáncia que ha entrado poco a poco sin dar problemas sale de golpe y en concentraciones que no tenían repercusión en el tejido graso pero son muy tóxicas o letales al entrar en sangre.

Toxicodinamia. La lesión por toxicos

Hasta este punto hemos estudiado el circuito de los tóxicos, es decir las características de su recorrido por el organismo. Pero ¿ como lesiona un tóxico?. Hay unas pocas moléculas que simplemente por tener contacto con el organismo como son los causticos (los ácidos, las lejias etc), pero eso en realidad no son intoxicaciones propiamente dichas, son quemaduras químicas.

¿que es un tóxico?

El auténtico tóxico es una sustáncia que entra en contacto y se incorpora al organismo y entonces, dependiendo de sus características químicas va a influir en el funcionamiento de células, órganos y sistemas orgánicos.

En este punto nos podemos dar cuenta de que tóxico es un concepto muy amplio, hay muchísimas sustáncias que incorporamos y tienen efectos concretos en el cuerpo humano, empezando por la alimentación pero también los medicamentos, lasinfusiones etc.

Tenemos entonces que delimitar que consideramos toxica a una sustáncia que perjudica, que lesiona al organismo y aquí vemos que en muchos casos el problema no es la sutáncia en si sino su dosis.

Por ejemplo la cafeina es una sustáncia que incluimos frecuentemente en nuestra dieta, no se considera a priori un tóxico, pero una dosis relativamente alta de cafeina puede ser tóxica. Los medicamentos son sustánias a las que damos una categoría especial porque se incorporan a nuestro organismo para ejercer un efecto beneficioso, pero en la mayoría de casos se trata de auténticos tóxicos y la diferencia entre un concepto y otro es la dosis

Toxicodinamia

El concepto de toxicodinamia es el estudio de los mecanismos que utiliza un tóxico para lesionar. Hay unos principios generales que hemos de considerar de cara a la toxicologia en la autopsia:

El toxico no es universal, no lesiona a cualqueir célula o a cualquier órgano. Cada tipo de tóxico, por su naturaleza química va a lesionar un tipo de células o alterar un proceso orgánico concreto. Al órgano afectado se le llama órgano diana.

Cuando el tóxico lesiona, tiene un mecanismo de acción. Cada tóxico produce un efecto concreto en las células diana que provoca su alteración y finalmente su lesión y muerte.

Los mecanismos de lesión de los tóxicos son múltiples y variados. Pueden lesionar la membrana de las células, pueden entrar en su metabolismo y bloquearlo, otros van a alterar su funcionamiento provocando funciones defecuosas. Otros tóxicos pueden sustituir y desplazar a moléculas del organismo como hormonas, neutotrasmisotres etc. Su mecanismo de acción es específico, cada sustáncia tiene el suyo.

La lesión de unas células de un tejdio provocará el fallo de un órgano o un sistema orgánico y esto va a dar lugar a una clínica. Esdecir que hay lesión (anatomia patológica) y clínica de la intoxicación.

Pero así como el mecanismo molecular de acción de un tóxico es específico, la lesión no tiene porqué serlo, de hecho pocas veces lo es. En la autopsia nos vamos a encontrar lesiones que pueden tener múltiples explicaciones, porque pueden tener varios orígenes. Entonces la lesión lo que hace es sospechar una intoxicación entre otras posibilidades.

En el caso de la clínica la situación es similar. Hay formas de presentarse una enfermedad o un cuadro deurgéncias que sugieren la presncia de un tóxico. Pero normalmente no es la clínica en sí misma, es la forma en que aparece y las circunstáncias lo que hace incluir la tóxico entre las posibilidades.

Capitulo 26

PATOGENIA Y ANATOMIA PATOLÓGICA DE LAS INTOXICACIONES

En un primer punto, como ya sabemos, en la autopsia los primeros datos que vamos a tener son laas alteraciones patológicas de órganos y tejidos.
La anatomia patológica de las intoxicaciones presenta una serie de características

Es inespecífica. Es decir que una lesión anatomopatológica es sospechosa de haber sido producida por un tóxico, pero puede tener otras etiologias.

Por ello, no se puede realizar un diagnóstico anatomopatológico de intoxicación.

Lo que realizaremos es una correlación de las lesiones y el mecanismo de muerte del sujeto para llegar a un diagnóstico de sospecha de intoxicación. A partir de este punto se solicitarán exámenes complementarios toxicológicos cuyos resultados serán correlacionados con los datos antedichos.

Por lo tanto, el diagnóstico necrópsico de intoxicación partirá de la correlación de cuatro fuentes de datos:

1— Datos previos a la autopsia. Basados en los antecedentes conocidos del sujeto fallecido y en elementos de sospecha que se adviertan en el lugar de los hechos. También el posible relato de los testigos de como se ha producido la muerte puede llevarnos a este diagnóstico de sospecha.
2— Datos anatomopatológicos de la autópsia. El cuadro de lesiones que presenta el cadaver, tanto en su exámen externo como en exámen

visceral se puede corresponder, como hipótesis de trabajo a la acción de un tóxico.

3— Diagnóstico sindrómico y fisopatologia de la muerte. Una vez hemos recontruido los mecanismos de la muerte del sujeto, o parte de ellos, puede resultar compatible con una causa última de tipo tóxico.

4— Resultados de la analítica toxicológica, la cual irá orientada hacia una serie de posibles tóxicos que se hayan sospechado en base a todos los elementos de sospecha anteriores.

No obstante hemos de tener mucho cuidado al manejar estos conceptos pues podemos caer en un razonamiento erróneo.

— Los resultados analíticos pueden detectar un tóxico y su dosis y son un dato esencial e imprescindible para un diagnostico de muerte por intoxicación.
— Pero los resultados analíticos no son un valor absoluto. Una vez hemos detectado el tóxico, los hallazgos de la autópsia deben ser compatibles con la acción de este tóxico.
— Igualmente el mecanismo de muerte no es espcífico a priori, pero cuando tenemos el resultado de la analítica, el mecanismo de muerte den¡be coincidir con la forma de matar del tóxico detectado, de lo contrario no puede hacerse un diagnóstico de intoxicación.

Un ejemplo cotidiano.

Una muerte común en patología forense es la muerte provocada por la ingesta de opiáceos. Los opiaceos provocan la muerte de varias formas pero la mas común es por causa de una lesión pulmonar difusa y severa a la que se llama en ocasiones " pulmón de narcótico".

El llamado pulmón de narcótico es una lesión pulmonar quepuede tener otras causas. Necesitamos la confirmación analítica de la presencia de opiáceos para poder decir que es un pulmón de narcótico y por tanto es la causa de la muerte.

Pero si tenemos una analítica que demuestra la presencia de opiáceos pero no hay una lesión pulmonar compatible con la actuación de opiáceos, podemos decir que la víctima murió habiendo consumido opiáceos, pero no que la intoxicación sea la causa de la muerte.

Es un error frecuente en patlogia forense hacer un diagnóstico de muerte por intoxicación sustentado solamente en el resultado de una analítica.

ANATOMIA PATOLOGICA DE LAS INTOXICACIONES

Los cuadros de hallazgos anatomopatológicos a partir de los cuales se sospecha una muerte toxicológica se pueden dividir en cinco categorias o situaciones, que llamamos grados de sospecha :

1— No hay causa aparente de muerte. Se emite la hipótesis de intoxicación y se investigan tóxicos que no produzcan ninguna lesión apreciable como paso previo a declararla autopsia blanca o sin resultados.

2— No existen cambios morfológicos característicos de una intoxicación. La sospecha de intoxicación procede de los datos del levantamiento o datos policiales. Debe tratarse de tóxicos que no dan practicamente signos y no se sopecharían en la sala de autopsia.

3— Hay cambios morfológicos que sugieren una intoxicación entre otras posibilidades. Por ejemplo patologías que lo mas probable es que sean naturales pero hay que descartar la posibilidad de que entre sus causas primeras exista un tóxico. Aquí la sospecha aparece en la sala de autópias pero en la mayoría de casos

4— Hay alteraciones que podrían tener una explicación natural pero que por la edad, el curso clínico o la forma de presentación son muy atípicas y hacen sospechar preferentemente un tóxico.

5— Hay hallazgos en los cuales la intoxicación es la explicación fundamental. Se trata de casos en los que los hallazgos de la autopsia practicamente no tienen otra explicación que los toxicos.

Principales tipos de muertes tóxicas en la practica cotidiana.

Hacer una enumeración de tóxicos y sus características excede de las intenciones de este texto. La toxicología forense es un campo en sí mismo que en muchos lugares es una especialidad que va mas allá de la patología forense.

Nuestra intención es hacer una visión de conjunto desde el punto de vista del patólogo forense, que es nuestro campo, y ciñendonos a los casos de intoxicación que se dan con mayor frecuencia en un servicio de patologia forense

Intoxicaciones por gases de combustión.

El monoxido de carbono. Son casos bastante frecuentes en cadaverres procedentes de incendios o que exista una sospecha de la existencia de fugas de gas etc. El motivo de sospecha generalmente es porla existencia de un color de lividices rosa intenso que no vira a azulado a lo largo de las horas. También el color de la sangre y de las vísceras es mas claro.

El monoxido de carbono es un gas muy simple, no tiene olor, penetra por la respiración y bloquea la hemoglobina de la víctima. Es decir que compite con el oxígeno y lo desplaza. Forma un compuesto que es la carboxihemoglobina que es la que da esa coloración rojo vivo a la sangre, visceras y lividices. Mata por bloqueo de la oxigenación de los tejidos. La hemoglobina contine monoxido de carbono en lugar deoxígeno, por lo que este último no llega a los tejidos. Si un 20% de la hemoglobina es carboxihemoglobina hay intoxicación. Al llegar entre el 45 y el 50% es letal y cuando tenemos un 80% es en los casos en que la inhalación de humo ha provocado una muerte fulminante.

El segundo gas que suele aparecer en los incendios es el cianuro, el CNH. En los casos de combustión suele acompañar al monóxido de carbono. También provoca un color algo mas rosa de la sangre pero en este caso es porque la sangre no puede desprenderse del oxígeno en los tejidos. El CNH penetra como gas por via respiratoria, entra dentro de lascélulas y blouquea el uso del oxígeno en el interior de la célula. El efecto es practicamente el mismo los tejidos se quedan sin poder usar el oxígeno y eso provoca la lesión y muerte celular.

Intoxicación por opiáceos y derivados.

Los opiáceos están ampliamente distribuidos en la población. Generalmente como drogas de abuso, lo mas frecuente es que se trate de heroina. En otras ocasiones son fármacos como la Metadona, utilizada en el tratamiento de los toxicómanos o prepraprados de morfina como tratamiento para el dolor crónico. Este tipo de muertes se sopecha frecuentemente en toxicómanos activos o en tratamiento. Muchas veces en el exámen del cuerpo la apreciación de punciones endovenosas es ya motivo para pedir analítica de drogas de abuso.

Los opiáceos matan de varias formas, pero en la forma mas común el órgano diana es el pulmón. Lo que vemos es una lesión pulmonar difusa muy intensa que no tiene explicación infecciosa y no parece secundaria a un fallo cardíaco, es lo que antes se ha mencionado como el pulmón de narcótico. El diagnóstico de la muerte por opiáceos no deende de la dosis, por eso aunque comunmente hablamos de sobredosis no es real, se trata de un mecanismo de muerte poco conocido al que se llama reaccion adversa a opiáceos, y tiene algunas similitudes con la lesión pulmonar por anafilaxia.

Cocaina y otros estimulantes.

La cocaina y las anfetaminas también tienen una amplia distribución social en el marco de las drogas de abuso. Pueden aparecer en el toxicómano habitual pero no se pueden descartar en practicamente ningún caso.

Independientemente de su acción como drogas, sus mecanismos tóxicos se basan en que son potentes estimulantes del sistema cardiovascular, producen un aumento del esfuerzo cardíaco, un aumento de la presión arterial y a grandes rasgos producen alteraciones cardiovasculares propias de una hipertensión arterial mal controlada.

En la autopsia la muerte por cocaina y anfetaminas va a aparecer como la muerte por eventos cardiovasculares por ejemplo infartos de miocardio, hemorragias cerebrales típicamente hipertensivas etc. Lo que los diferencia de los cardiovasculares naturales es que presentan algunas particularidades, la mas importante de las cuales es que se trata de casos atípicos. Por ejemplo un infarto de miocardio en un sujeto menos de 40 años puede ser sospechoso de este tipo de intoxicación. Mas sospechoso aún es si se aprecia un infarto pero las arterias coronarias están sanas y no hay patología propia de un hipertenso.

En general una muerte clásica de hipertensión, pero sin las características de arteriosclerosis y lesiones crónicas renales etc que produce la hipertensión, son sospechosas de intoxicación.

Pacientes psiquiatricos.

En los pacientes que padecen trastornos psiquiátricos relativamente severos se deben utilizar fármacos bastante potentes pero potencialmente toxicos. Básicamente hay dos grandes grupos de medicamentos a tener en cuenta, los antidepresivos y los antipsicóticos. estos fármacos a altas dosis son cardiotóxicos y pueden dar lugar a la muerte. Es frecuente que se utilicen como forma de suicidio, especialmente los antidepresivos.

En estos casos hay pocos hallazgos proios en la autopsia. La sospecha suele provenir del contexto del hallazgo del cadaver. En la autopsia lo que suele levantar sospechas es la presencia enel estómago o en la primera parte del intestino de fragmentos de pastillas o grumos de polvo que no corresponden con material alimenticio.

Un asunto diferente son la familia de fármacos llamados benzodiacepinas, siendo los mas populares el valium o diacepan y sus múltiples variantes. estos fármacos son muy poco tóxicos, en realidad pueden llegar a producir u coma profundo a altas dosis pero no matan por si mismos salvo casos muy excepcionales. Las muertes en intoxicaciones de este tipo suelen producirse por complicaciones del estado comatoso. El consumo de este tipo de fármacos es muy alto en la población y su aparción en la analítica de tóxicos es frecuente, la mayoría de las veces sin ningún significado.

Enfermos cardiovasculares

Los fármacos cardiovasculares son de uso común, pero algunos presentan el problema de que a altas dosis son extremadamente toxicos.

El caso mas típico es el del digital y toda la familia de derivados de la digoxina que se utiliza para estimular y mejorar la función del corazón cuando hay una insuficiencia cardíaca. A altas dosis el digital provoca arritmias y muerte. Generalmente se busca la determinación de digital en aquellos casos de enfermos cardíacos que hacen muertes súbitas y en los que los hallazgos de patología cardíaca podrían explicar la muerte pero no son muy graves.

Otro grupo de fármacos que tiene un perfil similar son los antihipertensivos que se comocen como beta bloqueantes. Sirven para bajar la frecuencia y potencia del latido cardíaco con lo que bajan la presión arterial, pero a altas dosis provocan la muerte precisamente porque bloquean el latido cardíaco. En estos casos, como en el de los psicofármacos generalmente se aprecian fragmentos de pastillas o grumos de polvo en estómago y duodeno.

En general los fármacos cardiovasculares se van a buscar en toda muerte en pacientes cardíacos o en personas con acceso a este tipo de fármacos en los que los hallazgos de autopsia no convencen claramente. Hay alteraciones cardíacas y siempre cabe la posibilidad de una arritmia espontánea pero hay que descartar la intoxicación.

Insuficiencia hepática aguda letal.

En todos los casos en los que se aprecia una lesión hepática fulminante, aguda y masiva se van a investigar tóxicos. En el cadaver ya se aprecia de entrada una coloración amarilla de las córneas que llamamos ictericia, pero es el aspecto del hígado y la lesión hepatica la que llama la atención.

Una necrosis masiva de hígado puede ser provocada por una hepatitis vírica pero hay que descartar toda una serie de tóxicos, académicamente hablamos del tetracloruro de carbono, pero es mas frecuente la intoxicación por paracetamol o la intoxicación por setas como la amanita faloides. El paracetamol es un fármaco bastante seguro que se utiliza para bajar la fiebre y como analgesico suave, pero ocasionalmente aparecen intoxicaciones por consumo abusivo masivo.

La bateria de tóxicos capaces de provocar una insuficiencia hepática aguda es amplia. En cada caso habrá que investigar diferentes tóxicos según las circunstáncias.

Los metales y metaloides.

Hay todo un conjunto de tóxicos que contienen metales o metaloides, especialmente el mercurio, el plomo, el talio o el arsénico. Son tóxicos clasicos aunque su frecuencia de aparción es limitada.

En general llama la atención sobre este tipo de tóxicos las muertes que se producen por una gastroenteritis aguda muy agresiva. En la mayoría de casos va a tratarse de agentes infecciosos, pero ante la duda de la existencia de infección, los metales y metaloides son especialmente sospechosos.

También son sospechsoso cuando se produce una muerte por una insuficiencia renal aguda que no tiene una causa clara. Las lesiones renales extensas son bastante sospechosas de intoxicación especialemnte cuando en el exámen microscópico se aprecia una gran lesión de la zona de túbulos y no se afectan apenas los glomérulos renales.

La gastroenteritis aguda también es una lesión que puede ser provocada por algunos tiposde pesticidas.

Otros toxicos a considerar.

Por su frecuencia relativa y su facil acceso por la población hay que tener en cuenta la posibilidad de varias familias de tóxicos en las autopsias en las que la explicación de la muerte que dan los hallazgos de autopsia es escasa.

Pueden estudiarse grupos de fármacos, productos de limpieza tóxicos, insecticidas y plaguicidas en general. Muchos de estos tóxicos no dan unas lesiones llamativas y es adecuado investigarlos en aquellos casos inconclusos o en los que las circunstáncias del caso aconsejen descartar una intoxicación.

Etiologia de las intoxicaciones

Cuando la autopsia concluye que la causa de la muerte ha sido un tóxico se presenta una nueva peculiaridad de la toxicología.

En la investigación de causa de muerte puede diagnosticarse una intoxicación letal, e incluso el tipo de tóxico. En ocasiones hasta la via por la que ha entrado el tóxico en el organismo.

Pero una cosa diferente es demostrar la intencionalidad o falta de ella. En muchos casos toxicológicos la autopsia no va a revelar si se trata de una intoxicación accidental, suicida u homicida.

Son las situaciones en las que se produce la intoxicación las que pueden dar indicaciones al respecto. A veces sí que puede ser evidente, pero en muchos de los casos, lo que hay detras de la muerte por intoxicación surgirá mas de la investigación policial que de la autopsia.

www.ingramcontent.com/pod-product-compliance
Lightning Source LLC
Chambersburg PA
CBHW020725180526
45163CB00001B/112